AF452847

Lyon. — Imp. F. Dumoulin, rue St-Pierre 20.

DIAGNOSES

D'ESPÈCES NOUVELLES OU MÉCONNUES,

POUR SERVIR DE MATÉRIAUX

A UNE FLORE RÉFORMÉE DE LA FRANCE

ET DES CONTRÉES VOISINES.

Lyon. — Imp. L., JACQUET.

DIAGNOSES

D'ESPÈCES NOUVELLES OU MÉCONNUES,

POUR SERVIR DE MATÉRIAUX

A UNE FLORE RÉFORMÉE DE LA FRANCE

ET DES CONTRÉES VOISINES.

PAR

Alexis JORDAN.

TOME PREMIER.

PREMIÈRE PARTIE.

PARIS.

F. SAVY,

LIBRAIRE DE LA SOCIÉTÉ GÉOLOGIQUE DE FRANCE,

RUE HAUTEFEUILLE, 24.

1864.

(Les espèces décrites depuis la page 1 jusqu'à la page 150 ont déjà paru dans
le volume des Annales de la Société Linnéenne de Lyon, de l'année 1860.)

AVANT-PROPOS.

En venant présenter ici le signalement d'un nombre considérable d'espèces ignorées ou méconnues jusqu'à ce jour,
il nous paraît à propos de donner au lecteur quelques expli-
cations qui lui fassent connaître la pensée qui a présidé à
notre travail et lui permettent d'apprécier la vraie signification
de notre œuvre. A l'apparition de tant d'espèces nouvelles,
observées presque toutes en France, dans un pays dont la
végétation passe pour être parfaitement connue, quelques
personnes ne pourront se défendre d'un sentiment de dé-
fiance ou tout au moins d'un certain étonnement. Parmi les
botanistes, il en est sans doute un certain nombre qui ont, à
notre exemple, fait quelques pas dans cette voie de la critique
où l'expérimentation sert toujours de guide et de contrôle à
l'analyse. Ceux-là ont déjà mesuré du regard toute l'étendue
du champ qui est à parcourir et ne seront nullement surpris
d'un résultat qu'ils ont pu entrevoir ; mais d'autres qui ne
sont point encore initiés à ce genre d'études ou dont les
recherches ont pris une tout autre direction, seront plutôt
scandalisés d'un tel résultat et pourront même se croire trans-
portés dans le domaine de la fantaisie, où des conceptions
arbitraires, de simples hypothèses sont données comme des

faits réels. Nous tenons donc à dissiper ces défiances par une exposition claire et franche de la marche que nous avons suivie, du but que nous avons poursuivi et atteint.

Disons-le tout d'abord : nous n'avons pas, dans nos recherches, quitté un seul instant le terrain des réalités positives. Aussi ce ne sont pas des hypothèses, mais des faits matériels que nous avons à produire. Il ne s'agit pas d'une certaine manière de voir, d'une certaine opinion que nous venons exprimer, mais de faits bien et dûment constatés par les procédés ordinaires de l'expérience, que nous venons sans crainte soumettre au contrôle de tous les amis de la science. Nous avons simplement à exposer ce que nous avons vu, expérimenté, constaté, ce que ceux-là mêmes qui se sentiront le plus disposés à nous contredire auraient vu et constaté tout comme nous et mieux que nous, s'ils s'étaient livrés aux mêmes recherches, aux mêmes expériences, avec des matériaux en tout semblables aux nôtres. En effet, il est facile de comprendre que, lorsqu'il existe, entre des végétaux observés à l'état de vie et dans des conditions de développement parfaitement analogues, des différences très-manifestes, très-reconnaissables pour tout homme qui est susceptible d'un examen attentif, constater le fait de ces différences, c'est constater un fait matériel sur la réalité duquel il ne peut y avoir deux opinions, du moment qu'il existe. Constater ensuite que ces différences visibles une année sont encore visibles l'année suivante. qu'elles sont visibles chaque année, c'est encore un fait matériel de la même nature que le précédent. Constater enfin que des différences offertes constamment par divers individus qui ont été comparés entre eux, se voient également sur d'autres individus qui sont issus de ces derniers, qu'elles se reproduisent héréditairement et invariablement pendant une suite de générations, c'est toujours procéder à l'examen d'un fait matériel, pour savoir s'il existe ou n'existe pas. Par ce fait bien observé, des hommes de bonne foi peuvent différer d'opinion quant aux conséquences qu'il est permis d'en tirer, mais non pas quant à la réalité ou à la non-réalité de son existence.

Les espèces proposées par nous ne sont autre chose que des formes végétales que nous avons appris à distinguer les unes des autres par la comparaison sur le vif de tous leurs organes, en nous assurant, par les observations les plus certaines, que leurs différences étaient héréditaires et ne pouvaient être attribuées à des causes accidentelles ou locales.

Nous disons cela de l'immense majorité de nos espèces. Quant aux autres, nous nous sommes servi, pour les juger, de leur analogie de caractères avec celles que nous avions pu soumettre à l'expérience. Si l'on paraissait s'étonner que les botanistes qui ont visité avant nous les mêmes lieux que nous, n'aient pas su y trouver les mêmes plantes, il nous suffirait de faire simplement remarquer que, d'ordinaire, on ne trouve que ce que l'on cherche, et que l'on n'arrive à bien connaître que ce que l'on prend la peine d'étudier d'une manière convenable. Si donc nous avons beaucoup trouvé, c'est que nous avons beaucoup cherché ; si nous sommes parvenu à distinguer beaucoup de formes jusque-là ignorées ou méconnues, c'est que, pendant 25 années, nous nous sommes consacré assidûment à la tâche toute spéciale d'étudier les caractères des formes affines que leur affinité même avait fait négliger de nos devanciers, de constater par l'expérimentation les limites respectives de ces formes et l'invariabilité des différences qui les séparent. Or, il est notoire qu'aucun de ceux qui nous ont précédé dans l'étude des végétaux de la même contrée, ne s'est livré aux études et aux expériences qui nous ont exclusivement occupé ; il n'y a donc pas lieu d'être surpris qu'ils ne soient pas arrivés à des résultats pareils aux nôtres.

Si l'on nous demande pourquoi, étant parvenu, au moyen d'un long travail, à distinguer des formes végétales si nombreuses, nous ne les avons pas plutôt désignées sous des noms de variétés, en les rattachant de cette manière aux anciens types de nos auteurs, comme si elles n'en étaient que de simples dépendances, nous répondrons que ces formes ayant été positivement reconnues par nous comme de vraies unités, parfaitement limitées et distinctes, constantes et invariables dans leurs différences, complètement irréductibles les unes aux autres, nous avons, par cela même, reconnu en elles de vraies espèces, dans le sens généralement attaché à ce mot, et que les admettre comme des variétés, ce serait supposer qu'elles sont autres présentement qu'elles n'étaient à l'origine, ce serait ainsi admettre une hypothèse toute gratuite, dénuée de vraisemblance et non moins contraire aux faits qu'à la raison.

Comment appellerions-nous ces formes variétés, lorsque nous avons reconnu qu'elles ne variaient pas, lorsque nous avons pu constater que les plus similaires sont précisément celles qui croissent spontanément en société, dans une même prairie, dans un même bois, sur une même colline, où tout indique qu'elles se trouvent réunies depuis l'époque où le sol s'est couvert de son manteau de verdure et qu'étant transportées ailleurs, elles se conservent, se perpétuent héréditairement avec leurs mêmes différences? Comment, en un mot, pourrions-nous leur refuser le nom d'espèces, lorsque nous avons reconnu en elles tous les attributs de l'espèce véritable? En leur donnant ce nom, nous croyons prendre le mot d'espèce dans son acception vulgaire et traditionnelle, et rester dans l'usage établi, non moins que dans le vrai et dans la logique, lors même que, tout en étant très-positives, les différences qui distinguent ces formes ne seraient pas assez saillantes pour captiver l'attention d'un observateur peu exercé, ou pour être sûrement appréciées au premier coup-d'œil par celui qui ne les aurait vues qu'en passant et très à la hâte. Nous croyons de plus n'avoir nul besoin de nous li-

vrer à une enquête dans le but de savoir si les caractères distinctifs de nos espèces sont bien au juste l'équivalent de ceux
qui ont été attribués par Linné ou par d'autres à leurs types
spécifiques ; si elles portent, en un mot, la livrée officielle
de l'espèce seule autorisée, seule légitime, au dire de certains
savants modernes que l'on voit élever à ce rang d'espèce
telle ou telle forme et non pas telle autre frappée par eux
d'ostracisme, sans autre motif que leur bon plaisir et sans
autre règle qu'un certain tact infaillible qu'il leur plaît de
s'attribuer et qui leur tiendrait lieu d'expérience. Nous ne
voyons d'ailleurs aucun inconvénient à réunir les espèces
affines par groupes sous le nom de l'ancien type qui les avait
représentées jusque-là ; cela nous paraît même très-utile pour
faciliter l'étude et l'intelligence des faits ; mais il résulte nécessairement de ce nouveau point de vue, que l'ancien type
doit perdre son rang d'espèce et ne peut plus être considéré
que comme une subdivision du genre ou un simple assemblage de vraies espèces.

Pour quelques savants de nos jours l'espèce est une création
arbitraire, une unité factice que l'on établit en réunissant de
la manière qui paraît la plus commode soit les individus,
soit les formes qui sont dans la nature. Pour nous, nous
avons de l'espèce une idée très-différente, et nous croyons ne
pas nous écarter du sentiment commun, qui est l'expression
de la raison générale, en la considérant comme une unité véritable, que l'on doit constater comme un fait dans l'étude
des êtres qui nous environnent ; c'est l'unité renfermant un
nombre indéterminé d'individus qui tous ont une même nature et sont consubstantiels les uns aux autres, de telle sorte
qu'ils peuvent être justement considérés comme issus origi-
nairement d'un seul et même individu, premier exemplaire
de toute l'espèce. Ce n'est pas l'unité hiérarchique, comme
celle du genre ou de la famille, mais l'unité de nature ou

de substance. Or une nature particulière a des caractères propres qui la distinguent des autres natures; elle est ce qu'elle est et ne peut être autre chose. Si elle avait d'autres caractères que les siens, elle serait une autre nature; elle ne peut être soi et autre que soi en même temps, ni devenir autre sans cesser d'être, le oui ou le non ne pouvant coexister, c'est-à-dire être affirmés à la fois d'un même sujet. Toute nature est donc nécessairement immuable et invariable en soi. Toute nature distincte, créée dans le temps et dans l'espace, correspond à une idée distincte éternellement conçue dans l'entendement divin.

Ceux qui admettent la variabilité et la délimitation arbitraire des types spécifiques en assimilant l'unité d'espèce à l'unité du genre et de la famille, comme si les individus étaient dans l'espèce ce que sont les espèces dans le genre ou les genres dans la famille, comme s'il n'y avait, en partant de l'individu, que des degrés, des échelons divers, que l'on peut éloigner ou rapprocher à volonté, en s'élevant jusqu'à l'ensemble des êtres d'un même règne ou de tous les règnes; ceux-là sont conduits par la logique à admettre l'identité de nature et la consubstantialité de tout ce qui existe; ils aboutissent ainsi finalement, par une conséquence rigoureuse, qu'ils le sachent ou qu'ils l'ignorent, à l'absurde et immorale doctrine du panthéisme. Nous les voyons soutenir, en effet, que toute ressemblance entre des êtres est la conséquence, la preuve d'une parenté réelle, effective, l'indice certain qu'ils tirent leur origine d'une souche commune. Il est bien évident que, si l'on admet une diversité primitive, en faisant abstraction d'une cause première, créatrice et ordonnatrice, les points de contact qu'ont entre eux les divers êtres, leurs ressemblances quelconques, celles de l'espèce, du genre, de la famille, de la classe ou du règne, deviennent des effets sans cause. Mais, à ce même point de vue, si l'on admet une communauté d'origine pour des êtres actuellement divers , les différences observées qui ne sont pas moins certaines que les ressemblances, deviennent pareillement des effets sans cause. Il suffit donc de cette simple remarque pour montrer clairement la nullité radicale de cette théorie panthéistique, ainsi que l'inanité des raisonnements qui lui servent d'appui. Nous n'avons pas d'ailleurs à nous étendre ici pour faire ressortir la complète irrationalité d'un système qui prétend expliquer par la communauté d'origine la similitude d'organisation de tous les êtres appartenant au même genre , à la même famille ou au même règne. Notre tâche n'est point de réfuter ici d'aussi déplorables aberrations. Il nous suffira de les signaler , afin de prémunir contre elles tous ceux qui admettent avec nous que les natures diverses existent avec leurs similitudes et leurs diversités par la volonté de Celui « qui a tout créé avec nombre, poids et mesure, » qui sait le compte exact de tous les grains de poussière ainsi que « de tous les cheveux de nos têtes , » dont aucun ne tombe que par son ordre, de Celui dont les volontés permanentes sont ce qu'on nomme lois de la nature dans le langage de la science.

Nous venons de faire voir que ce ne sont pas des hypothèses , mais des faits que nous avons à produire , et nous avons montré les principes qui nous guident pour juger et qualifier ces faits, il nous reste à dire un mot de la marche qui nous a conduit à la constatation de ces mêmes faits. Les formes végétales qui nous ont spécialement occupé avaient été jusque-là négligées , ainsi que nous venons de le dire. Les premiers botanistes, ne portant leur attention que sur les plantes qui paraissaient offrir de l'intérêt sous le rapport de l'utilité ou de l'agrément, n'ont dû signaler qu'un nombre d'espèces fort restreint. Linné n'admettait au rang d'espèces que les formes qui pouvaient être distinguées au premier coup-d'œil et dont le signalement était facile à

donner. Il en est résulté que la plupart des espèces Lin-
néennes sont plutôt des assemblages de formes spécifiques
que des assemblages d'individus ; ce sont les premiers
groupes qu'on peut établir par le rapprochement des formes
similaires et nullement de vraies espèces. La plupart des
botanistes descripteurs et monographes postérieurs à Linné,
ceux surtout qui sont les auteurs des grands ouvrages de ré-
capitulation, ont établi, comme lui, presque toutes leurs
espèces avec des matériaux d'herbiers et d'après des données
très-insuffisantes. Les limites qu'ils leur assignent sont, en
général, purement arbitraires. Aussi les types spécifiques admis
par eux ne correspondent nullement à la réalité des choses et
peuvent être assimilés en quelque sorte à des jalons que l'on
place à des intervalles à peu près égaux pour marquer sa
route dans une direction nouvelle. Quoique l'importance et
l'utilité relative de leurs travaux ne soient pas contestables et
que souvent ils aient fait preuve de beaucoup de tact et de
bonheur dans leurs délimitations d'espèces, on peut dire qu'en
général l'ignorance et l'inexpérience ont présidé à leurs jugements sous ce rapport : l'ignorance des caractères qui distinguent les vraies espèces composées seulement d'individus qui
sont les formes végétales affines, l'inexpérience relativement
à la stabilité de ces mêmes espèces. Leurs jugements devront
donc être ultérieurement réformés ou rejetés ; car, aux yeux
de tout homme sensé, pour bien juger il faut connaître, et
pour connaître il faut étudier dans les conditions d'étude qui
sont requises pour tel ou tel ordre de faits ou d'idées.

Les formes similaires dont nous parlons se rencontrent
partout. Tantôt elles habitent dans des lieux divers, tantôt
elles croissent pêle-mêle dans un même lieu. Il n'y a pas, à
dire vrai, d'espèces tranchées, dans le sens attaché à ce mot
par les auteurs de beaucoup de livres. Car, toute plante qui
est espèce tranchée par rapport à telle ou telle de ses con-

génères peut devenir espèce affine, si on la compare à telle
autre , de telle sorte que les caractères qui sont excellents
pour la distinguer de la première, ne servent à rien pour la
distinguer de la seconde, étant souvent communs à toutes
deux ; de même que si l'on voulait comparer entre elles des
espèces appartenant à des genres divers, les différences qui
seraient très-suffisantes pour les faire reconnaître devien-
draient complètement inutiles pour les distinguer de leurs
congénères. Il résulte de là que dans la plupart de nos flores
où l'on a fait abstraction des espèces affines, les caractères
indiqués ne sont pas, en général, des caractères spécifiques.

Pour connaître les vrais caractères spécifiques des plantes,
il est donc tout-à-fait indispensable d'étudier, de comparer
entre elles les vraies espèces qui sont les espèces affines. Elles
existent partout, disons-nous, et chaque observateur peut les
rencontrer aisément sous ses pas. Mais ceux qui, désirant
connaître les traits généraux de la végétation d'un pays, tiennent à pouvoir seulement distinguer entre elles les espèces
les plus frappantes, ceux surtout qui font de la botanique
pratique dans un but d'enseignement, sont naturellement
portés à négliger l'étude des plantes difficiles et à caractères
peu saillants ; ils n'arrivent donc pas à les connaître, et comme
les flores sont généralement faites par cette classe de botanistes, il en résulte qu'il n'y est, d'ordinaire, fait aucune
mention de ces espèces dont nous parlons, ou qu'elles n'y
sont mentionnées que pour y être mal jugées et méconnues.

L'observateur qui tient, au contraire, à ne pas effleurer ce
sujet d'étude et désire surtout connaître la vérité, examine
les choses avec plus de soin et plus en détail : il constate
bientôt parmi les plantes qu'il étudie des différences qui, sans
être fort saillantes, ne sont cependant pas individuelles. S'il
consulte les flores, il voit que les plantes qui présentent ces
différences se rapportent également à la description d'un

type unique auquel on attribue un tempérament variable et
qu'on dit susceptible de modifications nombreuses. Dans le
cas où il est disposé à accepter des opinions toutes faites et à
s'incliner devant une autorité qui lui paraît compétente, il arrive bientôt à croire qu'il est inutile de s'arrêter davantage à
l'étude d'une question qui a été déjà résolue par de plus ha-
biles, et finit même par se persuader que ce qu'il a eu sous les
yeux n'était qu'un caprice, un jeu de la nature. Si cependant
il conserve des doutes, ou s'il veut au moins se convaincre,
par sa propre expérience, de la vérité de l'opinion des savants, il prendra pour atteindre ce but tous les moyens indiqués par la raison. Ainsi il cherchera à compléter et re-
nouveler son observation, en examinant des individus en
plus grand nombre et à divers âges. Si les plantes qu'il s'agit
de comparer sur le terrain ne sont pas très-rapprochées,
s'il lui est difficile de se rendre, aux diverses époques de l'année, dans le lieu qu'elles habitent, il sentira la nécessité de
les transplanter dans un jardin ou dans un lieu quelconque
à sa portée, où il pourra les observer tout à son aise et les
suivre dans les diverses phases de leur développement. L'examen pouvant être ainsi renouvelé autant qu'il est nécessaire,
le fait des différences observées d'abord pourra être bien constaté, l'illusion d'une première vue trop rapide n'étant plus à
craindre. Ce fait une fois mis hors de doute par une exacte et
complète analyse, il restera à s'assurer que les différences sont
constantes et de plus qu'elles sont héréditaires ; ce que des
observations continuées pendant plusieurs années ainsi que
des semis successifs permettront de reconnaître. Alors ce qui
était doute au début de l'observation se changera en certitude ; l'existence d'une forme végétale nouvelle, distincte de
ses congénères, deviendra un fait constaté et il en résultera la
nécessité de lui imposer un nom particulier, pour la distinguer
des autres formes dont la nature elle-même l'a séparée.

Si l'on arrive par cette voie à constater l'existence de plusieurs formes distinctes les unes des autres, mais pourvues de caractères communs, qui ont permis à un observateur superficiel de les considérer comme appartenant toutes à un même type, ce type ne devra plus être considéré comme une espèce, tandis que chacune des formes dont il exprime l'assemblage sera, au contraire, admise au rang d'espèce légitime et pourvue d'un nom spécifique.

Cette marche que nous venons d'indiquer est exactement celle que nous avons suivie. Après avoir reconnu de cette manière plusieurs espèces distinctes, que nos devanciers avaient méconnues ou souvent à peine soupçonnées, nous avons ensuite étudié et multiplié avec ardeur nos recherches, en récoltant partout indistinctement des plantes que les flores considèrent comme identiques, en nous faisant envoyer par nos correspondants soit des graines, soit des souches vivantes des espèces réputées communes, afin de pouvoir les juger par la comparaison sur le vif dans un même lieu et dans des états parfaitement analogues. Nous sommes arrivé ainsi à constater l'existence de formes spécifiques très-nombreuses. Ayant dirigé notre attention sur les plantes vivaces comme sur les annuelles, sur les arbres et arbustes aussi bien que sur les végétaux herbacés, la même loi de diversité s'est offerte à nos yeux de toute part, et le nombre des espèces a bientôt dépassé, dans une large mesure, toutes les prévisions que nous avions pu former en commençant cette étude. Il est tel type Linnéen qui s'est trouvé de correspondre à dix, tel autre à cent espèces ou bien plus encore, toutes nettement caractérisées et limitées, invariables dans leurs différences, malgré leurs affinités respectives. Parmi les espèces annuelles les plus affines, il en est que nous avons déjà pu reproduire de leurs graines et parfaitement intactes, pendant vingt générations successives, ou que nous avons vu se naturaliser dans un même lieu, en se reproduisant d'elles-mêmes par centaines et quelquefois par myriades d'individus, telles que diverses espèces des genres *Erodium*, *Geranium*, *Erophila*, *Viola*, etc., dont l'affinité est extrême et paraît atteindre les dernières limites.

Cette multiplicité de formes et cette constance dans leur diversité que nous avons observées chez les végétaux sauvages, nous les avons constatées pareillement chez les végétaux cultivés, en soumettant à l'épreuve du semis les nombreuses sortes de céréales, de légumes, de vignes et d'arbres fruitiers. Ayant traité ces végétaux des cultures comme les végétaux sauvages, nous les avons vus se comporter exactement de la même manière. Il nous a paru dès lors évident que ces végétaux, appelés races permanentes et réunis sous un petit nombre de types spécifiques dans les livres d'horticulture et de botanique, étaient rigoureusement les analogues de ces nombreuses espèces sauvages confondues dans les flores, que l'expérience et l'analyse nous ont appris à distinguer. En sorte que, s'il est impossible d'admettre que ces dernières soient des races, puisque les plus affines, ainsi que nous ne cesserons de le répéter, sont précisément celles qui croissent pêle-mêle dans des conditions absolument identiques, et dont les différences ne sont explicables par aucune cause extérieure, mais seulement par le principe de diversité qui est en elles, c'est-à-dire par leur nature même, il résulte de là qu'il est très-raisonnable de penser que les végétaux des cultures appelés vulgairement races doivent également leur origine à une cause interne de diversité, et nullement à l'influence des causes extérieures ou à l'action de l'homme selon l'hypothèse la plus accréditée, qu'ainsi ce sont bien de vraies espèces au même titre que celles qui n'ont jamais été cultivées par l'homme.

Telle a donc été la marche suivie par nous. Au début de

l'observation, nous avons procédé par le doute méthodique, et sans aucun mépris pour l'autorité et les lumières de nos devanciers, nous avons fait appel à l'expérience trop souvent négligée par eux. Notre conviction s'est ainsi formée peu à peu, et l'enseignement des faits nous a conduit du doute à l'affirmation que la certitude autorise. En partant ensuite des faits soigneusement observés par nous, nous sommes arrivé, par le moyen d'une légitime induction, à porter un jugement bien assuré sur l'ensemble des faits analogues que nous n'avions pas encore pu observer avec le même soin, et nous ne nous sommes senti aucunement ébranlé par les assertions contradictoires ou les dénégations des savants qui, n'ayant pas fait des observations pareilles aux nôtres, se montraient choqués de notre opinion.

Plusieurs de ceux qui se voyaient tout-à-coup taxés, convaincus d'erreurs ou de préjugés, commençant par se récrier avant tout examen, se sont hâtés de lancer l'anathème contre ces malencontreuses espèces qu'ils ne s'attendaient pas à voir surgir si subitement et en si grand nombre, en témoignage de la légèreté et de l'insuffisance de leurs observations. A leurs dénégations, à leurs fins de non-recevoir, nous opposons tranquillement des faits, des faits irréfutables. Les contradictions des savants n'ont rien qui doive nous étonner ; car ce n'est que trop souvent qu'on a vu des hommes en possession du crédit et de la renommée nier les faits qui gênaient leurs théories. Les exemples de ce travers malheureusement abondent. Nous n'en citerons qu'un seul. M. Flourens, dans son histoire des travaux de Buffon, nous raconte que, en plein dix-huitième siècle, Bernard de Palissy étant venu soutenir, d'après une étude approfondie des faits, que les fossiles et les coquillages enfouis dans le sein de la terre étaient les débris, la dépouille d'êtres qui avaient vécu, la science officielle traita cette opinion de folie insigne et soutint longtemps que la vie n'avait jamais habité ces coquillages, que ce n'était qu'un simple jeu de la nature ou du hasard, jusqu'à ce qu'enfin Buffon, venant apporter dans le débat l'autorité de son génie et de ses travaux, fit complètement prévaloir la vérité sur ces sots préjugés qui, de nos jours, nous semblent l'effet d'une ignorance ou d'une déraison presque incroyable.

On nie d'abord, avant tout examen, parce que nier ne coûte aucun effort et qu'on est sûr, au moyen d'une simple dénégation, de faire rejeter à beaucoup d'esprits crédules la vérité qui déplaît, et de détourner plusieurs autres de l'examen sérieux des faits. Si cependant la négation absolue et sans preuves paraît compromettante, on proposera aussi des expériences ; mais ce ne seront jamais les plus simples et les plus concluantes qui seront recommandées, ce seront les plus longues et les plus difficiles. Ainsi relativement à la question qui nous occupe, on se taira sur les plantes annuelles, d'une culture très-facile, qu'on peut reproduire par milliers d'individus dans des conditions identiques, pendant une suite de générations ; on insistera particulièrement sur la culture par semis des arbres ou des arbustes, ou de plantes telles que des ronces, par exemple, dont il faudra élever de graines les nombreuses espèces par centaines d'individus de chaque et pendant une longue suite de générations. Comme pour la plupart des observateurs la culture des ronces par centaines d'individus de chaque espèce est absolument impossible, comme il faut ordinairement deux ans pour la germination des graines et ensuite trois ou quatre ans pour l'entier développement de la plante, on comprend que celui qui, pour faire montre d'impartialité, propose ces sortes d'expériences, trouve là un excellent moyen de gagner du temps et de reculer bien loin l'époque où la vérité sera rendue manifeste à tous les esprits sincères par des faits concluants.

A cette tactique pour détourner de l'examen des faits en

proposant cet examen dans des conditions presque impossi-
bles à remplir, on en joint une autre qui consiste, d'après
les procédés ordinaires de la sophistique, à soulever contre
les faits qu'on ne veut ni admettre ni examiner, des objec-
tions tirées d'une autre série d'idées ou d'expériences, ce qui
est toujours très-facile; à mettre ainsi en avant d'autres faits
dont les conséquences semblent opposées à ceux qu'on re-
pousse, afin de pouvoir dire à ses adversaires : vous avez pour
vous des faits, mais nous en avons aussi de notre côté qui
contredisent les vôtres ; si vous prétendez prouver par l'expérience qu'il faut multiplier les espèces, nous prouvons de
notre côté qu'il faut les réduire ; car nous trouvons dans
l'horticulture tout un ensemble de créations nouvelles, ainsi
que des faits nombreux d'hybridité et beaucoup d'autres qui
montrent aussi bien que nos récentes expériences, que les
plantes varient étonnamment, et qu'ainsi les vraies espèces,
loin d'être plus nombreuses qu'on ne l'avait cru d'abord, le
sont au contraire beaucoup moins. A ces assertions, à ces faits
nouveaux qu'on nous oppose et que nous ne sommes pas en
mesure de vérifier, nous opposons simplement la certitude
des faits que nous avons observés nous-même et dont la vé-
rification est facile pour tous. De même que Galilée, com-
battu par certains théologiens qui lui reprochaient sa théorie
du mouvement terrestre comme entachée d'hérésie et contraire au texte de nos livres saints, se contentait de répondre :
la terre se meut pourtant, *e pure si muove*, nous aussi nous
dirons à nos contradicteurs : elles existent pourtant ces espèces affines si nombreuses ; c'est un fait que leur existence ;
en vain vous tâcherez de contester ce fait, d'en amoindrir la
portée, il n'en subsiste pas moins, et avec lui tout son enseignement.

De même que la théologie n'était en réalité contredite en
rien, quant au fonds des choses, par la théorie nouvelle de

Galilée, malgré l'ombrageuse susceptibilité de quelques théologiens, nous croyons aussi que l'horticulture ne nous est en rien contraire, et que tous les faits bien constatés qu'elle peut offrir, étant sainement et impartialement appréciés, viennent plutôt à l'appui de nos expériences, ainsi que nous l'avons montré dans un travail antérieur. La contradiction n'est pas dans les faits ou n'y est qu'en apparence; elle ne vient pas de la science, mais uniquement des savants, de la diversité de leurs points de départ. S'il y a controverse sur les faits, cela ne tient pas toujours aux difficultés que présente leur étude, cela tient souvent au désaccord qui existe et existera toujours parmi les savants sur les principes fondamentaux. La science est militante par la condition même de son développement; car elle ne saurait accomplir sa marche en dehors du mouvement philosophique d'une époque; elle suit les destinées de la philosophie, et celle-ci ne peut être séparée des croyances. Les faits semblent un terrain neutre où tous les bons esprits devraient être heureux de se rencontrer; mais cela n'a pas toujours lieu dans la pratique; le combat commencé ailleurs continue sur ce terrain. Lorsqu'enfin la lumière est devenue trop complète sur un point d'abord vivement débattu, l'accord a lieu sur ce point, parce que la lutte n'est plus possible; mais bientôt elle recommence sur un autre. La vérité d'abord obscurcie ou méconnue se montre à la fin plus radieuse, et c'est ainsi que l'esprit humain en prend possession peu à peu. Car, pour l'homme, le progrès dans le vrai, comme le progrès dans le bien, s'opère dans la lutte et n'est réalisé qu'au prix de nombreux et persévérants efforts.

DIAGNOSES

D'ESPÈCES NOUVELLES.

Clematis crenata Jord. Not. sur plus. plant. nouv. in Billot Annot.
à la Flore de France et d'Allemagne, p. 12.

C. paniculis laxis, dichotomis, bracteatis, axillaribus, peduncu-
latis, folio brevioribus; floribus subalbidis; pedunculis erecto-patulis
tomentosis; sepalis oblongis, sub anthesi patentibus; antheris ovatis,
apiculatis, filamento suo triplo brevioribus; stigmate viridi, brevi,
pilis caudæ immerso; carpellis breviter ovatis, cauda sua arcuata
flexuosa dense pilosa haud triplo brevioribus; foliis plerumque
bijugis cum impari; foliolis breviter ovatis, basi subcordatis, apice
acutis, inæqualiter utrinque 3-9 crenatis; petiolis scandentibus
subcirrhosis; caulibus scandentibus, lignosis, sarmentosis, opposite
ramosis.

Hab. in dumosis collium, prope *Nancy (Meurthe)*. — Flor. jul.

Cette espèce se distingue du *C. vitalba* L., par ses fleurs
plus petites et plus longuement pédonculées, par ses anthères apiculées et non mutiques, par ses carpelles plus petits,
à pointe trois fois plus courte, dont les poils dépassent le
stigmate au lieu d'être dépassés par lui, par ses feuilles courtes, ovales, aiguës et non acuminées, à crénelures bien plus
nombreuses et plus courtes.

Le *C. vitalba* L. varie à feuilles presque entières ou un peu
dentées. La forme à feuilles plus dentées est complètement
distincte du *C. crenata*, par lescaractères indiqués. J'ai observé deux pieds vivants de ce dernier, apportés par moi de
leur lieu natal, et je l'ai multiplié de graines obtenues dans
mes cultures.

THALICTRUM.

(Species e sectione *Euthalictrum* DC.)

§ 1. Panicula ambitu ovata; flores sparsi, nutantes; folia patentia, petiolis ternatim decompositis, foliolis plerumque rotundato-obovatis, sæpe basi cordatis : *T. fœtidum* L., *minus* L., *majus* Jacq.

a. Species boreales vel alpicolæ, præcoces, sæpius graciles et microphyllæ, caudice paulisper vel non reptantes. Stirps *T. minoris* L. Flor. suec. vel *T. kemensis* Fries — *nutantis* auct.

Thalictrum olidum Jord.

T. paniculæ ramis patentibus ; floribus cernuis ; carpellis ellipticis, 8-10 costatis; foliolis parvis, rotundato-obovatis, etiam subcuneatis, sæpius 5 dentatis, dense glandulosis; caule erecto, tortuoso, subtereti, leviter striatulo, flavo-virente ; caudice haud reptante.

Hab. in alpibus Delphinatûs, *Col du Lautaret*, etc. — Flor. junio (in horto).

Sepala brevia, 3—3 1/2 mill. longa; antheræ 2 1/2—3 mill. longæ, breviter apiculatæ; ovaria 3-4; stigmata ovata, margine leviter reflexa, albo viridia; petioli partiales teretiusculi, leviter compressi.

Cette espèce se reconnaît à ses folioles souvent presque cunéiformes et à dents assez profondes, à l'odeur prononcée qu'exhale ordinairement toute la plante.

Le *T. fœtidum* Lin. ex parte — *saxatile* Vill. — *pubescens* Schleich., qui croît dans les mêmes localités, en diffère complètement par divers caractères, notamment par la forme du stigmate qui est ovale-oblong, denticulé et replié sur les côtés, par celle des carpelles qui sont plus courts et arrondis à la base, par la tige très-arrondie et faiblement striée, par l'hispidité très-visible de toute la plante.

Je rapporte au *T. odoratum* Gr. et God., Fl. de France, I, p. 6, une forme à souche rampante, qui habite les mêmes localités. Mais je n'ai pas une certitude complète à ce sujet ;

car le *T. odoratum* signalé comme intermédiaire aux *T. fœ-tidum* et *minus* de nos Flores, est probablement formé de plusieurs espèces, d'après les caractères indiqués.

Thalictrum calcareum Jord. Obs. fragm. 5, p. 9.

T. paniculæ ramis erecto-patulis, passim subverticillatis; floribus subcernuis; carpellis elliptico-ovatis, 8-10 costatis, sæpe fusco-nigricantibus; foliolis intense viridibus, subtus pallidis, minute glandulosis, rotundato-obovatis, 3-7 dentatis, superioribus bractealibusque elliptico-oblongis acutis acuminatisve; caule erecto, basi flexuoso, subgeniculato, valde striato, pulveraceo-glanduloso; caudice passim breviter subreptante.

Hab. in montibus calcareis Delphinatûs; *Grande-Chartreuse* (*Isère*), etc. — Flor. initio junii (in horto).

Sepala pallida, valde caduca; stamina 18-20; filamenta albida : antheræ 2—2 1/2 mill. longæ, læte flavæ, breviter apiculatæ; ovaria 3-5; stigmata ovata, margine haud reflexa, ovario valde breviora, albida.

Les carpelles, dans cette espèce, sont bruns ou souvent un peu noirâtres, assez renflés, de forme régulière et terminés par un stigmate très-court. Elle varie à odeur plus ou moins fétide, quelquefois peu marquée.

Je rapporte provisoirement au *T. calcareum* divers exemplaires incomplets de mon herbier, provenant de plusieurs localités des Alpes et des Pyrénées, qui me paraissent fort semblables, mais dont l'identité spécifique n'est pas encore entièrement démontrée pour moi.

Obs. — Le *T. saxatile* Vill. Fl. Dauph. IV, p. 714, d'après la description, correspond au *T. fœtidum* L. ; tandis que le *T. fœtidum* du même auteur paraît correspondre au *T. calcareum* Jord. En effet, il dit son *fœtidum* intermédiaire aux *T. minus* et *saxatile* de sa Flore; ce qui ne peut convenir au vrai *fœtidum* Lin. — *pubescens* Schleich., lequel se présente comme une forme extrême, qui n'est pas intermédiaire à d'autres, parmi celles qui habitent nos contrées.

Thalictrum monticolum, Jord.

T. paniculæ ramis subarcuato-patentibus; floribus cernuis; carpellis ellipticis, subancipitibus, utroque apice paulum angustatis, 8-10 costatis; foliolis approximatis, rotundatis vel fere obovatis, 3-5-7 dentatis, parce et minute glandulosis; caule erecto, flexuoso, tereti-compresso, valde striato, pube glandulosa perminuta laxa vel passim subnulla obsito; caudice haud reptante.

Hab. in Alpibus Delphinatûs; *Col du Lautaret*, etc.—Flor. exeunte junio (in horto).

Sepala 3 1/2 mill. longa; filamenta albida; antheræ læte flavæ, 2 1/2 mill. longæ, apiculatæ; ovaria 4; stigma lanceolatum, ovarium subæquans.

Il se distingue des deux précédents par ses folioles plus rapprochées, à base plus arrondie, ordinairement un peu plus grandes et d'un vert clair; par sa tige fortement striée, plus feuillée et plus élevée. La pointe des anthères est plus marquée. Le stigmate est de forme lancéolée et non ovale. Il fleurit quinze jours après le *T. calcareum*. Son odeur est presque nulle.

Thalictrum præcox, Jord. Obs. frag. 5, p. 2.

T. paniculæ ramis erecto-patulis; pedunculis brevibus; floribus subcernuis; carpellis elliptico-ovatis, subæqualibus, utroque apice tantulum angustatis, tenuiter 10-12 costatis; foliolis parvis, flavovirentibus, rotundato-obovatis, inæqualiter et acute 3-5-7 dentatis, rariter glandulosis; caule erecto, firmo, parum flexuoso, duro, tereti, striatulo, glabro; caudice crasso, haud reptante.

Hab. in dumosis montium Delphinatûs.; *Briançon, Charance* prope *Gap*, etc. — Flor. maio vel initio junii (in horto).

Sepala oblonga, violaceo-purpurea; stamina 14-15; filamenta purpurea; antheræ pulchre flavæ, 2—2 1/2 mill. longæ, apiculatæ; ovaria 3-7; stigma violaceum, ovatum, planiusculum. Stipellæ rariter adsunt.

Cette espèce est inodore et presque entièrement dépourvue de glandes. Elle se reconnaît à sa panicule dont les branches sont peu ouvertes et dont les fleurs sont très-nombreuses, portées sur de courts pédoncules. Ses folioles sont plus petites et plus aiguës que dans le *T. monticolum;* ses carpelles sont plus courts, à bec bien moins allongé.

Obs. Je cultive diverses formes appartenant au même groupe que les précédentes et que j'ai reçues de plusieurs jardins botaniques, sous les noms de *T. collinum* WALLR., *saxatile* SCHL., *Jacquinianum* KOCH, qui me paraissent constituer autant d'espèces différentes, fleurissant de bonne heure, au commencement de juin. Je m'abstiens de signaler ici leurs caractères, ne connaissant pas leur vraie patrie et n'ayant pas la certitude qu'elles se rapportent exactement aux plantes ainsi nommées par leurs auteurs.

Les *T. minus, flexuosum* et *Kochii* de la flore de Suède, décrits par Fries dans le Summa veg. Scandin., dont j'ai reçu des exemplaires de l'auteur et que j'ai pu également cultiver, appartiennent aussi au même groupe que les précédentes. Ce sont des espèces très-voisines, mais distinctes, dont leur auteur me paraît avoir seulement un peu exagéré les différences qui ne sont pas celles d'espèces tranchées, comme on pourrait le croire, d'après leur description.

Le *T. minus* de Fries, qui doit bien être celui de Linné, est une plante qui paraît surtout propre aux régions maritimes de la Norwége et qui, je crois, n'a pas été trouvée en France. Il fleurit dès la fin de mai, comme le *T. præcox,* dont il s'éloigne par sa panicule à branches très-étalées, à pédoncules plus allongés, subverticillés, par ses anthères d'un jaune très-pâle, à pointe fort courte, par ses carpelles plus allongés et plus rétrécis à la base. Sa tige est pareillement subtérète, mais peu feuillée et plus basse. Il est souvent un peu fétide.

Le *T. flexuosum* FRIES est à panicule feuillée, peu étalée, à carpelles oblongs, à folioles glabres, de forme un peu allongée, parfois subcunéiformes. Il fleurit vers le milieu de juin.

Le *T. Kochii* FRIES ressemble beaucoup au *T. præcox*, dont il diffère par sa floraison plus tardive, sa tige creuse, ses folioles plus grandes et plus arrondies, ses carpelles souvent presque arrondis à la base.

Le *T. dunense* DUM., dont je possède un exemplaire authentique, tient du *T. minus* L. par la forme des feuilles et son port divariqué; mais il est bien plus glanduleux et a un aspect différent; ses anthères sont allongées et plus étroites, longuement apiculées ; il a les pédoncules allongés et verticillés ; ses carpelles sont oblongs et comprimés.

Thalictrum Laggeri, JORD.

T. paniculæ ramis erecto-patulis, modice apertis, subflexuosis; pedunculis subverticillatis; floribus subcernuis, mox erectis ; carpellis subellipticis, paulo obliquis, utroque apice angustatis, 8-9 costatis ; foliolis viridibus, rotundatis, ovatis obovatisve, 3-5-7 obtuse dentatis, superioribus tantum bractealibusque acutatis; caule erecto, subflexuoso, tereliusculo , striato, subfistuloso, glabro, viridi; caudice haud reptante.

Hab. in Vallesiæ decuria gomblensi (ex D. Lagger). — Flor. initio junii (in horto).

Sepala pallida, oblonga, concava, 3 mill. longa ; stamina 18-20, filamentis pallidis, antheris 3 mill. longis, apiculo longiusculo præditis ; ovaria 6; stigmata ovato-oblonga; auriculæ vaginarum abbreviatæ, vix dentatæ.

Cette plante, que j'ai reçue de M. F. Lagger et que j'ai cultivée de graines de mes exemplaires, est fort distincte du *T. præcox*, dont elle diffère surtout par ses carpelles de forme plus irrégulière, un peu ventrus en dedans, bien plus rétrécis aux deux extrémités, et par ses feuilles à dents plus obtuses. Elle se rapproche beaucoup, ainsi que les trois espèces suivantes, du *T. kemense* FRIES, dont les pédoncules sont plus allongés, les ovaires plus nombreux, les anthères plus grosses et plus fortement apiculées.

Je rapporte au *T. Laggeri*, dont ils ne seraient, selon moi, que de maigres individus, des exemplaires recueillis dans la vallée de Saas en Valais et que j'ai reçus de divers botanistes sous le nom de *T. alpestre* GAUD., mais qui diffèrent totalement de la plante décrite par Gaudin dans le Flora helvet., III, p. 501, laquelle est, je crois, la même que le *T. fœtidum* L. var. *glabrum* signalé dans le Synopsis de Koch.

D'autres exemplaires qui m'ont été envoyés du Valais, sous le nom de *T. majus* ou de *T. nutans*, me paraissent un état plus robuste de la même espèce.

Thalictrum præflorens, JORD.

T. paniculæ valde foliatæ pauperculæ ramis brevibus, erecto-patulis, subarcuato-ascendentibus, eximie basi folio vel bractea fultis ; floribus cernuis ; carpellis ellipticis, utroque apice paulo angustatis, 8 costatis ; foliolis viridibus, subtus pallidis, subrotundo-ovatis, obovatis oblongisve, 3-5 dentatis vel bi-trifidis ; lobis integris dentatisve, acutiusculis, in summitate caulis subinde acuminatis ; caule erecto, flexuoso, tereliusculo, sulcato, glabro, viridi ; caudice breviter repente.

Hab. in pascuis et dumetis excelsis alpium Delphinensium ; *Mont-Viso, Col de Vars (Hautes-Alpes)*. — Flor. initio maii (in horto), cum *T. aquilegifolio* L.

Sepala oblonga, concava, venosa, 3 mill. longa ; stamina 18, filamentis purpureis, antheris 2 1/4 mill. longis, breviter apiculatis ; ovaria 6-8 ; stigmata ovata, purpurascentia ; auriculæ vaginarum breves, patulæ, suberoso-dentatæ.

Il diffère du *T. Laggeri* par sa panicule très-feuillée, à rameaux un peu arqués ; par ses étamines à filets violets, à anthères plus petites et brièvement mucronées, par ses feuilles à dents moins obtuses, sa souche un peu rampante et sa floraison plus précoce.

Thalictrum orcites, Jord.

T. paniculæ ramis erecto-patulis, flexuosis, tenuibus, fructiferis subarrectis, basi sæpe bractea fultis ; pedunculis longiusculis, sub-verticillatis ; floribus primum cernuis, mox erectis ; carpellis oblique subellipticis, utroque apice paulo angustatis, 8 costatis ; foliolis viri-dibus, subrotundo-ovatis, obovatis oblongisve, sæpe basi cuneatis, 5-7 dentatis vel bi-trifidis, lobis integris dentatisve, breviter apicula-tis, subinde in summitate caulis acuminatis; caule erecto, sub-flexuoso, superne leviter subangulato, sulcato, subfistuloso, glabro, viridi ; caudice breviter subrepente.

Hab. in pascuis et dumetis Alpium ; *Mont-Viso* (*Hautes-Alpes*), etc. Habui specimina ex pluribus Sabaudiæ, Helvetiæ et Pedemontii locis. — Flor. in fine maii (in horto).

Sepala 3 mill. longa, sæpe violaceo tincta ; stamina 20-22, filamen-tis calicem longis, antheris 3 mill. longis, breviter apiculatis; ova-ria 4-6 ; stigmata ovata ; auriculæ breves, patulæ, breviter suberoso-dentatæ.

Il diffère du *T. præflorens*, dont il est très-voisin, par la panicule moins feuillée, à rameaux et pédoncules plus allon-gés, par les anthères plus nombreuses et un peu plus grosses, par les feuilles plus pâles en dessous, souvent cunéiformes, par sa tige plus fistuleuse et sa floraison plus tardive de quinze jours, dans un même lieu. Il est également très-rap-proché du *T. Laggeri*, dont il se distingue par les pédoncules plus allongés, les sépales violacés, les feuilles moins arron-dies, souvent oblongues ou cunéiformes et à lobes plus aigus, la souche un peu rampante.

Je crois qu'il faut rapporter à cette plante le *T. saxa-tile* DC. Syst. 1 p. 178 en partie, ainsi que le *T. elatum* DC. loc. cit. en partie. Très-probablement le *T. nutans* DC. Syst. 1 p. 179 , des Alpes de Savoie, est encore la même plante, quoique De Candolle attribue à son *nutans* des fleurs penchées, et, sans doute par erreur, aux *T. saxatile* et *ela-*

tum, des fleurs dressées. Le *T. majus* Koch, Syn. fl. germ. éd. 2, p. 4, non Jacq., appartient, en partie au moins, d'après le synonyme cité de Gaudin et d'après la description, à cette même espèce.

Le *T. nutans* Desf. est une espèce incertaine, dont l'auteur n'a pas fait connaître la patrie. De Candolle dit dans la Flore française, qu'il a reçu de la Dent-d'Oche en Savoie des échantillons desséchés d'une plante qui lui a paru conforme à l'espèce de Desfontaines cultivée au jardin de Paris. Il y a tout lieu de croire qu'il se sera trompé dans sa détermination, d'autant plus que la plante de Savoie justifie assez mal le nom de *nutans*, et que la plupart des indications qu'il donne sur les autres espèces de ce genre font supposer des confusions ou des erreurs de déterminations analogues et très-graves.

Le *T. kemense* Fries, du littoral de la Mer-Blanche, que j'ai reçu de MM. Fries et Anderson, me paraît extrêmement rapproché du *T. oreites*, et, quoique Fries, dans le Summa veget. Scandinav., dise sa plante à fleurs dressées, à ramifications du pétiole térètes, à gaînes entières, à tige creuse et facilement compressible, à souche rampante, je persiste à croire qu'elle appartient au même groupe que le *T. oreites* Jord.—*nutans* Auctor. et n'a pas d'affinité avec le *T. flavum* L.; car les caractères indiqués me paraissent sinon tous inexacts, au moins singulièrement exagérés.

Thalictrum pyrenaïcum, Jord.

T. paniculæ ovatæ ramis erecto-patulis, basi passim bractea fultis; pedunculis longiusculis, subverticillatis; floribus majusculis, primum cernuis, mox erectis; antheris longe apiculatis; carpellis sub-ellipticis, utroque apice paulo angustatis, 8 costatis; foliis viridibus, rotundis obovatisve, 3-5 dentatis vel bi-trifidis, lobis integris denta-tisve, obtusiusculis vel breviter apiculatis, subinde acuminatis; caule erecto, substricto, leviter anguloso, sulcato, subfistuloso, glabro, viridi; caudice haud repente.

Hab. in Pyreneis centralibus, circa *Barrèges*, in montibus *Ereslid*, *Aiguecluse*, ubi copiosissimum legi, et in pluribus aliis locis Pyreneorum unde specimina habui. — Flor. exeunte maio (in horto).

Sepala grandia, sordide flavescentia, diutius persistentia; 5-6 mill. longa; stamina 18-20, antheris 5 mill. longis; ovaria 5-6; stigmata ovata; auriculæ patulæ, breves, suberoso-dentatæ.

Il est très-voisin du *T. oreites* dont il diffère surtout par la panicule à branches plus ouvertes; par les fleurs notablement plus grandes, à anthères plus allongées et plus longuement apiculées; par ses folioles généralement plus arrondies, à lobes plus brièvement apiculés; par la tige plus anguleuse et la souche non rampante.

Le *T. saxatile* DC. Syst. 1, p. 178, comprend aussi cette espèce. Elle a été rapportée pareillement au *T. saxatile* dans la Flore de France de MM. Grenier et Godron. Le *T. nutans*, du même ouvrage, me paraît s'appliquer au *T. oreites*, au moins en partie.

b. Species sæpius humiles, caudice valde reptantes, montium humiliorum vel planitierum incolæ. Stirps *T. sylvatici* Kocn.

Thalictrum obscuratum, Jord.

T. paniculæ laxæ ramis erecto-patentibus; pedunculis longis, subverticillatis; floribus pendulis; carpellis elliptico-oblongis, compresso-subancipitibus, intus ventricosis, inferne subæqualibus, apice attenuatis, 10-12 costalis; foliolis intense vel obscure virentibus, subrotundo-obovatis, vel ovatis cum basi rotundata, apice tridentatis, vel trifidis dentatisque, pube tenui glandulosa obsitis; caule erecto, ad genicula infracto, flexuoso, striato, pube glandulosa obducto. Caudice stolonibus longe reptantibus aucto.

Hab. in saxosis vel dumosis calcareis montium Cebennensium inferiorum, prope *Ganges* (*Hérault*). — Flor. initio junii (in horto).

Flores majusculi; stamina 18-24, filamentis purpureis, antheris 4 mill. longis, apiculo longiusculo præditis; stigmata ovata, purpurascentia.

Cette plante exhale une odeur fétide et rappelle le *T. cal-caream*, dont elle s'éloigne par sa souche très-manifestement et très-longuement rampante, envahissant promptement un grand espace dans le sol d'un jardin, par la forme des carpelles, par celle des folioles, ainsi que par ses anthères beaucoup plus grandes.

Thalictrum Arnaudiæ JORD.

T. paniculæ valde flexuosæ ramis patentibus, subrecurvatis ; pedunculis subverticillatis ; floribus cernuis ; carpellis subelliptico-oblongis, utrinque angustatis, leviter obliquis, subdecem costatis ; foliolis subrotundis, breviter 7-9 dentatis vel obscure tri-quinque fidis dentatisque, rarius simpliciter trifidis, inferiorum dentibus obtuse, superiorum acute apiculatis, omnibus petiolisque pube perbrevi glandulifera densa obductis ; caule erecto, flexuoso, gracili, striato, brevissime pulveraceo : caudice reptante.

Hab. in dumosis, prope *Le Puy* (*Haute-Loire*), ex domina Arnaud. — Flor. initio julii.

Stamina 18-20, antheris breviter apiculatis : stigmata ovato-oblonga.

Cette plante, que je n'ai pas encore observée vivante, est certainement distincte de la précédente par sa panicule à rameaux divergents, par ses anthères brièvement apiculées, par la forme des carpelles, ainsi que par celle des folioles. Sa pubescence glanduleuse est plus dense et plus courte.

Thalictrum macilentum JORD.

T. paniculæ nudiusculæ ramis erecto-patentibus ; floribus cernuis, antheris tenuibus, elongatis, longe apiculatis ; carpellis oblongis ; foliolis parvis, obscure virentibus, glabriusculis, subrotundato-obovatis, subovatisve, tridentatis vel trifidis dentatisque ; caule humili, gracili, erecto, valde flexuoso, subanguloso, striato, inferne foliato , superne nudo ; caudice tenuiter et longe reptante.

Hab. in campis sabulosis ; *Malesherbes* (*Loiret*), ubi copiosum legi. — Flor. exeunte maio, in loco natali.

Cette plante est fort grêle et sa taille n'est que de 1-2, quelquefois 3 décim. Elle est remarquable par la couleur violacée-rougeâtre de la tige et des calices. Les anthères sont allongées et longuement apiculées ; les pétioles sont très-anguleux.

Thalictrum Schultzii Jord.

T. minus F. Schultz, Flor. Gall. et Germ. exsicc. n° 1.

T. paniculæ ramis tenuibus, valde flexuosis, erecto patentibus ; floribus cernuis ; antheris longe apiculatis ; carpellis oblongis ; foliolis pallide virentibus, glabris, subrotundo-obovatis subovatisve, tridentatis vel subtrifidis dentatisque ; caule erecto, tenui, valde flexuoso, subanguloso, striato, glabro ; caudice stolonibus elongatis aucto.

Hab. in collibus prope *Moselle* (*Deux-Ponts*) ex F. Schultz et in Gallia centrali. — Flor. junio.

Il se distingue du *T. macilentum* Jord. par ses anthères plus courtes, par sa tige plus élevée, plus feuillée et bien moins colorée. La couleur et l'aspect du feuillage sont différents. Toute la plante est bien moins grêle.

Thalictrum Godroni Jord.

T. sylvaticum Godron ! Flore de Lorr. 1, p. 4, non Koch.

T. paniculæ ramis erecto-patentibus ; floribus cernuis ; carpellis, elliptico-ovatis, obliquis, intus subventricosis ; foliolis læte virentibus glabris, suborbiculatis, vel rotundo-obovatis, breviter et inæqualiter 5-7 dentatis vel trifidis dentatisque ; caule erecto, flexuoso, glabro, leviter angulato-striato ; caudice stolonibus tenuibus elongatis aucto.

Hab. in sylvaticis, prope *Nancy* (*Meurthe.*) — Flor. exeunte maio vel initio junii (in horto).

Stamina 20, antheris 2 2/3 mill. longis, vix 1 mill. latis, apiculo mediocri præditis ; ovaria 6-8.

Cette espèce est remarquable par la forme de ses folioles qui sont plus larges que longues, souvent en cœur à la base, à dents courtes et nombreuses. Le *T. sylvaticum* Koch, in Bot.

Zeit., 1841, p. 426, en est évidemment distinct par sa floraison plus tardive d'un mois, par ses folioles glauques en dessous et à dents moins nombreuses, par ses pétioles trèspeu ou pas anguleux.

Thalictrum frutetorum JORD.

T. paniculæ ramis erecto-patentibus; carpellis obliquis, compresso-ancipitibus, extus subrectis, 10-12 costatis; foliolis læte virentibus, glabris, suborbiculatis, basi cordatis, vel rotundo-obovatis, obtuse et inæqualiter 3-7 dentatis, etiam trifidis dentatisque, dentibus plerisque latis rotundatis, superioribus tantum acutis; caule erecto, flexuoso, striato, glabro; caudice breviter reptante.

Hab. in sylvaticis collium graniticarum, prope *Vienne* (*Isère*). — Flor. junio fere exeunte (in horto).

Sepala leviter colorata; stamina 20-22, filamentis pallidis, antheris 20-22, apiculo mediocri præditis; caulis sub sole sæpe rubens.

Il est voisin du *T. Godroni* dont il diffère certainement par son port plus robuste, ses folioles plus grandes et d'un vert plus foncé, ses stolons moins allongés et moins grêles. Sa floraison est plus tardive de quinze jours dans un même lieu. J'ai observé plusieurs individus de ces deux espèces que j'ai apportés vivants de leur lieu natal dans mon jardin, et d'autres que j'ai ensuite élevés de leurs graines.

C. Species plerumque fœtidæ, proceriores, in dumosis collium vel planitierum obviæ. Stirps *T. pubescentis* DC.

Thalictrum brevepubens JORD.

T. panicula ambitu ovata, expansa; ramis patentibus; floribus cernuis; antheris longe apiculatis; stigmate lineari-oblongo; carpellis oblongis, subancipitibus, 8-12 costatis, leviter obliquis; petiolis puberulis; foliolis approximatis, viridibus, pube glandulosa obsitis, breviter et multicrenatis, foliorum inferiorum suborbiculatis basi cordatis, cæteris rotundo-obovatis obscure 3-5 lobis, lobis dentatis; caule erecto, flexuoso, anguloso, striato, laxe et minute pulveraceo; caudice crasso, haud reptante.

Hab. in dumosis collium, prope *Vic* (*Gard*). — Flor. exeunte junio vel initio julii (in horto).

Sepala 3 1/2 longa, eximie nervosa, ex viridi-lutescentia, ad nervos sæpe rubentia ; stamina 18-20, antheris pallide flavis, longissime apiculatis ; ovaria 5 ; stigmata albido-purpurea, oblongo-linearia, apice leviter recurvata ; odor plantæ fœtidus.

Cette espèce est surtout reconnaissable à ses folioles très-rapprochées, munies de dents courtes et nombreuses, à ses anthères longuement apiculées et à ses stigmates sublinéaires.

Thalictrum expansum Jord. Obs. frag. 5, p. 6.

T. paniculæ valde ampliatæ ramis patentibus ; floribus staminibusque pendulis ; carpellis oblongo-ellipticis, paulo compressis, subancipitibus, 8-12 costatis ; foliolis viridibus, glandulis minutis obsitis, suborbiculatis, rotundato-obovatis ellipticisve, basi subcordatis, petiolulatis, apice plerumque 5-7 dentatis vel trifidis dentatisque, rarius subintegris ; petiolis angulato-striatis ; caule erecto, parum flexuoso, teretiusculo, tenuiter striato, glabro, parce et minute pulveraceo-glanduloso ; caudice crasso, haud reptante.

Hab. in dumosis, secus Rhodanum prope *Lyon*. — Flor. in medio junii.

Sepala sordide et pallide flavescentia ; antheræ pallide flavæ, 3 mill. longæ ; filamenta albida ; ovaria 5-6 ; stigmata lanceolata, apice extus flexa ; odor plantæ plerumque fœtidus.

Il s'éloigne du *T. brevepubens* Jord. par sa panicule ordinairement plus ample, ses folioles plus distantes et plus longuement pétiolulées, ses anthères plus grandes, sa pubescence moins visible. Sa floraison est plus précoce de huit à quinze jours.

Thalictrum thamnophilum Jord.

T. paniculæ ramis brevibus, patentibus, subrectangulis ; pedunculis abbreviatis ; floribus nutantibus ; carpellis subæqualiter ovatis, 8 costatis ; foliolis intense viridibus, glandulis sessilibus crebris obsitis, suborbiculatis, vel rotundo-obovatis, obtuse 3-7 dentatis ; caule subangulato, striato, minute glanduloso, passim fuscescente ; caudice crasso haud reptante.

Hab. in dumosis circa *Lyon*. — Flor. exeunte junio.

Sepala sordide albo-flavescentia , lineari-oblonga, concava, 3 1/2-4 mill. longa , dense glandulosa ; filamenta brevia ; antheræ 3-3 1/2 mill. longæ, pallide flavæ, calicem haud excedentes ; stigma pallidum, ovatum, ovario brevius ; odor plantæ fœtidus.

Il diffère du *T. expansum* par sa panicule, à rameaux courts , étalés presque à angles droits, par ses pédoncules plus courts, par ses étamines plus courtes et surtout par ses carpelles plus petits et de forme ovoïde.

Thalictrum virgultorum Jord. in Cat. Dijon 1848. (sine descript.)

T. paniculæ ramis erecto-patentibus ; pedunculis brevibus ; floribus nutantibus ; carpellis elliptico-ovatis, subæqualibus, basi fere rotundatis, 12 costatis ; foliolis obscure cinereo-virentibus, dense et minute glandulosis, suborbiculatis, plerumque basi cordatis, brevissime petiolulatis, obtuse 3-5 dentatis, vel trifidis dentatisque, dentibus latis, obtusiusculis ; caule erecto, vix flexuoso, parum angulato, striato, minute pulveraceo-glanduloso ; caudice crasso, haud reptante.

Hab. in sylvaticis collium circa *Lyon*. — Flor. julio.

Flores pallidissime flavi ; sepala sordide albida ; antheræ pallidæ , breviter apiculatæ, 4 mill. longæ ; auriculæ vaginarum erecto-patulæ, haud reflexæ ; planta fœtidissima , robustior, serius florens.

Cette espèce est robuste et tardive. Elle se distingue de la précédente par le port de la panicule , par ses carpelles à côtes plus nombreuses et par ses folioles suborbiculaires.

D. Species glabratæ , plerumque glandulis destitutæ , proceriores , in dumosis collium vel in pratis obviæ. Stirps *T. minoris* vel *majoris* auctorum.

Thalictrum arrigens Jord.

T. paniculæ ramis erectis, modice patulis ; pedunculis subverticillatis, floribus subcernuis ; carpellis subæqualiter oblongis, compresso-ancipitibus, tenuiter 8-10 costatis ; foliolis intense virentibus ,

glabris, subrotundo-ovatis, plerumque longioribus quam latis, basi
rotundatis, apice 3-5 dentatis vel trifidis, lobis dentatis integrisve ;
caule procero, erecto, subflexuoso, substriato, glabro ; caudice crasso,
haud reptante.

Hab. in collibus sylvaticis, circa *Vienne* (*Isère*). — Flor. exeunte
junio (in horto).

Sepala colorata, 4 mill. longa ; stamina pauca, 10-15, antheris
3 mill. longis, breviter apiculatis ; ovaria 6-8 ; stigmata oblonga ;
caulis sæpe rubens.

Cette espèce se reconnaît aisément au port dressé de la
panicule et à la forme des folioles.

Thalictrum dumulosum Jord.

T. panicula ampliata, ambitu ovata, flexuosa ; ramis erecto-patentibus ; floribus cernuis ; carpellis subæqualiter elliptico-oblongis,
compresso-ancipitibus, tenuiter 10 costatis ; foliolis læte virentibus
approximatis, brevissime petiolulatis, subrotundo-obovatis, subquin-
quedentatis vel trifidis, lobis dentatis integrisve obtusiusculis ; caule
procero, erecto, subflexuoso, sulcato, lævi ; caudice crasso, haud
reptante.

Hab. in dumosis secus Rhodanum, prope *Lyon*. — Flor. initio julii.

Calix colore violaceo tinctus ; filamenta purpurea, haud exserta
nisi emarcida ; antheræ flavæ, apiculatæ, 2 1/2 mill. longæ ; ovaria 5 ;
stigmata ovata, albida.

Cette espèce se reconnaît à la forme subpyramidale de sa
panicule, à ses carpelles assez petits et aux dents des feuilles
peu nombreuses, assez profondes et un peu obtuses. Sa tige
est assez haute. Toute la plante est ordinairement glabre et
inodore ; elle offre cependant quelques glandes, notamment
sur les calices.

Le *T. Billotii* F. Schultz — *præcox* F. Schultz in *Jahresb.
der Pollichia* 1858, des prairies des bords de la Moselle, se
distingue de cette espèce par sa floraison plus précoce, par
sa panicule plus feuillée, à rameaux plus flexueux et moins
ouverts, par les pédoncules plus allongés et subverticillés ;

par les carpelles ventrus intérieurement et presque droits
à la face externe.

Thalictrum propendens Jord.

T. panicula amplissima, flexuosissima, ramis tenuibus, elongatis,
patentibus, deflexisve, sparsifloris ; floribus pendulis ; carpellis subæqualiter oblongis, compresso-ancipitibus, 10-12 costatis ; foliolis
læte flavo-virentibus, glabris, suborbiculatis vel rotundo-obovatis,
profunde 5-7 dentatis vel trifidis dentatisque, dentibus acutiusculis ,
caule procero, erecto, flexuoso, glabro, flavo-virente ; caudice crasso,
haud reptante.

Hab. in dumosis circa *Lyon*. — Flor. julio.

Sepala oblonga, 4 mill. longa, pallide viridia ; stamina 30 circiter ,
antheris apice subfalcatis, longe apiculatis : caulis ut tota planta læte
flavo-virens.

Il est remarquable par le port de la panicule qui est très-
diffuse, et par les folioles qui sont à dents assez profondes et
un peu aiguës. Sa floraison est tardive.

Thalictrum eminens Jord. Obs. frag. 5, p. 4.

T. panicula ampliata, flexuosissima, diffusa ; ramis tenuibus,
elongatis, divaricato-patentibus, sparsifloris ; floribus pendulis ; carpellis majusculis, oblongo-fusiformibus, compresso-ancipitibus, intus
ventricosis, extus rectis, 8-12 costatis ; foliolis parvis, viridibus, glabris, rotundato-obovatis, haud basi cordatis, subacute 3-7 dentatis
vel trifidis, lobis integris dentalisve ; caule procero, erecto, flexuoso,
subangulato, sulcato, plerumque glabro, flavo-viridi ; caudice crasso
haud reptante.

Hab. in dumosis collium circa *Lyon*. — Flor. junio exeunte.

Sepala ex viridi flavescentia ; filamenta staminum longa, valde
exserta ; antheræ 2 1/4 mill. longæ, apiculatæ ; ovaria 3-5 : stigmata
albida , late ovato-elliptica , margine subdentata , ovaria subæquantia.

Cette espèce est très-distincte de celles qui précèdent par
la forme des carpelles, ainsi que par la forme des folioles qui

ne sont nullement cordées à la base. Elle est moins tardive que le *T. propendens*, et ses carpelles sont plus gros.

Thalictrum tortuosum Jord. in Cat. Dijon 1848

T. panicula expansa, subpyramidata, flexuosa ; ramis apertis ; pedunculis brevibus ; floribus subcernuis, carpellis subæqualiter oblongo-ellipticis, compresso-ancipitibus, 10-12 costatis ; foliolis viridibus, rotundo-obovatis, basi haud cordatis, profunde 3-5 fidis, lobis integris vel subdentatis, acutiusculis ; caule procero, erecto, valde flexuoso, sulcato, glabro, sæpe rubello ; caudice haud reptante.

Hab. in dumosis secus Rhodanum prope *Lyon*. — Flor. in medio junii vel paulo serius.

Sepala violacea, fere 4 mill. longa ; filamenta staminum violacea ; antheræ 3—3 1/4 mill. longæ, apiculo longo præditæ ; ovaria 5 ; stigmata ovato-lanceolata, ovariis breviora, albo-viridia.

Cette espèce est rapprochée du *T. eminens* par la forme des feuilles ; mais, par la forme de la panicule, par ses pédoncules courts, ses fleurs faiblement penchées et ses carpelles de forme égale, elle a aussi du rapport avec les espèces du groupe qui va suivre.

§ 2. Panicula ambitu ovata vel subpyramidata ; flores sparsi, porrecti, rarius cernui ; folia patula, petiolis ternatim decompositis, foliolis plerumque anguste obovato-cuneatis, subtriangularibus, passim oblongis. Stirps *T. lucidi* DC.

Thalictrum ambigens Jord.

T. elegans Jord. Obs. frag. 3, p. 7, non Wall.

T. paniculæ ambitu ovato-pyramidatæ, ramis erecto-patulis, superne ascendentibus ; floribus cernuis ; carpellis ellipticis, parum compressis, subancipitibus, 8-12 costatis ; foliolis tenuibus, subtus glaucis, obovatis vel elliptico-oblongis, basi subrotundatis, acute 3 5 dentatis ; caule erecto, parum flexuoso, sulcato, glabro ; caudice reptante.

Hab. in dumosis secus Rhodanum prope *Tournon* (*Ardèche*) — Flor. in fine junii.

Sepala pallida, persistentia ; stamina 20-22 , filamentis longis , albidis, antheris apiculo valde acuto præditis ; ovaria 5-6 ; stigmata oblonga, margine reflexa, ovaria subæquantia, albida.

Cette espèce tient des groupes qui précèdent par ses fleurs penchées ; mais, par le port, la forme de la panicule, l'aspect du feuillage et la souche, elle se rapproche des espèces qui suivent, avec lesquelles elle a véritablement plus d'affinité.

Thalictrum paradoxum JORD. Obs. frag. 5, p. 10.

T. paniculæ ampliatæ, laxæ, ramis patentibus ; pedunculis ante anthesin subinflexis, mox porrectis ; carpellis elliptico-oblongis, utroque apice angustatis, paulo ancipitibus, inæqualiter 12 costalis ; foliolis supra viridibus, subtus pallidis, obovato-cuneatis, plerumque apice acute 3 dentalis, basi paulisper rotundatis, rarius oblongis subintegris ; caule erecto, subflexuoso, anguloso, sulcato, glabro, viridi vel subfusco ; caudice stolonibus elongatis reptante.

Hab. in dumosis sylvaticis, secus Rhodanum, prope *Lyon*. — Flor. exeunte junio.

Stamina 15, antheris flavis, 4 mill. longis, apiculo longo præditis ; ovaria 5 ; stigmata ovata, margine reflexa, albida.

Cette espèce se reconnaît à ses anthères assez grandes, ses carpelles de forme allongée, ses feuilles souvent assez larges et sa souche très-rampante.

Thalictrum nothum. JORD.

T. abortivum JORD. in Cat. Dijon, 1848. (sine descriptione.)

T. paniculæ ampliatæ ramis numerosis, erecto-patentibus ; pedunculis brevibus, apice inflexis, demum subporrectis ; carpellis ovatis, inæqualiter 10-12 costalis ; foliolis oblongo-cuneatis, apice acute trilobis dentatisque, passim oblongis subintegris ; caule erecto, valde foliato, sulcato, glabro, flavo-virente ; caudice stolonibus elongatis reptante.

Hab. in dumosis, secus Rhodanum, prope *Lyon*. — Flor. exeunte junio.

Antheræ flavo-virides, 2 3/4 — 3 mill. longæ, breviter apiculatæ ; ovaria 5 ; stigmata late ovata, albida.

Il se distingue du *T. paradoxum* JORD. par ses fleurs plus

petites, plus pâles, un peu penchées, ses anthères courtes, ses carpelles ovales et plus petits.

Thalictrum Jordani F. Schultz. — Jord. Obs. frag. 5, p. 12.

T. paniculæ ampliatæ ramis erecto-patulis ; pedunculis brevibus ; floribus porrectis ; carpellis parvis, subrotundo-ovalis, inæqualiter 12 costatis ; foliolis læte virentibus, subtus pallidis, oblongo-cunei-formibus, apice acute trifidis, lobo medio sæpe tridentato ; caule erecto, folioso, sulcato, flavo-viridi, glabro ; caudice stolonibus elongatis reptante.

Hab. in dumosis, secus Rhodanum, prope *Lyon*. — Flor. junio.

Flores pulchre flavi, vere porrecti ; stamina 15-16, filamentis albidis, antheris pulchre flavis, 2 1/2 mill. longis, breviter apiculatis ; ovaria 6 ; stigmata ovata, albida.

Il s'éloigne des deux précédents par ses fleurs d'un beau jaune, manifestement porrigées, par ses carpelles plus petits et presque ronds. Ses feuilles sont plus nettement cunéiformes et à dents plus nombreuses que dans le *T. nothum* Jord.

Thalictrum parisiense Jord.

T. lucidum DC. Syst. 1, p. 181, non L.

T. paniculæ ramis erecto-patulis, superne ascendentibus ; pedunculis longis, plerumque verticillatis ; floribus porrectis, carpellis ellip-tico-ovatis, inæqualiter 12-costatis ; foliolis læte virentibus, oblongis, subcuneatisve, apice bi-trifidis integrisve ; caule erecto, stricto, sulcato, flavo-virente, glabro ; caudice stolonibus elongatis reptante.

Hab. in sylvaticis circa *Paris*. — Flor. initio junii (in horto.)

Stamina 12-15, filamentis albidis ; antheris læte flavis, 2 1/2 mill. longis, apiculo longiusculo præditis ; ovaria 3-5 ; stigmata ovata, albida.

Il se distingue du *T. Jordani* F. Schultz par sa panicule bien moins ouverte, ses pédoncules plus allongés et verti-cillés, ses carpelles plus gros et de forme plus allongée, ses feuilles d'un vert très-clair, moins nettement cunéiformes et moins dentées, sa floraison plus précoce de quinze jours, dans un même lieu.

Il me paraît impossible d'admettre que cette plante soit le *T. lucidum* de Linné qui attribue à sa plante, pour unique caractère distinctif, des feuilles linéaires et charnues. Dans le *T. parisiense* JORD. les feuilles ne sont nullement linéaires et, loin d'être charnues, elles sont, au contraire, assez minces. Le synonyme de Tournefort cité par Linné : *T. minus alterum parisiensium foliis crassioribus et lucidis* TOURNEF. Ins. 271, doit s'appliquer très-probablement au *T. angustifolium* JACQ., qui a été trouvé dernièrement près de Paris.

Le *T. medium* MURR. Syst. 512. — JACQ. Hort. vind. 3, p. 96, d'après des exemplaires que j'ai obtenus de graines reçues du jardin botanique de Dijon, serait une plante fort distincte du *T. parisiense* et des autres espèces françaises de ce groupe. Ses fleurs sont porrigées, fort petites ainsi que ses feuilles ; sa floraison est très-précoce ; sa souche paraît très-peu rampante.

Thalictrum silaifolium JORD.

T. paniculæ ramis tenuibus erecto-patulis ; pedunculis brevibus ; floribus porrectis ; carpellis oblongis, parvis, inæqualiter 10-12 costalis ; foliolis supra læte virentibus, nitidulis, subtus glaucescentibus, anguste cuneatis sublinearibusve, apice acute trifidis subintegrisve ; caule erecto, folioso, sulcato, glabro, flavo-virente ; caudice stolonibus elongatis reptante.

Hab. in dumosis secus Rhodanum, prope *Lyon*. — Flor. exeunte junio.

Sepala primum subviridia, mox pallide rufa, tenuia, concava, leviter nervosa, margine erosula, sat persistentia ; stamina 16, filamentis albidis, antheris læte flavis, 3 mill. longis, apiculo crasso brevi præditis ; ovaria 5-7 ; stigmata late ovata, subcrenulata, margine reflexa, ovariis paulo breviora.

Il est remarquable par l'étroitesse de ses feuilles. Sa panicule moins ouverte et la forme des carpelles l'éloignent du

T. Jordani. Il ne peut être confondu avec les *T. paradoxum* et *nothum.* Il se distingue du *T. parisiense* par ses feuilles plus cunéiformes et plus étroites, glauques en dessous, par sa floraison plus tardive d'environ un mois.

Thalictrum affine Jord. in Cat. Dijon. 1848.

T. paniculæ ovato-subpyramidatæ ramis tenuibus, erecto-patulis ; pedunculis brevibus, subverticillatis, apice inflexis ; floribus demum subporrectis ; carpellis parvis, ovato-ellipticis, 8-10 costatis ; foliolis viridibus, subtus pallidis, oblongis, basi paulisper rotundatis vel subcuneatis, apice bi-trifidis integrisve ; caule erecto, firmo, sulcato, glabro, viridi ; caudice stolonibus elongatis reptante.

Hab. in dumosis secus Rhodanum, prope *Lyon.* — Flor. junio.

Sepala caduca, oblonga ; stamina 13, filamentis purpureis, antheris læte flavis, 3 mill. longis, breviter apiculatis ; ovaria 5 ; stigmata late ovata, margine suberosula, haud revoluta, albida.

Cette espèce se reconnaît à ses feuilles de forme souvent oblongue-linéaire, les trifides moins cunéiformes à la base que dans les précédentes. Les filets des étamines sont d'une belle couleur purpurine. Les carpelles sont fort petits.

Thalictrum stipellatum Jord.

T. panicula angustata, ovato-oblonga, subpyramidata ; ramis erecto-patulis, ascendentibus ; pedunculis brevibus, floriferis staminibusque porrectis ; carpellis oblongis, 10-12 costatis ; partitionibus petioli primariis basi stipellatis ; foliolis intense virentibus, subtus pallidis, oblongo vel lineari-lanceolatis, acutis, integris, vel subcuneatis et apice trifidis ; caule erecto, firmo, sulcato, pubescente, glabro ; caudice stolonibus elongatis reptante.

Hab. in dumosis ad Rhodani ripas, prope *Lyon.* — Flor. in fine junii.

Alabastra ovato-elliptica ; sepala oblonga, pallida, caduca, parva ; stamina 12-15, filamentis brevibus pallidis, antheris pallide flavis, 2 mill. longis, breviter apiculatis ; ovaria 3-5, extus subventricosa ; stigmata ovata, margine leviter reflexa, albo-viridia.

La forme étroite de la panicule dont les rameaux sont ascendants, ainsi que la présence des stipelles à la base des ramifications du pétiole, distinguent cette espèce des précédentes. Elle se rapproche surtout du *T. affine* dont elle diffère par ses fleurs de moitié plus petites, par la couleur du feuillage qui est d'un vert obscur, par les carpelles plus gros et de forme plus allongée.

Thalictrum Timeroyi JORD. Obs. frag. 5, p. 14.

T. panicula ovato-oblonga, pyramidata; ramis erecto-patulis superne ascendentibus; pedunculis brevibus, floribus paulo cernuis vel subporrectis; carpellis ellipticis, inæqualiter 8-12 costatis, foliolis læte virentibus, oblongis, vel oblongo-cuneiformibus, bi-trifidis integrisque; caule erecto, stricto, subfistuloso, duro, sulcato, glabro, viridi; caudice stolonibus elongatis reptante.

Hab. in dumosis, ad Rhodani ripas, prope *Lyon*. — Flor. exeunte junio.

Sepala sordide flavescentia; stamina 18-20, filamentis albidis, antheris pallide flavis, 3 mill. longis, apiculo longiusculo acuto præditis; ovaria 5; stigmata albida, ovata, oblonga, margine planiuscula.

Il est voisin du *T. affine* JORD. par la forme des feuilles; mais il s'en éloigne par la panicule plus étroite, à rameaux plus ascendants, par la forme et la grosseur des carpelles. Les fleurs sont un peu penchées au moment de l'anthèse.

§ 3. Panicula ambitu oblongo-pyramidata; flores porrecti vel subnutantes; folia suberecta, petiolis pinnatim decompositis, foliolis oblongo-cuneatis vel linearibus. Stirps *T. simplicis* L. — *Bauhini* CRANTZ.

Thalictrum alpicolum JORD.

T. simplex JORD. Obs. frag. 5, p. 15, non L. — *T. angustifolium* VILL. Hist. plant. Dauph. 3, p. 742, non JACQ.

T. panicula anguste oblonga, racemosa; ramis abbreviatis, tenuibus, erecto-patulis; pedunculis brevibus, tenuibus, erecto-patulis, subverticillatis; floribus approximatis, subconfertis, porrectis; carpellis oblongis, utroque apice paulo angustatis; foliis erectis, foliolis oblongo-linearibus, integris vel subcuneiformibus, apice bi-trifidis ; caule erecto, stricto, subfistuloso, glabro ; caudice stolonibus elonga-lis reptante.

Hab. in pratis Alpium Delphinatûs et Vallesiæ. — Flor. junio (in horto).

Sepala oblonga, flavo-viridia vel violaceo-sublincta ; stamina 12-14, filamentis ex albido violaceis, antheris pallide flavescentibus, 2 1/2 mill. longis, apiculo brevissimo præditis ; ovaria 5-8 ; stigmata ovata, margine planiuscula, albida.

Cette espèce ressemble beaucoup au *T. simplex* L., des environs d'Upsal, dont j'ai reçu des exemplaires de MM. Fries, Anderson et J. Lange ; mais elle en diffère certainement par ses feuilles bien plus allongées, par ses fleurs beaucoup plus rapprochées et plus nombreuses, par ses anthères plus grandes et plus brièvement apiculées, surtout par ses carpelles plus grands et de forme plus allongée.

Thalletrum lætum Jord.

T. paniculæ ovato-oblongæ ramis erecto-patulis, ascendentibus ; pedunculis brevibus ; floribus parvis, approximatis, mox porrectis ; carpellis parvis, subrotundo-ovatis ; foliolis linearibus vel oblongo-linearibus, elongatis, planiusculis, passim bi-trifidis, subacutis ; caule erecto, stricto, validiusculo, sulcato, glabro ; caudice stolonibus elon-gatis reptante.

Hab. in pascuis et dumosis, ad Rhodani ripas, prope *Lyon*.—Flor. exeunte junio.

Sepala pallide flavescentia ; stamina 15, filamentis albidis, antheris læte flavis, 1 1/2 mill. longis, breviter apiculatis ; ovaria 6 ; stigmata ovata, subreflexa, albida.

Il se distingue du *T. simplex* L. par son port plus robuste ses feuilles plus allongées, sa panicule très-fournie, ses car-pelles plus petits et presque ronds.

Il s'éloigne du *T. alpicolum* par la forme bien plus élargie de la panicule, par ses fleurs d'un beau jaune, par la forme des carpelles et par sa tige plus dure. Sa floraison est plus tardive de quinze jours à trois semaines.

Cette espèce correspond, ainsi que les quatre suivantes, au *T. Bauhini* Crantz — *Bauhinianum* Wall. — *angustifolium* auct. multor., non Jacq. nec L.

Thalictrum procerulum Jord.

T. paniculæ ampliatæ ramis erecto-patulis, elongatis, flexuosis, ascendentibus; pedunculis brevibus, alternis vel oppositis; floribus porrectis, laxis, parvis; carpellis subrotundo-ovatis, parvis; foliolis planiusculis, linearibus vel oblongo-linearibus, elongatis, subfalcatis, integris vel passim bi-trifidis, acutis; caule erecto, stricto, duro, sulcato, glabro; caudice stolonibus elongatis reptante.

Hab. in pascuis et dumosis, ad Rhodani ripas, prope *Lyon.* — Flor. julio.

Sepala brevia, mox caduca; stamina 12-14; filamenta albida; antheræ 2 1/4 mill. longæ, apiculo longo præditæ.

Il est très-voisin de l'espèce précédente dont il diffère par sa panicule bien plus ample et plus lâche, à rameaux flexueux très-allongés, à fleurs moins nombreuses. Ses anthères sont plus longuement apiculées; sa floraison est plus tardive d'environ trois semaines:

Thalictrum rhodanense Jord.

T. panicula ovato-oblonga, racemosa; ramis erecto-patulis, fructiferis haud ascendentibus; pedunculis brevibus, apice inclinatis; floribus subcernuis; staminibus porrectis; carpellis ovoideis, parvis, 8-10 costatis; foliolis linearibus vel oblongo-linearibus, margine revolutis, integris, acutis, vel passim bi-trifidis; caule erecto, stricto, glabro, sæpe rubescente; caudice stolonibus elongatis reptante.

Hab. in dumosis, ad Rhodani ripas, prope *Lyon.* — Flor. julio.

Sepala pallida vel violaceo tincta; stamina 15, filamentis plerumque purpureis, longiusculis, antheris flavis, 2 mill. longis, apiculo brevi obtusiusculo præditis; ovaria 5; stigmata ovata, leviter reflexa, pallida.

Il se reconnaît aux rameaux de la panicule qui sont courts, assez étalés et non ascendants comme dans les précédents, à ses carpelles très-petits, mais de forme ovoïde, aux filets des étamines qui sont ordinairement d'une belle couleur violette-purpurine, ainsi que les sépales. Il fleurit après le *T. lætum* et un peu avant le *T. procerulum*.

Thalictrum subspicatum, Jord.

T. panicula anguste racemosa, oblongata ; ramis ascendentibus, modice apertis ; pedunculis brevibus, apice inclinatis ; floribus approximatis, porrectis ; carpellis parvis, subrotundo-ovoideis, 8-10 costatis ; foliolis intense viridibus, linearibus vel oblongo-linearibus, margine revolutis, integris, acutis, passim bi-trifidis ; caule erecto stricto, sulcato, glabro ; caudice stolonibus elongatis reptante.

Hab. in pascuis et dumosis, ad Rhodani ripas, prope *Lyon*. — Flor. exeunte julio.

Sepala pallida, parva ; stamina 18 ; filamentis pallidis, antheris flavis, 2 mill. longis, breviter apiculatis.

Il se rapproche beaucoup du *T. rhodanense* par l'aspect du feuillage ; mais il s'en distingue par sa panicule allongée et fort étroite, à rameaux beaucoup moins étalés ; par ses carpelles plus courts, ses feuilles moins aiguës, ses étamines plus nombreuses, à filets plus courts. Sa floraison est plus tardive de quinze jours.

Thalictrum gallioides, Nestl, ap. Pers. syn. 2, p. 161.

T. panicula racemosa, oblonga ; ramis erecto-patulis, ascendentibus ; pedunculis brevissimis ; floribus porrectis, approximatis ; carpellis parvis, ovoideis, 8 costatis ; foliolis intense virentibus, subæqualiter linearibus, perangustis, leviter subfalcatis, tenuibus, margine revolutis, rarissime bi-trifidis, plerumque omnibus etiam inferioribus et primordialibus integris, acutiusculis ; caule erecto, stricto, duro, sulcato, glabro ; caudice stolonibus elongatis reptante.

Hab. in pascuis et sylvaticis siccis, prope *Strasbourg*. — Flor. in fine julii (in horto).

L'étroitesse et la forme régulièrement linéaire des feuilles caractérisent cette espèce qui est tardive comme la précédente. J'en cultive des pieds que j'ai apportés vivants de Strasbourg, il y a treize ans, et d'autres que j'ai élevés de leurs graines.

On trouve aux bords du Rhône, près de Lyon, une forme très-rapprochée du *T. galioides*, que je prends pour le *T. tenuifolium*, SWARTZ. Elle est à feuilles presque aussi étroites, mais plus aiguës, plus fréquemment dentées et d'un vert plus clair ; sa floraison est moins tardive. Je n'ai pas pris sur le vif assez de notes pour en donner présentement la description.

§ 4. Panicula ambitu breviter racemoso-ovata vel subcorymboso-fastigiata ; flores erecti, conferti ; folia suberecta, petiolis pinnatim ternatimve decompositis, foliolis oblongis, vel oblongo-cuneatis, linearibusve : *T. spurium* TIM., *flavum* L., *angustifolium* JACQ.

A. Petioli pinnatim decompositi ; caulis durus, haud facile comprimendus. Stirps *T. spurii* TIM.

Thalictrum nitidulum, JORD. Obs. frag. 5, p. 17.

T. paniculæ ovato-subpyramidatæ ramis erecto-patulis ascendentibus ; pedunculis brevibus, subverticillatis ; floribus subconfertis, erectis ; carpellis parvis, ovoideis, longe rostratis ; ramificationibus petioli primariis minute stipellatis ; foliolis supra viridibus, lucidis, oblongo-linearibus oblongisve, integris vel subcuneatis, bi-trifidis, acutis ; caule erecto, stricto, sulcato, glabro ; caudice stolonibus elongatis reptante.

Hab. in dumosis, ad Rhodani ripas, prope *Lyon*. — Flor. julio.

Sepala pallide flavo-virentia, mox caduca ; stamina 18-20, filamentis albidis, longiusculis, antheris pallide flavis, 2 mill. longis, apiculo brevi vix acuto præditis ; ovaria 5-8 ; stigmata ovato-oblonga, margine reflexa, ovarium subæquantia, albida.

Cette espèce est très-reconnaissable à sa panicule de forme un peu allongée, assez ample et point dense, à ses fleurs dressées, un peu lâches, d'un jaune pâle, à ses carpelles terminés par un stigmate allongé, à ses feuilles assez étroites et luisantes. La présence des stipelles à la base des premières ramifications du pétiole, ainsi que les fleurs dressées, l'éloignent du groupe qui précède, dont elle se rapproche par l'aspect du feuillage et le port de la panicule.

Thalictrum medianum, Jord.

T. *porrigens*, Jord. in Cat. Dijon, 1848. (sine descriptione.)

T. panicula racemoso-ovata, breviuscula ; ramis erecto-patulis ; floribus erectis parum confertis ; carpellis subrotundis, 8-10 costatis ; stipellis nullis ; foliolis viridibus, oblongis, latiusculis, planis, margine vix revolutis, integris, vel subcuneatis apice bi-trifidis, acutis ; caule erecto, stricto, sulcato, glabro ; caudice stolonibus elongatis reptante.

Hab. in pascuis et dumosis, ad Rhodani ripas, prope *Lyon*. — Flor. julio.

Sepala pallida ; stamina 12-15 ; filamentis plerumque pallidis, antheris pulchre flavis, apiculatis ; ovaria 5-6 ; stigmata ovata, albida.

Cette plante se rapproche du *T. Timeroyi* par l'aspect des feuilles, qui sont de forme plus allongée. L'absence de stipelles et la forme des carpelles le séparent du *T. nitidulum*. Elle a de l'affinité avec l'espèce qui suit ; mais ses fleurs sont bien moins denses.

J'ai observé une variété ou forme très-voisine du *T. medianum*, dont les filets des étamines sont d'un beau violet, et dont la taille est plus élevée.

Thalictrum spurium Timer. ap. Jord. Obs. frag. 5, p. 19.

T. paniculæ oblongo-ovatæ ramis erectis, ascendentibus, inferne nudiusculis, apice dense confertifloris ; pedunculis brevissimis ; floribus aggregatis, erectis ; carpellis ovato-ellipticis, breviter rostratis, 12 costatis ; stipellis rotundato-ovatis, dentatis ; foliolis viridibus, opacis, planis, oblongis vel elliptico-linearibus, integris vel oblongo-cuneatis bi-trifidis; caule erecto, stricto, duro, sulcato, glabro; caudice stolonibus elongatis reptante.

Hab. in dumosis, ad Rhodani ripas, prope *Lyon*. — Flor. ineunte julio.

Sepala elliptico-oblonga, flavescentia, valde caduca; stamina 16, filamentis pallidis, antheris læte flavis, 2 mill. longis, apiculo brevissimo et obtuso præditis; ovaria 5-7; stigmata ovata, ovariis breviora, margine reflexa, albida.

Les fleurs, dressées et très-ramassées au sommet des rameaux, séparent cette espèce des deux précédentes et la rapprochent des espèces des deux groupes suivants; mais la forme étroite et presque oblongue de sa panicule, et surtout sa tige dure, peu fistuleuse, résistant à la pression des doigts, l'en éloignent.

B. Folia erecto-patula, petiolis subpinnatim decompositis; caulis cavus, facile comprimendus. Stirps *T. flavi* L.

Thalictrum riparium JORD. in Cat. Dijon. 1848.

T. panicula ovato-racemosa, passim subfastigiata; ramis erecto-patulis, ascendentibus; pedunculis brevibus, verticillatis; floribus subconfertis; carpellis subrotundo-ovoideis, 10 costatis; stipellis minutis, vix ullis; foliolis oblongis vel lineari-oblongis, planis, integris vel superne bi-trifidis, acutiusculis; caule erecto, stricto, fistuloso, sulcato, glabro; caudice stolonibus elongatis reptante.

Hab. in humidis, ad Rhodani ripas, prope *Lyon*. — Flor. exeunte junio.

Sepala pallida, oblonga, pedunculo breviora; stamina 14-15, filamentis albidis; antheris læte flavis, 1 3/4 vix 2 mill. longis, obtusiusculis; ovaria 6-7; stigmata ovato-oblonga, leviter reflexa, albida.

Le *T. flavum* L. des environs d'Upsal, qui m'a été envoyé par MM. Fries et Anderson, est voisin de cette espèce, mais certainement distinct par ses feuilles plus courtes et plus larges, beaucoup plus dentées au sommet, la plupart trifides, à lobes souvent dentés ; la panicule est plus feuillée ; les anthères sont plus grosses, à pointe aiguë.

Thalictrum udum Jord.

T. panicula ovato-corymbosa, subfastigiata ; ramis erecto-patulis, flexuosis ; pedunculis brevibus, verticillatis ; floribus erectis confertis ; carpellis parvis, subrotundis, 8-10 costatis ; stipellis minutis ; foliolis intense virentibus, lanceolato vel elliptico-oblongis, planis, integris vel superne bi-trifidis, acutiusculis ; caule erecto, stricto, sulcato, fistuloso, glabro ; caudice stolonibus elongatis reptante.

Hab. in humidis inter virgulta, prope *Lyon*. — Flor. julio.

Sepala pallida, mox caduca ; stamina 14-15, antheris parvis, pallide flavis, 1 1/3 mill. longis, submuticis ; ovaria 6-8 ; stigmata ovata, margine revoluta, ovariis breviora, albida.

Il diffère du *T. riparium* principalement par la forme de la panicule, dont les branches sont plus ouvertes et plus flexueuses, par ses carpelles plus petits et presque ronds ; par ses feuilles plus courtes et relativement plus élargies, par sa floraison plus tardive de dix à quinze jours.

Thalictrum prorepens Jord.

T. paniculæ ovato-corymbosæ ramis patulis, flexuosis, superne ascendentibus ; pedunculis brevibus ; floribus erectis confertis ; carpellis parvis, globosis, 8-10 costatis ; stipellis crebris, elongatis ; foliolis læte virentibus, subnitidis, brevibus, oblongis vel elliptico-oblongis, acutis, integris vel superne bi-trifidis ; caule erecto, stricto, sulcato, valde fistuloso, glabro ; caudice stolonibus longissimis reptante.

Hab. in dumosis subhumidis, ad Rhodani ripas, prope *Lyon*. — Flor. in medio vel in fine julii.

Sepala oblonga, concava, dorso carinata, pallida ; stamina 12-14, filamentis albidis, antheris pallide flavis, 1 1/2 mill. longis, submuticis ; ovaria 5-6 ; stigmata ovata, ovariis duplo breviora, parva, albida.

Il se distingue du *T. udum* par sa panicule plus ouverte et moins fastigiée, à branches arquées, par ses folioles plus

petites et plus courtes, d'un vert clair et luisant, par ses carpelles tout-à-fait globuleux, par ses stipelles plus allongées
et très-manifestes sur toutes les ramifications du pétiole, par
sa souche très-longuement rampante et envahissant rapidement un grand espace dans le sol d'un jardin.

Thalictrum capitatum Jord. in Cat. Dijon, 1848.

T. panicula ampliata, corymboso-fastigiata; ramis erecto-patentibus ; pedunculis brevibus, verticillatis; floribus erectis, dense confertis; carpellis globosis, 8-10 costatis ; stipellis parvis; foliolis intense
et obscure virentibus, ovato-oblongis, acutis, basi rotundatis, integris vel apice passim bi-trifidis ; caule erecto, stricto, sulcato, fistuloso, glabro ; caudice fibris fasciculatis stipato, stolonibus aucto.

Hab. in sylvaticis humidis, ad Rhodani ripas, prope *Lyon*. — Flor.
in medio vel in fine julii.

Sepala pallida, mox decidua; stamina 12-15, filamentis albidis, antheris 2 mill. longis, apiculo obtusiusculo præditis ; ovaria 5-7; stigmata ovata, leviter margine reflexa, albida.

Il se distingue des précédents par sa panicule fastigiée et
très-ouverte, à branches plus raides, à corymbes terminaux
bien plus denses, par ses feuilles plus larges. Ses carpelles
sont globuleux comme dans le *T. prorepens*, mais plus gros ;
sa souche est moins longuement rampante.

Le *T. sphærocarpum* LEJEUNE, Comp. fl. belg. 2, p. 208,
dont l'auteur m'a envoyé des exemplaires secs et des pieds
vivants, est très-voisin du *T. capitatum;* mais il en diffère par
ses feuilles plus courtes et plus obtuses, à lobes du sommet
moins profonds, par sa souche plus longuement rampante
et par sa floraison précoce, qui a lieu dans la seconde quin-
zaine de juin.

Thalictrum belgicum. JORD.

T. paniculæ corymboso-subfastigiatæ ramis arrectis, modice apertis ; ramulis pedunculisque verticillatis; floribus erectis, confertis;

antheris acute apiculatis ; carpellis ovoideis, 10-costatis ; stipellis nullis ; foliolis intense viridibus, nitidulis, oblongis vel oblongo-cuneatis, acutis, integris vel sæpius apice trilobis, lobis inferiorum passim dentatis ; caule erecto , stricto , sulcato , fistuloso , glabro : caudice stolonibus reptantibus aucto.

Hab. in regione Belgica, ex Lejeune. — Flor. in fine junii.

Sepala albo-viridia, 3 1,2 mill. longa ; stamina 20-25, filamentis longis, albidis ; antheris pallide flavis, linearibus, parvis, 1 1/2 mill. longis, eximie apiculatis ; ovaria 6, ovato-oblonga ; stigmata ovata, ovariis multo breviora, albida.

J'ai reçu de Lejeune, en 1851, des exemplaires secs de cette plante, sous le nom de *T. flavum*. J'en ai reçu de lui, à la même époque, des pieds vivants que j'ai cultivés. Elle est remarquable par sa panicule souvent ample, ordinairement fastigiée, à branches peu étalées, par ses fleurs d'un jaune pâle, à anthères petites, terminées par une pointe saillante, par ses feuilles la plupart subcunéiformes et trifides.

Le *T. rufinerve* LEJEUNE, qui est fort voisin de cette espèce, en diffère par ses anthères plus grosses, d'un beau jaune, à mucron plus épais, par ses carpelles plus petits, par ses feuilles d'un vert gai, à dents un peu obtuses, par sa souche très-peu ou pas rampante, par sa floraison plus précoce de huit jours.

C. Folia erecto-patula, petiolis subternatim decompositis ; caulis cavus, facile comprimendus. Stirps. *T. angustifolii* JACQ.

Thalictrum mediterraneum JORD. in Cat. Dijon, 1848.

T. nigricans DC. Flor. franc. p. 634, non JACQ.

T. panicula densa, subracemoso-ovata vel passim fastigiata ; ramis erectis , modice patulis ; pedunculis verticillatis ; floribus erectis, dense confertis ; carpellis elliptico-ovoideis, 8-10 costatis ; petiolis glandulis stipitatis passim obsitis ; stipellis nullis ; foliolis oblongo-linearibus linearibusve, obtusiusculis, basi oblique rotundatis, apice bi-trifidis integrisve, supra rugosis intense viridibus nitidulis, subtus pallidis glandulisque plerumque munitis ; caule erecto, stricto, sulcato, apice angulato, fistuloso, glabro vel glandulis stipitatis parce obsito ; caudice fibris densis stipato, stolonibus destituto.

Hab. in subhumidis Galliæ australis, circa *Toulon, le Luc,* etc., et in Corsica. — Flor. initio junii (in horto).

Sepala oblonga, pallide nervosa ; stamina 15-16, filamentis albidis, antheris læte flavis, oblongis, 2—2 1/2 mill. longis, apiculo brevi præditis ; ovaria 5-6, oblonga, compressa ; stigmata extus vix reflexa, albida.

Il est très-voisin du *T. nigricans* JACQ. Mais ce dernier, dont j'ai cultivé des individus provenant du jardin botanique de Genève, me paraît distinct par sa panicule plus ample, plus ordinairement fastigiée, à rameaux plus ouverts, par ses étamines plus nombreuses, ses pétioles non glanduleux, ses folioles plus larges et plus dentées.

Jacquin dit du *T. nigricans*, dans le Flora austriaca, p. 421, qu'il diffère certainement du *T. angustifolium* par sa floraison plus tardive. Or le *T. mediterraneum* fleurit au contraire de très-bonne heure, et sa floraison devance même celle du *T. angustifolium* qui en diffère d'ailleurs complètement par ses feuilles beaucoup plus fines et plus allongées, ainsi que par ses carpelles presque ronds et de moitié plus petits.

Le *T. exaltatum* GAUD. Flor. helv. 3, p. 515, se distingue du *T. mediterraneum* par sa panicule très-ouverte, à rameaux et à pédoncules même étalés.

Le *T. angustifolium* b *heterophyllum* KOCH. — *T. Morisoni* GMEL. Bad. 4, p. 422, me paraît se rapporter au *T. angustifolium* JACQ., d'après la forme des carpelles.

Obs. —Je possède en herbier plusieurs formes de *Thalictrum* que j'ai reçues de divers botanistes et que je sais appartenir à des espèces distinctes de celles que je viens de signaler ; mais comme mes exemplaires ne sont pas complets et que je n'ai pas tous les renseignements nécessaires, j'ai cru devoir m'abstenir d'en parler ici. Je passe également sous silence quelques formes intéressantes de mes cultures, que je n'ai pas encore assez étudiées pour pouvoir porter sur elles un jugement bien assuré.

(Species 4 sequentes ex *Anemones pulsatillæ* L. typo.)

Pulsatilla amœna JORD.

P. flore erectiusculo, (lilacino-roseo-violaceo) ; sepalis sub sole campanulato-apertis, elliptico-oblongis, obtusis, rectis vel apice sub-flexis ; staminibus flore duplo brevioribus ; antheris ovatis ; carpellis caudaque elongata imo apice tantum nudiuscula hirsutis ; foliis involucri sessilibus, digitato-multipartitis, radicalibus ambitu ovatis triplicato-pinnatifidis, laciniis linearibus acutis ; caudice crasso, subfusiformi, elongato.

Hab. in collibus siccis, prope *Dijon* (*Côte-d'Or*). — Flor. ineunte aprili (in horto).

Cette plante diffère du *P. vulgaris* MILL. par son port plus robuste, par sa fleur plus grande, d'un violet plus clair, tirant sur le rose ou le lilas, à sépales plus larges et plus obtus. Ses carpelles sont un peu moins rétrécis à la base, et leur pointe est plus brièvement dénudée au sommet ; les divisions des feuilles sont moins fines ; la floraison est plus précoce de huit à quinze jours environ, dans un même lieu.

Pulsatilla propera JORD.

P. flore erectiusculo, (pallide violaceo) ; sepalis sub sole campanulato-apertis, anguste elliptico-lanceolatis, apice leviter flexis ; staminibus flore duplo brevioribus ; antheris ovatis ; stigmatibus pallidis ; carpellis caudaque sua imo apice nudiuscula hirsutis ; foliis involucri sessilibus, tenuiter digitato-multipartitis, radicalibus ambitu ovatis triplicato-pinnatifidis, laciniis linearibus acutis ; caudice crasso, subfusiformi, elongato.

Hab. in collibus siccis ; *Décines* prope *Lyon*. — Flor. exeunte martio (in horto).

Cette espèce se distingue de la précédente par sa fleur de moitié plus petite, d'un violet très-pâle et un peu triste, à sépales bien plus étroits, par ses stigmates très-pâles, à peine teintés de violet, par ses anthères plus petites, par ses feuilles à divisions plus fines.

Le *P. vulgaris* MILL. a la fleur plus grande que le *P. propera* et d'un beau violet lilacé ; les stigmates sont violets. Sa floraison est plus tardive de quinze jours à trois semaines, dans un même lieu.

Le *P. media* BOGENH. in Flora bot. zeit, vol. 23, p. 74, qui est, d'après la description de l'auteur, *villosiuscula, flore cernuo atro-violaceo, sepalis conniventibus apice rectis, foliis coetaneis, laciniis linearibus*, est rapporté par Koch en variété au *P. vulgaris* MILL. Je crois qu'il doit être plutôt rapproché de l'espèce que je décris plus loin sous le nom de *P. rubra*. La plante figurée par Reichenbach, Ic. fl. germ. 4657 b., sous le nom de *P. Bogenhardiana* RCHB., n'est point à fleur d'un violet noir, et est probablement autre chose que celle qui a été signalée par Bogenhard.

Pulsatilla nigella JORD.

P. flore erectiusculo, (atro-violaceo) ; sepalis sub sole campanulato-apertis, passim subconniventibus, lanceolatis vel oblongis, acutis, rectis vel apice paulo extus flexis ; staminibus flore duplo brevioribus ; antheris ovatis ; stylis violaceis, superne arcuatis ; carpellis caudaque sua apice nudata hirsutis ; foliis involucri sessilibus, digitato-multipartitis ; radicalibus ambitu ovatis triplicato-pinnatifidis , laciniis brevibus latiusculis lineari-oblongis linearibusve acutis ; caudice crasso, elongato, subfusiformi.

Hab. in collibus siccis Beugesi : *Serrières-sur-Rhône (Ain)*, prope *Lyon*. — Flor. in fine aprilis (in horto).

Cette espèce est remarquable par sa fleur assez petite, noirâtre, à sépales étroits et aigus, par ses styles arqués supérieurement et non presque droits comme dans les précédentes; par sa tige toujours courte, et surtout par les lobes des feuilles bien plus courts et plus larges que dans les autres espèces voisines.

Pulsatilla rubra (Lam.)

Anemone rubra Lam. Dict. 1, p. 163. — *A. montana* auct. gall., non Hoppe.

P. flore apice subnutante (fusco-rubro); sepalis sub sole campanulato-apertis vel passim conniventibus; oblongis, obtusis, subrectis vel apice extus paulo flexis; staminibus flore duplo brevioribus; antheris ovatis; stylis violaceis, superne arcuatis; carpellis caudaque sua apice longe nudata hirsutis; foliis involucri sessilibus, tenuiter digitato-multipartitis; radicalibus ambitu ovatis, triplicato-pinnatifidis, laciniis tenuibus linearibus acutis; caudice crasso, elongato, subfusiformi.

Hab. in collibus siccis, circa *Lyon*, haud infrequens, et in pluribus aliis Galliæ centralis locis. — Flor. aprili.

Styli sunt apice valde arcuati nec rectiusculi ut in *P. vulgari, propera* et *amœna.*

Il me paraît distinct du vrai *P. montana* Hoppe, qui croît à Trieste, dans le Tyrol et dans les Alpes du Valais, par ses fleurs d'un rouge brun, parfois un peu noirâtres, mais point violettes, par ses feuilles se développant toujours en même temps que les fleurs, par ses tiges simplement velues, à poils courts, et non toutes couvertes d'une villosité longue, soyeuse et très-dense; par les lobes des feuilles plus fins et plus courts.

Le *P. montana* Hoppe se trouve en France, dans les vallées des Hautes-Alpes, à Guillestre, etc.

(Species 3 sequentes ex *A. coronariæ* L. typo.)

Anemone coccinea Jord.

A coronaria Hanry, Prodr. d'Hist. nat. du Var, p. 142.

A. coronaria auct. gall. pro parte.

A. flore erecto (rubro-coccineo) ; sepalis 5-6, late elliptico-obovatis, obtusis ; ovariis subovatis, lanatis, stylo inflexo usque ad medium hirsuto brevioribus ; capitulo fructifero subrotundo ; foliis involucri sessilibus, palmatifidis, profunde laciniatis, radicalibus biternatis, foliolis pinnatifidis, laciniis argute inciso-serratis ; caudice tuberoso, crasso, brevi, irregulari.

Hab. in arvis collium, circa *Toulon* et *Nice.*

Cette plante est, selon moi, distincte de l'*Anemone coronaria* des fleuristes, qui paraît originaire de Constantinople et comprend plusieurs espèces. Voici les diagnoses de deux des plus remarquables par leur grandeur et l'éclat de leurs couleurs.

Anemone nobilis Jord.

A. coronaria hortul. pro parte.

A. flore erecto, valde concavo, (purpureo-violaceo-coccineo) sepalis 5-6, late obovatis, interioribus præsertim basi eximie in unguem contractis, apice paulo angustatis, obtusis ; ovariis lanceolatis, lanatis, stylum inflexum basi hirsutum subæquantibus ; capitulo fructifero ovato-oblongo ; foliis involucri sessilibus, breviter laciniato-palmatifidis, radicalibus biternatis, foliolis pinnatifidis, laciniis argute inciso-serratis ; caudice tuberoso, crasso, brevi, irregulari.

Colitur. — Flor. martio.

Est remarquable par sa fleur paraissant comme ombiliquée vers le pédoncule, à cause de la forte courbure des sépales, à l'onglet. Les anthères sont ovales, d'un bleu violet très-foncé ; elles égalent ou dépassent le capitule des styles qui est bientôt de forme ovale-allongée et non arrondi comme dans l'espèce précédente ; les styles sont violets et très-appliqués ;

la fleur est d'une couleur rouge, violacée, purpurine ou rose, souvent avec une teinte bleuâtre, couronnée de blanc à la base ou sans couronne.

Anemone præstabilis Jord.

A. coronaria hortul. pro parte.

A. flore erecto (rubro-puniceo); sepalis 5-6, late elliptico-obovatis, intus velutinis; ovariis ovato-oblongis, stylo basi hirsuto subduplo brevioribus; capitulo fructifero rotundato; foliis involucri sessilibus, palmatifidis, breviter laciniatis; radicalibus biternatis, foliolis pinnatifidis, laciniis argute inciso-serratis; caudice tuberoso, crasso, brevi, irregulari.

Colitur. — Flor. martio.

La fleur est moins renflée dans le bas que dans l'*A. nobilis* et plus ouverte, à sépales plus larges et plus courts, moins rétrécis à la base et à onglet plus court, paraissant comme veloutés à la face supérieure; les ovaires sont moins atténués au sommet et à style plus long; les styles sont arqués, un peu étalés et non accombants comme dans les *A. nobilis* et *coccinea*; les découpures des feuilles sont moins fines que dans l'*A. coccinea*, et les lobes de l'involucre sont plus brièvement incisés.

L'*A. rosea* Hanry, loc. cit. p. 143, à fleur rose et à feuilles finement découpées, l'*A. Ventreana* Hanry, loc. cit. p. 144, à fleur jaunâtre panachée de rouge, et l'*A. cyanea* Risso — *coronarioides* Hanry, loc. cit. p. 142, à fleurs bleues et à divisions des feuilles très-fines, sont tous les trois établis aux dépens de l'*A. coronaria* L. et me paraissent très-bien caractérisés. On pourrait y joindre l'*A. stellata* Risso, Flore de Nice, p. 6, non Lam. — *A. Rissoana* Jord. inéd., que j'ai reçu de l'auteur et qui se rapproche de l'*A. Ventreana*, dont il se distingue par ses sépales ovales, pointus, d'un rose carné panaché de rouge et de blanc. J'ai remarqué parmi les Anémones de jardin des formes à pétales pointus qui correspondent sans doute à ce type remarquable, mais dont je n'ai pas encore relevé les caractères sur le vif.

(Species sequens ex *A. hortensis* L. typo.)

Anemone lepida JORD.

A. flore erecto (intus purpureo, extus violaceo); sepalis 8-10, oblongo-lanceolatis, acutis, interioribus præsertim sensim inferne angustatis, latitudine sua triplo saltem longioribus; carpellis lanatis, oblongis, breviter rostratis, stylo obliquo elongato brevioribus; capitulo fructifero ovato-oblongo; foliis radicalibus secundariis tri-quinque partitis; partitionibus trifidis, dentatis incisisve, basi cuneatis; caudice tuberoso, crasso, brevi, irregulari.

Hab. in arvis et olivetis, prope *Grasse* (*Var.*) — Flor. martio et aprili.

Perigonium substellatim expansum, sæpius intus basi corona alba insignitum; antheræ intense cærulescentes, ovato-oblongæ; styli violacei usque ad medium circiter pilosi, ovariis subtriplo longiores.

Cette espèce est très-voisine de l'*A. variata* JORD. — *versicolor* JORD. Pug. plant. nov. p. 1, non Salisb., à laquelle je l'ai d'abord rapportée. Elle s'en distingue à ses sépales plus étroits et plus aigus, violets à l'extérieur, à ses carpelles de forme plus étroite et plus égale, terminés par un style plus allongé et moins courbé. Sa floraison est plus tardive de quelques jours.

L'*A. variata* JORD. est ordinairement à fleur de couleur rouge ou rose, couronnée de blanc ou sans couronne. On le rencontre plus rarement à fleur blanche ou de couleur lilacée.

La variété à fleur purpurine, que j'ai signalée dans mon Pugillus, pourra faire sans doute une espèce sous le nom d'*A. purpurata*; elle est surtout remarquable par ses car-pelles allongés et rétrécis inférieurement, dépassant un peu la longueur du style.

L'*A. stellata* LAM. — *hortensis* REHB.! Icon. fl. germ. 1649.

se reconnaît à la teinte un peu glaucescente de son feuillage, à ses fleurs plus petites, moins concaves, complétement ouvertes en étoile, de couleur lilacée ou subpurpurine. Ses sépales sont constamment plus nombreux et de forme régulièrement linéaire ou linéaire-oblongue, plus brièvement rétrécis à la base ; les anthères sont plus courtes, pareillement d'un bleu très-foncé ; les carpelles sont de forme bien plus élargie, ovales, presque aussi larges que longs, à bec fort court terminé par un style qui est aussi bien plus court que dans l'*A. variata*.

Les *A. stellata* LAM. et *variata* JORD. constituent l'*A. hortensis* de plusieurs auteurs. D'autres prennent pour *A. hortensis* l'*A. variata*, et en séparent l'*A. stellata*. L'*A. hortensis* de Linné comprend de plus l'*A. pavonina* LAM. — *fulgens* GAY. Celui-ci croît souvent à fleurs doubles ou semi-doubles, à l'état sauvage. M. Gay a désigné sous le nom d'*A. fulgens* l'état de cette plante à fleurs tout-à-fait simples ; mais ce n'était pas une raison pour substituer un nom nouveau à celui de *pavonina* qui doit être conservé.

L'*A. pavonina* des environs de Nice, Antibes et Grasse, où il abonde, est plus souvent à fleurs doubles ou semi-doubles qu'à fleurs simples. Les fleurs doubles ont les sépales très-nombreux, très-étroits et aigus. Dans les fleurs simples ils sont au contraire peu nombreux, obovales-oblongs ou oblancéolés, un peu obtus, d'un rouge éclatant avec une tache d'un jaune d'or à la base. Les carpelles sont ovales, surmontés d'un bec très-court, qui se termine par un style allongé, flexueux, velu dans sa moitié inférieure. Le capitule fructifère est arrondi, de forme plus écourtée que dans les *A. variata* et *stellata*. Les anthères sont plus grosses, d'une couleur fauve, rembrunie ou un peu livide, et non bleuâtres ; les feuilles sont plus larges et d'un vert un peu jaunâtre.

Dans l'*A. pavonina* des environs de Dax, qui est l'*hortensis*

Thore, Chlor. Land., p. 238, la fleur est ordinairement plus petite, à couronne moins belle, souvent peu marquée ; les anthères sont un peu plus petites ; l'état à fleur simple est le plus ordinaire ; mais je ne crois pas cependant qu'il soit distinct de la plante de Provence ; ce qui pourra toutefois être l'objet d'une étude ultérieure plus attentive. C'est la plante des Landes qui a été figurée par Reichenbach, sous le nom d'*A. pavonina*, dans ses Icon. fl. germ., t. 49, n° 4650, et sous le nom d'*A. fulgens*, dans ses Icon. crit. 3, 201.

(Species 7 sequentes ex *R. monspeliaci* L. typo.)

Ranunculus cylindricus Jord.

R. illyricus Vill. Flor. Dauph. 3, p. 752, non L.

R. sepalis ovato-oblongis, demum reflexis ; antheris stylos sub anthesi superantibus ; capitulo fructifero, lineari-oblongo, subcylindrico, carpellis subimpresso-punctatis, glabriusculis, in rostrum superne attenuatum vix subinclinatum breviusculum ipsa haud æquans desinentibus ; foliis sericeo-hirsutis, radicalibus bi-tripartitis ternatisve, partitionibus oblongis cuneatis bi-trifidis, laciniis angustatis bi-trilobis integrisve ; foliis caulinis paucis, angustatis, bi-tripartitis ; caule erecto, simplici vel ramoso, ramis strictis modice patulis ; caudice stolones filiformes promente ; tuberibus lineari-oblongis.

Hab. in siccis, circa *Digne* et *Castellanne (Basses-Alpes).* — Flor. maio.

Capitulum fructiferum sæpe 20-25 mill. longum, 6 mill. latum ; carpella pilosiuscula, denique glabrata. Planta tota molliter sericeo-pubescens, passim subincanescens.

Il diffère complètement du *R. illyricus* L. par son capitule fructifère bien plus étroit et plus allongé, par ses carpelles à bec plus court, par ses feuilles à divisions bien plus courtes, dentées et non très-entières, oblongues-cunéiformes et non linéaires allongées, par le duvet dont la plante est recouverte, qui est un peu blanchâtre, mais non lanugineux-incane.

Ranunculus Tenorii Jord.

R. monspeliacus Ten. Flor. part. di Nap. 1, p. 451. — *R. illyricus*. var. b Ten. Sylloge plant. flor. neap. p. 268. — *R. monspeliacus* Rchb. Icon. flor. germ. 4588.

R. sepalis sericeo-hirsutis, ovato-lanceolatis, demum reflexis ; antheris stylos haud superantibus ; capitulo fructifero elliptico-oblongo ; carpellis subimpresso-punctatis, pilosiusculis, in rostrum subrectum imo apice vix uncinatum longiusculum ipsa subæquans desinentibus; foliis sericeo-hirsutis, radicalibus bi-tripartitis terna-tisve, partitionibus oblongo-cuneatis bi-trifidis, laciniis elongatis angustatis bi-trilobis integrisve acutis ; foliis caulinis paucis, angus-tatis, bi-tripartitis; caule erecto, molliter pubescente, superne ra-moso; tuberibus oblongis, basi angustatis.

Hab. in regno neapolitano; *Monte Vergine*, unde a cl. Gussone specimina accepi. — Flor. maio.

Petala rotundo-obovata; capitulum fructiferum 15-16 mill. longum, 9 mill. latum. Planta tota molliter subsericeo-pubescens.

Il ressemble beaucoup par ses feuilles au *R. cylindricus* Jord.; mais il me paraît en différer par ses pétales plus élargis, par ses anthères plus grosses, surtout par le capitule fructifère plus court et plus épais, ainsi que par ses carpelles à bec plus allongé, un peu onciné à son extrémité.

Il diffère de même complètement du *R. illyricus* par la forme des feuilles et leur duvet moins incane. Ses anthères sont un peu dépassées par les styles, tandis que dans ce der-nier elles les dépassent notablement pendant l'anthèse.

Ranunculus albicans Jord. Obs. frag. 3, p. 10.

R. sepalis sericeo-hirsutis, lanceolatis, demum reflexis ; antheris stylos haud æquantibus ; capitulo fructifero oblongo ; carpellis subim-presso-punctatis, pilosiusculis, in rostrum subrectum apice vix unci-natum ipsa subæquans desinentibus ; foliis subadpresse sericeo-hirsutis, radicalibus primordialibus rotundato-subovatis simplicibus

acule dentatis, successivis tri-partitis subternatisve, partitionibus
cunealis acute tri-quinque dentalis vel breviter trifidis dentatisque ;
caule erecto, pubescente, superne ramoso, ramis erecto-patulis ; caudice stolones filiformes elongatos promente ; tuberibus oblongis
angustatis.

Hab. in siccis collium prope *Vic* (*Gard*). — Flor. initio maii
(in horto).

Petala obovata, vix se invicem obtegentia, a medio circiter ad basin
angustata, apice haud dilatata, sæpe tantulum angustiora ; antheræ
3 mill. longæ, filamento suo breviores ; styli stricte erecti, imo apice
leviter extus flexi ; capitulum fructiferum 14-15 mill. longum,
8-9 mill. latum. Planta tota subadpresse sericeo-pubescens.

Il diffère des deux espèces qui précèdent par les divisions
des feuilles moins allongées et à dents bien plus courtes, par
la pubescence soyeuse qui est moins lâche, par les branches
de la tige plus ouvertes. La forme du capitule fructifère le
rapproche davantage du *R. Tenorii*, dont il se distingue,
indépendamment du feuillage, par ses sépales plus étroits et
plus pointus, ainsi que par ses pétales bien moins élargis
supérieûrement.

Ranunculus lugdunensis JORD.

R. albicans JORD. in F. SCHULTZ Herb. norm. exsicc. n° 2, et BILLOT Flor.
Gall. et Germ. exsicc. 2005.

R. sepalis sericeo-hirsutis, ovato-lanceolatis, demum reflexis ;
antheris stylos haud æquantibus ; capitulo fructifero elliptico-obo-
vato ; carpellis subimpresso-punctatis, in rostrum rectiusculum leviter
subpatulum apice uncinulatum ipsa subæquans desinentibus ; foliis
subadpresse sericeo-hirsutis, radicalibus primordialibus rotundato-
subovatis simplicibus subacute dentatis, successivis tripartitis ternatisve, partitionibus obovatis subcuneatis quinque dentatis vel breviter
trifidis, lobis 1-2 dentatis acutiusculis ; caule stricte erecto, pubescente, superne ramoso, ramis arrectis medice apertis ; caudice stolones
filiformes elongatos promente ; tuberibus oblongis.

Hab. in collibus siccis et in vineis agri lugdunensis prope *Givors*, *Beaunand (Rhône)*, etc. — Flor. in medio maii.

Alabastra brevia, inflata; petala late obovata, se invicem obtegentia, a tertia parte superiore sensim inferne angustata; nectarii squama obovata, apice truncata; antheræ 4 mill. longæ, filamento suo paulo longiores; capitulum fructiferum 12-13 mill. longum, 9 mill. latum, sæpe basi paulo angustatum. Planta plus minusve subsericeo-pubescens, modo virens, modo quidquam subincanescens.

Il diffère du *R. albicans* JORD., auquel j'ai cru d'abord pouvoir le rapporter, par ses boutons plus renflés dans le milieu et moins pointus, par ses fleurs ordinairement plus grandes, à sépales plus larges, à pétales plus élargis au sommet et au contraire moins fortement rétrécis vers la base, par ses anthères plus grosses, par le capitule fructifère plus court et plus épais, par les carpelles à bec plus étalé et plus visiblement onciné au sommet, par ses feuilles ordinairement plus vertes, les primordiales de forme plus arrondie, toutes à divisions plus élargies, à dents un peu plus courtes et évidemment moins aiguës. Sa tige est à branches moins ouvertes et moins effilées. Sa floraison est plus tardive de dix à quinze jours, dans un même lieu.

Ranunculus monspessulanus JORD.

R. monspeliacus b *cuneatus* DC. Syst. 1. p. 260. — *R. monspeliacus* DC. Ic. gall. rar., t. 50.

R. sepalis sericeo-hirsutis, lanceolatis, demum reflexis; antheris stylos superantibus; capitulo fructifero oblongo; carpellis subimpresso-punctatis, pilosiusculis, in rostrum superne patulo-arcuatum, apice uncinatum ipsa subæquans desinentibus; foliis subadpresse pubescentibus, cinerascentibus, radicalibus primordialibus rotundatis subtrilobis obtuse et parce dentatis, successivis tripartitis ternatisve, partitionibus obovatis subcuneatis subtrilobis, lobis integris vel passim 1 dentatis obtusiusculis; caule erecto, pubescente, superne

parce ramoso, ramis paucis arrectis modice apertis ; caudice stolones
filiformes promente, tuberibus oblongis.

Hab. in siccis agri monspeliensis; *Castelnau (Hérault)*, unde viva
specimina ab amico E. Reveliere accepi. — Flor. initio maii.

Petala obovata, fere ab apice sensim angustata ; nectarii squama
oblongo-ovata ; antheræ 2 1/2 mill. longæ ; capitulum fructiferum
15-16 mill. longum, 9-10 mill. latum. Planta cinereo-virens, molliter
subsericeo-pubescens.

Il diffère des *R. albicans* et *lugdunensis* par ses feuilles à
dents bien moins nombreuses et un peu obtuses, les primordiales subtrilobées et non simplement dentées. Il se distingue
en outre du *R. albicans* par la forme des pétales qui sont
rétrécis à partir du haut, par l'écaille du nectaire qui est
plus étroite, point tronquée au sommet, par ses anthères plus
petites dépassant les styles et non plus courtes, par le bec
des carpelles étalé-arqué et onciné au sommet, par sa tige
à rameaux moins ouverts et peu nombreux. Il s'éloigne du
R. lugdunensis par ses fleurs plus petites, ses pétales moins
élargis, ses anthères bien plus petites, son capitule fructifère
plus allongé, ses ovaires à bec bien plus arqué, ses feuilles
primordiales d'une teinte toujours un peu cendrée-grisâtre,
sa floraison plus précoce de huit jours.

Ranunculus Gonnetii Jord.

R. sepalis cinereo-hirsutis, lanceolatis, demum reflexis ; antheris
capitulum stylorum haud æquantibus ; capitulo fructifero breviter
ovato vel subrotundo ; carpellis subimpresso-punctatis, pilosiusculis, in rostrum arcuato-patulum imo apice vix incurvatum ipsa subæquans desinentibus ; foliis subadpresse pubescentibus, flavescenti-
viridibus, radicalibus primordialibus rotundato-orbiculatis, sæpius
basi cordatis, simpliciter et inæqualiter dentatis vel sublobatis dentatisque, lobis sæpe undulatis et se invicem paululum obtegentibus, successivis tripartitis ternatisve, partitionibus obovatis subcuneatis apice
bi-trifidis dentatisque, dentibus acutiusculis ; caule erecto, subflexuoso,

superne ramoso, ramis pedunculisque haud strictis modice apertis ; caudice stolones filiformes promente , tuberibus lanceolato-linearibus.

Hab. in siccis collium et in arvis, prope *Tresque* (*Gard*), unde copiosam speciminum vivorum et siccorum messem a cl. abbate Gonnet, floræ gallicæ auctore, accepi. — Flor. in medio maii (in horto).

Petala obovata, a medio inferne angustata ; nectarii sqama obovata ; antheræ breves, vix 2 mill. longæ ; capitulum fructiferum 12 mill. longum, 9-10 mill. latum ; folium caulinum inferius petiolatum et cæteris subconforme. Planta plerumque molliter sericeo-pubescens.

Cette plante est remarquable par son port flexueux , ses feuilles primordiales ondulées, dont les lobes se recouvrent un peu mutuellement, sa feuille caulinaire ordinairement pétiolée et presque pareille aux radicales.

Elle se distingue du *R. monspessulanus* Jord. par son feuillage d'un vert clair, un peu jaunâtre et non cendré-grisâtre, les deux plantes étant observées dans un même lieu et abstraction faite de la pubescence qui est plus ou moins dense. En outre, la forme des feuilles qui est plus orbiculaire, leurs dents plus nombreuses, le port flexueux de la tige et des rameaux, ainsi que les étamines plus courtes, le bec des ovaires bien moins onciné au sommet, quoique plus étalé en dehors, et surtout le capitule fructifère écourté, ne permettent pas de la confondre avec cette espèce ; elle s'éloigne davantage de celles qui précèdent.

Ranunculus cyclophyllus Jord. ap. Boreau. Fl. du cent., éd. 3, p. 19.

R. rotundifolius Jord. in Billot. Flor. Gall. et Germ. exsicc. n° 1804. — *R. monspeliacus* Jord. Obs fr. 6, p. 9. — *R. monspeliacus* var. *rotundifolius* DC. Syst. 1, p. 260. — An. *R. saxatilis* Bald. Misc. p. 27?

R. sepalis subsericeo-hirsutis, lanceolatis, demum reflexis ; antheris capitulum stylorum superantibus capitulo fructifero oblongo ;

carpellis subimpresso-punctatis, pilosiusculis, in rostrum rectiusculum apice subconvolutum ipsa subæquans desinentibus; foliis adpresse pubescentibus, læte viridibus, radicalibus primordialibus cordato-orbiculatis simplicibus obiter et obtuse dentatis, successivis tri-partitis etiam subternatis, partitionibus obovatis basi contractis vel subcuneatis apice obtuse dentatis vel trilobis dentatisque; caule erecto substricto, pubescente, superne ramoso, ramis erecto-patulis; caudice stolones filiformes promente, tuberibus oblongis.

Hab. in collibus siccis et in vineis agri lugdunensis; *Chaponost, Givors* (*Rhône*), in multisque aliis Galliæ centralis et australis locis. — Flor. in medio maii.

Petala obovata, basi unguiculata; nectarii squama obovata; antheræ 3 mill. longæ, 1 mill. latæ; subapiculatæ; capitulum fructiferum 16-20 mill. longum, 7-8 mill. latum, passim fere cylindricum. Planta læte virens, adpresse pubescens, passim subsericea.

La forme orbiculaire des feuilles primordiales fait reconnaître aisément cette espèce, qui est aussi généralement plus verte et moins blanchâtre que les précédentes; les dents des feuilles sont courtes et obtuses pour la plupart. Ses fleurs sont d'un jaune plus pâle et plus petites que celles du *R. lugdunensis* Jord., avec lequel elle croît souvent en société et en grande abondance, surtout dans les vignes où le terrain étant remué la propagation par stolons a lieu d'une manière très-rapide. La forme bien plus allongée du capitule fructifère, ainsi que le bec des carpelles dressé et oncinulé à la pointe, ne permettent pas de la confondre avec le *R. Gonnetii* Jord.

Je ne connais pas le *R. saxatilis* Balb., de la vallée d'Aoste, en Piémont, que De Candolle rapporte à sa variété *rotundifolius* du *R. monspeliacus*, et auquel on attribue des feuilles d'un vert très-foncé, ce qui ne peut convenir au *R. cyclophyllus* qui les a d'un vert clair.

De ces sept espèces que je viens de décrire, j'ai observé vivantes les cinq dernières, que je cultive depuis bien des années, et qui toutes se multiplient par stolons avec une rapidité extraordinaire. Elles sont faciles à distinguer sur le vif, dans tous les états et à toutes les phases de leur développement.

(Species sequens ex *R. auricomi* L. typo.)

Ranunculus pseudopsis Jord.

R. pedunculis teretibus ; sepalis oblongis, patulis, hirsutis ; petalis sæpe abortivis ; carpellis utrinque convexis, anguste marginatis, velutino-pubescentibus, rostro brevi rectiusculo apice uncinato tertiam carpelli partem vix æquante ; foliis radicalibus pluribus, plerisque cordato-reniformibus, indivisis, obtuse crenatis, vel 3-5 fidis dentalisque, caulinis digitato-partitis oblongo vel lanceolato-linearibus sæpe dentatis ; caule erecto, multifloro.

Hab. in sylvis Lotharingiæ, circa *Pont-à-Mousson* (*Meurthe*).— Flor. aprili (in horto).

Il diffère du *R. auricomus* L. par la forme des feuilles radicales dont les divisions sont plus larges et à dents plus nombreuses, par les carpelles qui sont couverts d'une pubescence plus dense et dont le bec est plus court, plus relevé et non courbé en cercle presque dès la base; par ses anthères plus grandes, son port plus robuste, son feuillage d'un vert foncé et sa floraison plus précoce de 15 jours.

Le *R. cassubicus* L. s'en distingue par ses feuilles radicales solitaires, bien plus grandes, orbiculaires, indivises, à crénelures bien plus fines, par ses pétioles d'une couleur un peu violacée vers leur base ainsi que les tiges, par le bec des carpelles beaucoup plus allongé.

Le *R. auricomus* b *fallax* Wimm. et Grab. , qui est trèsvoisin du *R. cassubicus* par la forme et la grandeur des feuilles radicales ainsi que par leurs crénelures, se rapproche davantage du *R. auricomus* par le bec des carpelles, qui est fortement courbé; il devra probablement constituer une espèce distincte.

(Species **2** sequentes ex *R. Villarsii* DC. typo).

Ranunculus eriotorus Jord.

R. pedunculis teretibus, arrectis; sepalis hispidulis patulis ; petalis cuneato-rotundatis ; carpellis obovatis, convexiusculis, lævibus , parvis, rostro brevi inclinato uncinato ; receptaculo villo sericeo-albo denso obtecto; foliis hirsutis, radicalibus orbiculato-pentagonis profunde palmatifidis, laciniis 3-5 late rhombeo-obovatis se invicem obtegentibus 3-5 lobatis dentatisque, dentibus ovatis acutis, foliis caulinis subsessilibus ad imam basin tri-quinque partitis, laciniis linearibus subacutis basi attenuatis integris ; caule erecto, molliter hirsuto, apice 1-3 floro ; caudice gracili, breviter præmorso.

Hab. in rupestribus calcareis editioribus Alpium Delphinatûs ; *Boscodon* propre *Embrun (Hautes Alpes)*, supra sylvam.

Cette espèce est voisine des *R. Grenerianus* Jord., *gracilis* Schl., *montanus* Willd. Elle en diffère par son réceptacle qui est tout blanc-soyeux et non simplement hispide.

Le *R. Grenerianus* Jord., in Billot Annot. à la Flore de France et d'Allem., p. 304. — *Villarsii* Gren. et God. Fl. de Fr. 1, p. 31, non DC., se reconnaît à sa pubescence moins molle et demi-appliquée , à ses feuilles radicales dont les lobes sont généralement plus ouverts, et surtout aux feuilles caulinaires simplement digitées, à lobes très-profonds , mais non partagées en segments nettement séparés jusqu'à la base. Ses carpelles sont plus gros, de forme plus arrondie, à faces bien moins convexes et à bec plus relevé ; sa souche est pareillement écourtée.

Les *R. montanus* Willd. et *gracilis* Schl. sont tous deux presque glabres. Le premier est à fleurs plus grandes et à souche plus développée. Le second se reconnaît à ses feuilles dont les dents sont plus étroites et plus profondes, mais moins

aiguës, aux segments des caulinaires plus régulièrement linéaires, plus étalés et moins nettement séparés jusqu'à la
base ; à ses carpelles plus gros, suborbiculaires, dont le bec
est très-écourté et très-incliné.

Ranunculus accessivus JORD.

R. pedunculis teretibus, modice apertis ; sepalis hirsutis, patulis ;
petalis rotundato-cuneatis ; carpellis obovatis, lenticulari-compressis,
lævibus, rostro incurvato apice convoluto tertiam carpelli partem
subæquante ; receptaculo hirsuto ; foliis parce et adpresse pubescentibus, radicalibus pentagonis subpalmatipartitis, laciniis 3-5 rhombeo-obovatis subcontiguis vel se invicem margine obtegentibus inciso-lobatis dentatisque, dentibus crebris brevibus acutiusculis, folio
caulino inferiori petiolulato 3-5 partito dentato, superiorum laciniis
linearibus integriusculis ; caule erecto plurifloro ; caudice crasso,
præmorso.

Hab. in nemorosis subalpinis montis *Glandas* propre *Die* (*Drôme*).
— Flor. maio (in-horto).

Cette plante ressemble beaucoup au *R. aduncus* GREN. et
GOD., dont elle me paraît différer par ses pédoncules dressés,
peu étalés, ses carpelles à bec plus court, ses feuilles à divisions moins écartées se recouvrant ordinairement par leurs
bords, à dents plus nombreuses, plus courtes et moins aiguës.

Le *R. aduncus* GREN. et GOD., qui correspond au *R. Villarsii* DC., me paraît être la plante décrite par Villars sous
le nom de *R. auricomus* L. dans son Hist. des pl. du Dauphiné, laquelle plante n'a évidemment aucun rapport avec le
véritable *auricomus* de LINNÉ. Car il dit qu'elle est haute
d'un pied et demi et que ses feuilles radicales ne sont pas
rondes comme dans l'*auricomus* des auteurs, mais qu'elles
sont anguleuses, à trois lobes dentés en scie, un peu velues
avec des taches au bas des échancrures; ce qui convient exactement aux feuilles du *R. aduncus*. Le *R. monspeliacus* de
l'Hist. des pl. du Dauphiné de Villars, ne paraît, ainsi qu'il

le dit lui-même, qu'une forme plus velue de son *auricomus*. Ces deux plantes placées par lui entre le *Ranunculus lapponicus* et le *R. lanuginosus*, n'ayant avec les espèces connues de tout temps sous le nom qu'il leur donne d'autre affinité que celle du genre, supposent de sa part une très-grosse erreur de détermination, qu'on a de la peine à s'expliquer.

(Species 6 sequentes ex *R. acris*. L. typo.)

Ranunculus Borœanus Jord. Obs. frag. 6., p. 19.

R. acris var. *multifidus* DC. Syst. 1, p. 278.

R. pedunculis teretibus; sepalis ovatis, hirsutis, patulis; petalis obovato-cuneatis; carpellis lenticulari-compressis, lævibus, rostro brevi recto apice uncinulato mox sphacelato; receptaculo glabro; foliis adpresse pubescentibus, radicalibus pentagonis palmato-partitis, partitionibus 5-7 cuneato-rhomboideis se invicem margine obtegentibus 3-5 fidis, laciniis angustatis profunde et acute inciso-lobatis dentatisque, foliis caulinis subcbnformibus, superiorum laciniis linearibus acutis; caule stricte erecto, superne ramoso, multifloro, plerumque adpresse pubescente; caudice abbreviato, crasso.

Hab. in pratis Galliæ præsertim occidentalis; *Angers*, etc. — Flor. maio.

Les feuilles à découpures étroites, profondes et très-nombreuses, la pubescence appliquée et la souche très-compacte distinguent cette espèce de celles qui suivent.

Ranunculus tomophyllus Jord.

R. pedunculis teretibus; sepalis ovatis, hirsutissimis; petalis obovato-cuneatis; carpellis lenticulari-compressis, submarginatis, lævibus, rostro subrecto apice uncinato mox sphacelato; receptaculo glabro; foliis ad petiolos præsertim molliter villosis, radicalibus pentagonis palmato-partitis, partitionibus 5-7 cuneato-rhomboideis se invicem margine obtegentibus 3-5 fidis, laciniis angustatis profunde et acute inciso-lobatis dentatisque; foliis caulinis subconformibus;

superiorum laciniis linearibus acutis ; caule erecto, hispidulo, aperte ramoso, multifloro ; caudice præmorso, mox paulisper elongato.

Hab. in pratis Galliæ boreali-occidentalis, circa *Cherbourg* (*Manche*) et in Anglia.

Cette plante dont j'ai reçu, à diverses époques, des exemplaires secs de M. Lejolis, est très-semblable par la forme et la découpure des feuilles au *R. Boræanus* qu'elle remplace aux environs de Cherbourg ; mais elle en est certainement distincte par la villosité très-dense et très-molle des pétioles, par son calice muni de poils bien plus longs, par ses carpelles à bec moins court, terminé par un stigmate plus allongé et plus recourbé, par sa souche bien moins compacte.

Ranunculus stipatus. Jord.

R. pedunculis teretibus ; sepalis ovato-oblongis, hirsutis, subadpressis ; petalis obovato-cuneatis ; carpellis lenticulari-compressis, submarginatis, lævibus, rostro brevi paulisper inclinato apice uncinato ; receptaculo glabro ; foliis adpresse pubescentibus, radicalibus subpentagonis palmato-partitis, partitionibus 3-5 ovato-rhomboideis se invicem margine obtegentibus 3-5 fidis, laciniis inciso-dentatis ; foliis caulinis subconformibus, inferioris partitionibus sæpe longe petiolulatis, superiorum laciniis linearibus subintegris ; caule humili, erecto, superne ramoso ; caudice dense stipato, brevi.

Hab. in pratis Alpium delphinensium ; *Lautaret, Briançon* (*Hautes-Alpes*, etc. — Flor. maio (in horto).

Petala pulchre lutea, 15 mill. longa, 12-13 mill. lata ; nectarii squama obovata, apice truncata, ungue valde angustior ; antheræ oblongæ, 1 1/2 mill. longæ, subincurvatæ.

Cette espèce est plus basse que les deux précédentes ; les divisions principales des feuilles sont moins nombreuses et parfois longuement pétiolulées, surtout dans les feuilles caulinaires inférieures. Le bec des carpelles est manifestement onciné ; ce qui la fait confondre aisément avec le *R. Grenerianus* Jord., dont le réceptacle est velu.

Ranunculus pascuicolus Jord.

R. pedunculis teretibus ; sepalis ovato-oblongis, hirsutis, subadpressis ; petalis obovato-cuneatis ; carpellis paucis, lenticulari-compressis, submarginatis, lævibus, rostro brevi paululum inclinato apice haud uncinato ; receptaculo glabro ; foliis subadpresse pubescentibus, radicalibus subpentagonis palmato-partitis, partitionibus rhombeo-obovatis se invicem margine obtegentibus subtrifidis, lobis inæqualiter inciso-dentatis ; foliis caulinis paucis, inferiore subconformi, superiorum laciniis linearibus paucidentatis ; caule gracili, erecto, superne aperte ramoso ; caudice abbreviato, vix præmorso.

Hab. in pascuis Alpium delphinensium, haud infrequens ; *Lautaret* (*Hautes-Alpes*), etc. — Flor. maio (in horto).

Il diffère du *R. stipatus* Jord., dont il est très-voisin, par ses fleurs plus petites, par ses carpelles moins nombreux, plus petits, à bec plus relevé et à stigmate moins recourbé.

Le *R. Steveni* Andr. — *acris* Jord. Obs. fr. 6, p. 15, en est aussi très-rapproché; mais il est plus robuste et se reconnaît à sa souche allongée et rampante, aux divisions des feuilles qui sont plus écartées et moins profondes, à ses carpelles plus grands, et dont le bec est plus incliné.

Le *R. acris* que j'ai reçu de Suède me parait se rapporer au *R. pascuicolus*.

Ranunculus vulgatus Jord. ap. Boreau Flor. du cent ed. 3, p. 13.

R. pedunculis teretibus ; sepalis ovato-oblongis, hirsutis, patulis ; petalis obovato-cuneatis ; carpellis lenticulari-compressis, submarginatis, lævibus, rostro paulisper inclinato apice uncinato ; receptaculo glabro ; foliis breviter et molliter vel rarius adpresse pubescentibus, radicalibus orbiculato pentagonis 3-5 palmato-partitis, partitionibus late rhombeo-obovatis inferne subcontractis se invicem margine obtegentibus trifidis dentatisque, dentibus vix acutis, foliis caulinis subconformibus, superiorum laciniis abbreviatis ; caule sæp hirsuto, erecto, ramoso, multifloro, ramis erecto patulis; caudice crasso, subhorizontali, elongato, subpiloso.

Hab. in pratis et sylvis Galliæ præsertim centralis, haud infrequens. — Flor. maio.

Nectarii squama obovata, apice truncata; folia sæpe macula nigrescente ad basin loborum insignita.

Il se distingue du *R. Steveni* Andr. par ses feuilles radicales presque orbiculaires, à lobes plus élargis, les latéraux recouvrant ordinairement le pétiole et se touchant par leurs bords, par sa villosité plus molle et plus étalée, par le bec des carpelles plus fortement onciné.

Le *R. rectus* Bor. est à feuilles plus découpées que les *R. vulgatus* et *Steveni* et à bec des carpelles bientôt sphacélé au sommet. Sa souche est oblique et sa pubescence assez appliquée.

Le *R. sylvaticus* Boreau! — Thuilier? est très-velu et à bec des carpelles courbé et persistant.

Ranunculus nemorivagus Jord.

R. Friesanus, Jord. Obs. fragm. 6, p. 17, excl. syn. Friesii.

R. pedunculis teretibus; sepalis ovato-oblongis, hirsutis, patulis; petalis obovato-cuneatis; carpellis lenticulari-compressis, submarginatis, glabris, rostro brevi recto apice breviter uncinato mox sphacelato; receptaculo glabro; foliis plerumque molliter hirsutis, radicalibus orbiculato-pentagonis 3-5 palmato-partitis, partitionibus late rhombeo-obovatis se invicem margine obtegentibus basi contractis 3-5 fidis dentatisque, dentibus brevibus subacutis, foliis caulinis subconformibus, superiorum laciniis lineari-lanceolatis abbreviatis; caule præsertim inferne hirsuto, erecto, ramoso, multifloro; caudice obliquo, elongato, crasso, hirsuto.

Hab. in sylvaticis pratisque Galliæ orientalis, circa *Lyon*, etc. — Flor. maio.

Nectarii squama late obovata, truncata, unguem subæquans.

Il diffère du *R. vulgatus* Jord. par le bec des carpelles

bien moins courbé, par les feuilles d'un vert plus clair, à dents courtes, par la souche plus épaisse et plus hérissée de poils.

J'ai dû changer le nom que j'avais d'abord imposé à cette plante, ayant reconnu que ce n'était point celle que Fries a désignée sous le nom de *R. sylvaticus* Thuil. dans ses Novitiæ flor. suecicæ. Cette dernière, que j'ai reçue des environs d'Upsal où, d'après Fries, elle ne paraît pas indigène, est assez fréquemment cultivée dans les jardins botaniques et connue sous le nom de *R. tuberosus* Lap. — Il me paraît probable que c'est en effet l'espèce de Lapeyrouse ; car elle correspond assez bien à la description qu'il en a donnée dans son Hist. abr. des pl. des Pyrénées, p. 320, et surtout à celle de De Candolle dans son Systema natur. t. 1, p. 281. D'après Bentham et Walker-Arnott qui ont examiné l'herbier de Lapeyrouse, ainsi que d'après les remarques plus récentes de M. Timbal-Lagrave, la plante conservée dans cet herbier sous le nom de *R. tuberosus* ne serait pas différente du *R. lanuginosus* de ce même herbier, que Lapeyrouse a indiqué dans son Hist. abr. comme assez commun dans les bois des montagnes et qui correspond au *R. nemorosus* DC.

Si l'on s'en tenait à ces renseignements, il faudrait en conclure que Lapeyrouse a signalé la même plante sous deux noms différents, et que celui de ces deux noms qui est de sa création est tout-à-fait inapplicable à cette plante dont la souche ou la racine n'a rien de tubéreux. Mais De Candolle nous dit dans son Systema qu'il a eu sous ses yeux les exemplaires authentiques du *R. tuberosus* envoyés par Lapeyrouse à l'herbier du Muséum de Paris et étiquetés de sa main. D'après sa description, cette plante de Lapeyrouse est *pedunculis teretibus*; ce qui ne peut convenir à une forme du *R. nemorosus* ; elle est *petiolis parce pilosis donata;* ce qui ne convient aucunement à la forme pyrénéenne du *R. nemorosus*, qui est *petiolis villosis-simis*, qui est, entre toutes, celle dont les pétioles sont chargés de la villosité la plus dense et la plus molle. Le tronc de la souche est *crassus, teres, digiti parvi magnitudine*, tandis que dans toutes les formes du *R. nemorosus* la souche est, au contraire, assez grêle, écourtée et subverticale. Il dit aussi la tige simplement pubescente et le calice presque glabre. Ces divers caractères assignés par De Candolle au *R. tuberosus* Lap., ainsi que ceux tirés de la forme des feuilles, conviennent très-bien à la plante connue généralement sous le nom de *R. tuberosus*, qui est d'un type fort tranché, mais plus rapproché cependant de l'*acris* de Linné que du *nemorosus* DC. Elle s'éloigne de ce dernier, indépendamment de la souche qui est caractéristique, par ses carpelles plus grands, à bec allongé, étalé, courbé, subonciné à l'état jeune, mais bientôt sphacélé et presque droit, par ses feuilles plus grandes, pentagones, à divisions bien moins élargies, plus profondément lobées et à dents plus aiguës.

Quelle que soit d'ailleurs l'opinion qu'on se fasse du *R. tuberosus* Lap. d'après les données contradictoires que je viens d'exposer, il est bien certain que, dans un aucun cas, ce nom ne peut être conservé à l'espèce commune dans les bois des Pyrénées, qui est à la fois le *R. tuberosus* et le *R. lanuginosus* de l'herbier de Lapeyrouse, et que j'ai cru devoir nommer plus loin *R. Amansii*, comme étant la même que le *R. villosus* Saint-Amans non DC.

(Species 4 sequentes ex *R. polyanthemi* L. typo.)

Ranunculus ambiguus Jord.

R. pedunculis sulcatis; sepalis ovato-oblongis, villosis, patulis; petalis obovato-cuneatis; carpellis lenticulari-compressis, marginatis, glabris; rostro inclinato, convoluto, tertiam carpelli partem vix æquante ; receptaculo setoso ; foliis breviter hirsutis, radicalibus palmato-partitis, partitionibus subpetiolulatis rhombeo-obovatis profunde 3-5 fidis, lobis incisis dentatisque, caulinorum partitionibus linearibus subintegris ; caule breviter hirsuto, erecto, superne multifloro ; caudice subverticali, abbreviato.

Hab. in pratis et nemorosis Alpium, *Lautaret* (*Hautes-Alpes*), etc. — Flor. maio (in horto).

Petala sat parva, haud intense lutea ; rostrum carpelli breviusculum ; folia sæpe maculata.

Cette espèce est assez rapprochée du *R. polyanthemos* L. de Suède, dont elle se distingue par ses feuilles à découpures moins étroites et moins profondes, par sa villosité plus courte, par ses pétales presque de moitié plus petits, par le bec des carpelles incliné et non relevé, presque aussi court, mais plus fortement onciné.

Le *R. polyanthemoides* BOREAU s'en éloigne par ses feuilles à lobes plus écartés, ne se recouvrant pas par leurs bords et à dents peu nombreuses. J'ai cultivé de graines et comparé sur le vif ces trois espèces, qui sont certainement distinctes.

Ranunculus mixtus Jord. Obs. frag. 7, p. 4.

R. pedunculis sulcatis ; sepalis ovato-oblongis, villosis patulis ; petalis obovato-cuneatis ; carpellis lenticulari-compressis, marginatis, lævibus, rostro parum inclinato apice convoluto tertiam carpelli partem vix superante ; receptaculo setoso ; foliis intense viridibus, sæpius maculatis, plerumque adpresse pilosis, radicalibus palmato-partitis, partitionibus sæpe petiolulatis rhombeo-obovatis 3-5 fidis, laciniis acute inciso-dentatis vel trilobis dentatisque, folio caulino inferiore subconformi, superiorum laciniis linearibus subintegris ; caule pilis brevibus adpressis vel subpatulis hirsuto, basi ascendente vel erecto, subflexuoso, superne ramoso, multifloro, ramis erecto-patulis ; caudice brevi, subverticali.

Hab. in sylvulis subhumidis, ad Rhodani ripas ; *Vaulx* propè *Lyon*, aliisque locis. — Flor. maio.

Petala haud intense flava ; nectarii squama subreniformi obovata, ungue paulo angustior ; antheræ 3 mill. longæ, 3/4 mill. latæ, stylum superantes ; ovarii rostrum breve, erectum, stigmate longiusculo recurvato terminatum ; pili caulis diametrum haud æquantes.

Il diffère du *R. polyanthemos* L., par sa pubescence courte et souvent appliquée ; ses feuilles à découpures moins étroites, à nervures de la face inférieure beaucoup moins saillantes. Il s'éloigne du *R. ambiguus* JORD. par ses tiges ascendantes, à rameaux plus étalés, par ses carpelles plus nombreux et à bec plus relevé.

Le *R. Questieri* BILLOT, Annot. à la Flore de France et d'Allemagne, est très-voisin du *R. mixtus*, mais bien plus grêle. Ses tiges sont flexueuses ; ses carpelles sont plus petits et à bec plus courbé.

Ranunculus spretus JORD. ap. BORRAU. Fl. d. cent. éd. 3, p. 17.

R. pedunculis sulcatis ; sepalis oblongis, villosis, subadpressis ; petalis rotundato-cuneatis ; carpellis lenticulari-compressis, marginalis, lævibus, rostro leviter inclinato apice uncinato carpelli dimidiam longitudinem subæquante ; receptaculo setoso ; foliis palmatopartitis, partitionibus rhombeo-obovatis se invicem margine obtegentibus inæqualiter 3-5 fidis breviter et acute dentalis, caulinorum lobis angustatis ; caule gracili, ascendente vel suberecto, aperte ramoso, multifloro, pubescentia brevi sæpe adpressa obtecto ; caudice brevi, subverticali.

Hab. in pascuis montium Delphinensium ; *Grande-Chartreuse (Isère)*, etc. Habui etiam ex Jurasso et Cebennis. — Flor. maio (in horto).

Nectarii squama superne dilatata, reniformis ; antheræ 2 1/4 mill. longæ, 1 mill. latæ ; ovarii rostrum elongatum, stigmate brevi uncinato.

Cette plante est remarquable par son port grêle, ses tiges étalées ou ascendantes, ses feuilles assez petites et sa pubescence courte.

Une forme plus robuste et probablement distincte, *R. monticola* PERRIER inéd. , croît dans les Alpes de Savoie et dans celles du Dauphiné, sur le Lautaret, etc. Elle se distingue du *R. spretus* par ses feuilles plus grandes, à divisions ne se recouvrant pas autant par leurs bords, à dents plus grosses et moins nombreuses. Le bec des carpelles est plus incliné, les fleurs sont plus grandes et la tige est plus dressée.

Ranunculus Amansii JORD.

R. villosus, Saint-Amans, Fl. ag., p. 227, non DC. — *R. lanuginosus* et *R. tuberosus* herb. Lapeyrouse. — *R. nemorosus* BOR. Fl. d. cent. éd. 3, p. 17.

R. pedunculis sulcatis ; sepalis ovato-oblongis, villosis, patulis ; petalis obovato-cuneatis ; carpellis obovatis, compressis, marginatis, lævibus, rostro incurvato apice convoluto tertiam carpelli partem superante; receptaculo hirsuto ; foliis hirsutis, ad petiolos villo molli subdeflexo obductis, radicalibus palmato-subtripartitis, laciniis rhombeo-obovatis inciso-subtrifidis dentatisque, folio caulino inferiore subconformi, superiorum laciniis sublinearibus ; caule molliter villoso, erecto, superne aperte ramoso, plurifloro; caudice brevi, subverticali.

Hab. in nemorosis Galliæ occidentalis et Pyreneorum. — Flor. maio.

Petala pulchre aurea, basi pallidiora; folia sæpe maculis obsita.

Il diffère du *R. spretus* JORD. par le bec des carpelles moins relevé, par sés tiges plus dressées, par la villosité trèsabondante et bien plus longue des tiges et des pétioles.

Il s'éloigne du *R. ambiguus* JORD. par ses tiges à rameaux plus ouverts, ses fleurs plus grandes et d'un jaune plus foncé, par le bec des carpelles plus allongé, par les poils des tiges et des pétioles plus allongés, ordinairement déjetés et non simplement étalés.

Le *R. Lecokii* BOREAU Flor. du cent. éd. 3, p. 17, me paraît correspondre à peu près à la forme du *R. nemorosus* DC. qui est la plus répandue dans l'est de la France, où elle remplace le *R. Amansii.*

Le *R. radicescens* Jord. Pug. pl. nov. p. 2, qui habite aussi la région de l'est, est très-voisin du *R. Lecokii,* mais il est plus bas, plus étalé, et ses tiges sont à la fin radicantes.

(Species 4 sequentes ex *R. bulbosi* L. typo)

Ranunculus bulbifer Jord.

R. pedunculis sulcatis ; calice reflexo ; petalis rotundato-cuneatis ; carpellis rotundato-obovatis, lenticulari-compressis, marginatis, lævibus, rostro brevissimo inclinato apice recto subuncinato quintam carpelli partem vix æquante ; receptaculo hirsuto ; foliis subhirsutis, radicalibus ambitu ovatis, ternatis vel passim biternatis, partitione media petiolulata ; foliolis ovatis trifidis dentatisque, dentibus ovatis lanceolatisve acutis ; caule erecto, ramoso subhirsuto ; caudice bulboso.

Hab. in pascuis siccis Galliæ ; circa *Lyon*, etc. — Flor. maio.

Nectarii squama superne dilatata et apice unguem subæquans ; antheræ oblongæ, incurvatæ, 3—3 1/2 mill. longæ; folia læte et flavescenti-viridia, passim maculis obsita, ad basin petioli violaceo notata.

Cette espèce correspond à la forme du *R. bulbosus* L. qui est la plus répandue dans l'est de la France et dont le feuillage est d'un vert clair.

Ranunculus sparsipilus Jord.

R. pedunculis sulcatis; calice reflexo; petalis rotundato-cuneatis ; carpellis rotundato-obovatis, lenticulari compressis, marginatis, lævibus, rostro tenui paulisper inclinato et subuncinato quartam carpelli partem subæquante ; receptaculo hirsuto ; foliis parce et subadpresse hirsutis vel subglabris, ambitu rotundato-ovatis, ternatis ; partitione media petiolulata obovata trifida dentataque, dentibus ovatis subacutis ; caule humili erecto vel ascendente, sæpe a basi in ramos patentes soluto ; caudice bulboso, subgloboso.

Hab. in pascuis et arvis Galliæ centralis, prope *Cor* (*Cher*). — Flor maio.

Sepala ante anthesim jam penitus reflexa; nectarii squama late obovata, unguem haud penitus æquans; antheræ oblongæ, 3 mill. longæ, subincurvatæ, ovaria valde superantes, filamenta sua æquantes; capitulum ovariorum ovoideum; stigmata lineari-oblonga, breviter recurvata; folia intense viridia; caulis 1-2 dec. altus.

Cette espèce que j'ai reçue de M. Alf. Déséglise, et que j'ai élevée de graines prises sur ses échantillons, se reconnaît à sa taille basse, à sa pubescence éparse et demi-appliquée, à ses feuilles assez petites, d'un vert foncé, simplement ternées, dont la division médiane est brièvement pétiolulée et dont les dents sont un peu obtuses. Ses fleurs sont plus petites que dans le *R. bulbifer* JORD.; le bec des carpelles est plus relevé, plus allongé et moins épais. Son port est plus diffus.

Ranunculus albonævus JORD.

R. pedunculis sulcatis; calice reflexo; petalis obovato-cuneatis; carpellis obovatis, compressis, marginatis, lævibus, rostro brevi paulisper inclinato apice breviter uncinato quartam carpelli partem haud æquante; receptaculo dense hirsuto; foliis molliter hirsutis, radicalibus ambitu ovatis ternatis biternatisque, partitione media petiolulata; foliolis ovatis trifidis dentatisque, dentibus ovatis subacutis; caule erecto ramoso, hirsuto; caudice bulboso, crasso, depresso.

Hab. in pascuis siccis Delphinatûs; *Nyons* (*Drôme*), etc. — Flor. maio.

Nectarii squama late obovata, truncata apice ungue latior; antheræ oblongæ, 3 1/4 mill. longæ, stylos longe superantes; folia cinereo-viridia, maculis albicantibus suffusa.

Il diffère du *R. bulbifer* par son port plus robuste, sa villosité plus abondante, ses feuilles plus grandes, toutes tachées de blanc, ses carpelles plus grands, à bec plus allongé et à stigmate au contraire plus court. Le bulbe est plus développé et de forme plus déprimée.

J'ai récolté cette espèce à Nyons, en 1857. Je l'ai élevée ensuite de graines prises sur les pieds sauvages apportés dans mes cultures. M. Verlot m'a envoyé aussi de Grenoble la même plante.

Ranunculus valdepubens JORD.

R. villiferus JORD. in Cat. Grenoble 1856 (sine descript.)

R. pedunculis sulcatis; calice reflexo; petalis obovato-cuneatis; carpellis rotundato-obovatis, lenticulari-compressis, marginatis, lævibus, rostro rectiusculo apice uncinato quartam carpelli partem subæquante; receptaculo hirsuto; foliis molliter hirsutis, radicalibus ambitu ovatis ternatis vel biternatis etiam pinnatisectis, foliolis ovatis trifidis dentatisque, dentibus ovatis acutiusculis; caule erecto, ramoso, hirsuto; caudice bulboso, crasso, depresso.

Hab. in pascuis siccis Galliæ australis, circa *Nismes.* — Flor. maio.

Nectarii squama obovata, truncata, unguem æquans; antheræ oblongæ, 3 mill. longæ.

Il diffère du *R. albonævus* JORD. par son port moins robuste, ses feuilles peu ou point tachées, ses carpelles plus nombreux, plus petits et presque ronds, à bec évidemment plus allongé et plus fortement onciné.

Il se distingue du *R. bulbifer* JORD. par sa villosité très-molle et très-abondante, par le bec des carpelles plus allongé et plus fortement recourbé, par ses anthères peu ou pas courbées, ses feuilles à dents moins aiguës, le bulbe de forme plus déprimée. Sa floraison est constamment plus tardive de huit à quinze jours, dans un même lieu.

Je l'ai apporté vivant du midi, en 1829, dans mes cultures, où je l'ai vu depuis cette époque se naturaliser et se reproduire spontanément de ses graines, chaque année, en grande quantité, sans aucun changement. C'est un *R. bulbosus* L. très-velu, plus petit et plus tardif que la forme ordinaire, à bec plus long et à bulbe plus élargi.

(Species sequens ex *R. repentis* L. typo.)

Ranunculus reptabundus Jord.

R. pedunculis sulcatis; sepalis hirsutis; petalis obovato-cuneatis; carpellis rotundo-obovatis, compressis, marginatis, subtiliter impresso-punctatis, rostro arcuato incurvato carpelli dimidiam longitudinem saltem æquante; receptaculo subhirsuto; foliis subhirsutis ad petiolum dense villosis, radicalibus 1-2 ternatis, partitione media petiolulata, foliolis cuneatis anguste et acute inciso-dentatis lobatisque; caule diffuso, prostrato, radicante, molliter breviterque villoso; caudice subpræmorso, abbreviato.

Hab. in pratis humidis, ad Araris ripas; *Villefranche (Rhône)*. — Flor. junio.

Nectarii squama obovata, unguem haud æquans.

Il diffère du *R. repens* L., dont il est très-voisin, par ses ovaires moins nombreux à stigmate plus étroit, par le bec des carpelles bien plus allongé, assez fortement courbé et non presque droit, par ses pétioles couverts ainsi que sa tige d'une villosité courte et très-molle, par ses feuilles d'un vert clair un peu jaunâtre et non très-foncé, à divisions cunéiformes, à dents plus étroites et plus aiguës, enfin par son port beaucoup plus grêle.

(Species 4 sequentes ex *A. vulgaris* L. typo.)

Aquilegia nemoralis Jord.

A. floribus paniculato-subcorymbosis; pedunculis pube molli eglandulosa obtectis; sepalis elliptico-lanceolatis, breviter acuminatis; calcaribus apice hamatis, petalorum laminas apice truncatas subæquantibus; staminibus exsertis, filamentis sterilibus lineari-lanceolatis crispato-undulatis apice obtusis, antheris ovato-oblongis defloratis viridibus; capitulo fructifero ovato, basi æquali rotundato, capsulis pubescentibus fere eglandulosis stylo flexuoso demum patente terminatis; seminibus ovatis, brevibus; foliis biternatis, foliolis subrotundo vel cuneato-flabellatis superne trilobis crenatisque, crenis ovato-rotundatis, caulinorum superiorum lobis sæpe integris; caule

erecto, superne ramoso, leviter puberulo vel glabrato ; caudice fusiformi, ramoso.

Hab. in nemorosis circa *Lyon*. — Flor. in medio maii.

Flores læte cœruleo-violacei , magnitudinis mediocris ; sepala
18 mill. longa, 9-10 mill. lata, styli sub anthesi stamina haud æquantes ; folia læte viridia ; planta parce pubescens vel glabriuscula,
eglandulosa.

Cette forme assez répandue aux environs de Lyon, où elle
n'est point seule, est sans doute remplacée, sur les divers
points de la France ainsi que dans les autres contrées de
l'Europe, par d'autres formes confondues dans les flores sous
le nom d'*A. vulgaris* L. et qui devront être distinguées ultérieurement.

Aquilegia collina Jord.

A. floribus paniculato-subcorymbosis ; pedunculis pube mixta potius glandulifera obductis ; sepalis elliptico-lanceolatis, breviter acuminatis, laminas valde superantibus ; calcaribus apice hamatis, laminas
petalorum subtruncatas paulo superantibus ; staminibus exsertis, filamentis sterilibus lineari-lanceolatis crispato-undulatis apice obtusis
ovaria superantibus, antheris ovato-oblongis defloratis luteo-fuscis ;
capitulo fructifero ovato-oblongo, capsulis sæpe glanduloso-pubes-
centibus stylo flexuoso semper erecto terminatis ; seminibus ovato-
oblongis ; foliis biternatis, foliolis subrotundo-obovatis superne trilobis crenatisque, crenis ovato-rotundatis, caulinorum superiorum
lobis subintegris ; caule erecto, superne ramoso, molliter puberulo ;
caudice subfusiformi-ramoso.

Hab. in collibus lapidosis calcareis Beugesi ; prope *Thoirette (Jura)*.
—Flor. exeunte maio vel junio (in horto).

Flores violacei ; sepala 22 mill. longa, 13 mill. lata, laminas inten-
sius violaceas 10-12 mill. superantia ; styli staminibus fere breviores ;
folia haud intense viridia.

Cette espèce se distingue de l'*A. nemoralis* Jord. par ses
fleurs d'un violet plus foncé, sa pubescence en partie glanduleuse dans le haut de la plante, notamment sur les pédon-

cules et le fruit, ses capsules plus grandes, à style dressé et non étalé, ses graines d'un tiers plus grosses et moins écourtées, sa floraison plus tardive de dix à quinze jours, son port plus robuste.

Aquilegia præcox JORD.

A. floribus paniculato-subcorymbosis; pedunculis pube mixta potius glandulifera densa brevi obductis; sepalis elliptico-lanceolatis, acuminatis; calcaribus apice hamatis, laminas petalorum rotundatas vel subtruncatas vix æquantibus; staminibus exsertis, filamentis sterilibus lineari-lanceolatis crispato-undulatis apice obtusis, antheri[s] ovatis defloratis viridibus; capitulo fructifero ovato-oblongo, basi paulisper angustato, quidquam apice constricto, capsulis pube mixta obsitis in stylum denique patulum flexuosum sensim abeuntibus; seminibus lanceolatis; foliis biternatis, foliolis subrotundo vel cuneatoflabellatis superne trilobis crenatisque, crenis rotundo-ovatis, caulinorum superiorum lobis brevibus subintegris; caule erecto, superne ramoso, pube brevi obducto; caudice subfusiformi-ramoso.

Hab. in nemorosis Gallo-provinciæ superioris; *Mont-de-Lure* prope *Forcalquier* (*Basses-Alpes*). — Flor. initio maii (in horto).

Flores cæruleo-violacei; sepala 24-27 mill. longa, 12-13 mill. lata; filamenta sterilia albida, stylis valde breviora; antheræ pallide flavæ, demum virides, sat parvæ, 2 1/2 mill. longæ, 1 1/2 mill. latæ, stylos sub anthesi superantes; petioli plerumque subfusco-violacei, breviter molliterque puberuli.

Cette plante diffère de l'*A. nemoralis* JORD. par sa pubescence plus courte, plus dense, glanduleuse sur les pédoncules et le fruit, ses feuilles d'un vert plus pâle, son capitule fructifère de forme plus étroite, un peu rétréci à la base et parcillement au sommet, ses capsules moins étalées supérieurement et terminées par un style plus court, ses graines plus grosses, de forme lancéolée et non ovale, sa floraison plus précoce de 8 à 15 jours dans un même lieu.

Elle s'éloigne de l'*A. collina* JORD. par sa fleur d'une cou-

leur plus claire, par ses capsules plus petites, à style étalé,
à graines plus allongées et plus étroites, par sa floraison plus
précoce de 3 à 4 semaines. Son feuillage est d'un vert plus
pâle.

Aquilegia dumeticola Jord.

A. floribus paniculato-subcorymbosis ; pedunculis pube potius
glandulifera viscidula obductis ; sepalis elliptico-lanceolatis, acuminatis ; calcaribus apice hamatis, laminas petalorum apice rotundatas
subæquantibus ; staminibus exsertis, filamentis sterilibus lanceolatis
crispato-undulatis obtusis, antheris ovato-oblongis defloratis viridibus ; capitulo fructifero ovato-oblongo, basi æquali ; capsulis pube
submixta potius glandulifera obtectis, apice modice divergentibus, in
stylum suberectum flexuosum desinentibus ; seminibus lanceolatis ;
foliis biternatis, foliolis subrotundo vel cuneato-flabellatis superne
trilobis crenatisque, crenis ovatis, caulinorum superiorum lobis angustatis subintegris ; caule erecto, superne ramoso, pube perbrevi
mixta sæpe glandulifera obducto ; caudice subfusiformi-ramoso.

Hab. in nemorosis Corsicæ prope *Bastelica*, ex D. Revelière. —
Flor. initio maii (in horto).

Flores pallide violacei ; sepala sat angusta, 25 mill. longa, 12 mill.
lata ; filamenta sterilia albida, stylis breviora ; styli stamina fertilia
subæquantes.

Il fleurit à peu près en même temps que l'*A. præcox* Jord.
dont il diffère par la couleur de sa fleur qui est d'un violet
clair, ne tirant pas sur le bleu mais sur le lilas, par le capitule fructifère qui est plus grand, de forme égale et non
rétréci à la base, par ses capsules plus allongées et terminées
par un style dressé peu étalé, par l'aspect du feuillage qui
est d'un vert clair et non pâle un peu cendré ; enfin par
les poils glanduleux qui se voient non-seulement sur les pédoncules, mais sur toute la tige.

Il s'éloigne des *A. nemoralis* et *collina* par la forme des
pétales qui sont arrondis et nullement tronqués au sommet.

En outre, sa floraison bien plus précoce, la couleur plus claire de sa fleur et d'autres caractères le séparent de l'*A. collina* ; la pubescence glanduleuse, la forme de la capsule et la couleur de la fleur, ne permettent pas de le confondre avec l'*A. nemoralis*.

Aquilegia aggericola Jord.

A. pedunculis pube mixta potius glandulifera minuta obductis ; sepalis elliptico-ovatis, apice paululum acutatis; calcaribus incurvato-hamatis, laminas petalorum rotundato-obtusissimas paulo superantibus ; staminibus petala vix æquantibus, filamentis sterilibus lineari-lanceolatis crispato-undulatis apice subacutis, antheris ovatis etiam defloratis flavis ; capitulo fructifero ovato , basi subæquali ; capsulis pube mixta obsitis, in stylum flexuosum denique patulum apice desinentibus ; seminibus ovato-oblongis, angulatis; foliis cinereo-viren·tibus, biternatis , foliolis parvis rotundato vel cuneato-flabellatis superne trilobis crenatisque, crenis rotundatis brevibus , foliis caulinis paucis abbreviatis; caule (humili), erecto, apice paulisper ramoso, pubescentia brevi superne subviscosa obtecto ; caudice subfusiformi-ramoso.

Hab. in rupestribus calcareis montium Gallo-provinciæ superioris ; *Mont-de-Lure (Basses-Alpes)*, etc. — Flor. exeunte maio (in horto).

Flores magnitudinis mediocris, læte cærulei nec in violaceum vergentes; sepala imo apice viridiuscula; antheræ læteflavæ, 2—2 1/2 mill. longæ; styli antheras subæquantes; petioli tenues, hispiduli.

Cette espèce, que j'ai apportée vivante de son lieu natal dans mes cultures, est fort distincte des précédentes par sa petite taille, ses feuilles de couleur un peu cendrée ou glaucescente, deux ou trois fois plus petites. Ses fleurs sont d'une belle couleur bleue , comme celle de l'*A. alpina* L., mais bien plus petites. Elle diffère de celle-ci par ses sépales bien moins acuminés, ses anthères plus petites, d'un beau jaune et non verdâtres ou violacées, ses capsules plus petites, ses folioles à dents bien plus courtes.

Elle rappelle tout-à-fait l'*A. viscosa* Gou. des Cévennes, par son port grêle et ses petites feuilles. Mais, dans cette dernière espèce, les feuilles sont couvertes d'une pubescence bien plus dense et les pétioles sont un peu visqueux aussi bien que la tige, comme Gouan en fait la remarque dans ses Illustrat. p. 32. Quoique plusieurs auteurs aient cru devoir considérer la plante de Gouan comme une simple modification de l'*A. vulgaris* L., je suis d'avis qu'elle en est très-distincte ; car, dans son lieu natal, où je l'ai observée très-jeune, elle m'a paru différer *totissimo cœlo* des formes de l'*A. vulgaris* qu'on trouve dans le centre et le nord de la France.

J'ai élevé de graines les cinq espèces que je viens de décrire. J'en possède d'autres en herbier que je m'abstiens de signaler, n'ayant pas encore pu les étudier d'une manière assez complète.

(Species 6 sequentes ex *P. dubii* L. typo.)

Papaver crosulum Jord.

P. pedunculis elongatis setulis subadpressis obsitis ; sepalis valde hispidis ; petalis flammeo-rubris, obovato-cuneatis, apice subtruncatis, eroso-denticulatis, stigmatibus 7-10, disci plano-convexi demum centro depressi marginem obscure crenatum haud æquantibus ; capsula glabra, oblongo-clavata, sensim inferne angustata, basi in stipitem brevissimum receptaculo angustiorem subcontracta ; seminibus cinereo-subfuscis ; foliis valde pilosis, oblongis, pinnatipartitis vel inciso-pinnatifidis, laciniis ovatis lanceolatisve subacutis dentatis ; caule erecto, ramoso, patenter hispido.

Hab. in collibus Gallo-provinciæ australioris, *Bormes (Var).* — Flor. maio.

Petala sæpe basi macula parva lilacina prædita ; antheræ pallide violaceæ, stigmata æquantes ; discus stigmatiferus carneo-violaceus, capsulæ latitudinem vix æquans ; receptaculum 1 1/4 mill. longum, pedunculo imo apice dilatato fere crassius ; semina ut in sequentibus speciebus rotundato-reniformia, tenuiter reticulato-exsculpta.

Cette espèce est voisine du *P. modestum* JORD. Pug. p. 4, dont elle diffère par ses fleurs d'un rouge plus vif, par le disque stigmatique qui est d'une couleur différente, est déprimé et non relevé au centre, dont les crénelures sont moins distinctes et à bords contigus, par les rayons du stigmate dont l'extrémité n'arrive pas aussi près du bord du disque, par le réceptacle dont l'épaisseur dépasse celle du stipe de la capsule, par l'hispidité plus allongée et bien plus prononcée de toute la plante.

Papaver confine JORD.

P. pedunculis elongatis, setulis brevibus adpressis obsitis ; sepalis hispidis ; petalis rubris, rotundato-obovatis, apice obscurissime denticulatis ; stigmatibus 8, disci convexi subtruncato-crenati marginem saltem æquantibus; capsula oblongo-subclavata, sensim inferne angustata, basi in stipitem brevissimum receptaculo vix crassiorem desinente; seminibus fusco-nigris ; foliis pallide virentibus, ad costam sæpe rubello-violaceis, hispidis, oblongis, pinnatipartitis, partitionibus brevibus ovato-oblongis inciso-lobatis pinnatifidisve passim subbipinnatis, lobulis modice apertis, inferiorum ovatis, superiorum oblongis linearibusve vix acutis; caule erecto, ramoso, patenter hispido.

Hab. in arvis Galliæ centralis ; *Bourges* (*Cher*), ex D. Déséglise.

Antheræ discum subæquantes ; discus stigmatiferus, capsulæ latitudinem subæquans ; receptaculum 2/3 mill. altum, pedunculo et capsulæ basi paulo augustius.

Il est très-voisin du *P. Lecokii* LAMOTTE, dont il me paraît distinct par sa capsule plus fortement rétrécie inférieurement et moins visiblement contractée près de sa base, à disque stigmatique plus convexe et à rayons un peu moins nombreux, presque égal à sa largeur et non plus étroit, soulevé davantage à la maturité et séparé de la capsule par un intervalle un peu plus grand, par ses graines plus petites, par ses feuilles plus petites, d'un vert pâle subglaucescent et non un peu jaunâtre, à côtes souvent rougeâtres, moins élargies dans leur pourtour, à segments plus courts et à lobes plus petits. Sa fleur est constamment plus petite, d'un rouge moins vif ; elle offre, dans le fond, à l'intérieur, une croix violacée très-peu marquée.

Papaver vagum Jord.

P. pedunculis elongatis, setulis brevibus adpressis obsitis ; alabastris anguste oblongatis, sepalis hispidis ; petalis pallide rubris, rotundato-obovatis, apice leviter denticulatis ; stigmatibus 7-10, tenuibus, disci convexi marginem rotundato-crenatum haud penitus æquantibus ; capsula oblonga, paululum inferne et etiam apice tantulum angustata, basi in stipitem plane abbreviatum receptaculo vix crassiorem desinente ; seminibus perminutis, cærulescenti-cinereis ; foliis læte et pallide virentibus, hispidis, oblongis, pinnatipartitis, partitionibus brevibus lanceolatis pauci-lobatis inciso-pinnatifidis subintegrisve, lobulis lanceolatis ascendendo tenuioribus vix acutis ; caule erecto, ramoso, patenter hispido.

Hab. in arvis collium lugdunensium; *Couzon*, etc.; prope *Lyon*. — Flor. maio.

Antheræ stigmata vix æquantes ; discus flavescens, capsula paulo angustior; receptaculum 2/3 mill. altum.

Il est surtout remarquable par la forme oblongue et peu claviforme de la capsule, par ses boutons bien plus étroits que dans les autres espèces et par son feuillage d'un vert très-clair.

Il se distingue du *P. confine* Jord. par ses feuilles d'un vert plus clair, non purpurines à la côte, découpées en lobes moins nombreux, par sa capsule moins rétrécie inférieurement, par le disque stigmatique moins soulevé à la maturité, moins large que la capsule, à stigmates n'atteignant pas sa marge, par ses graines d'une couleur différente et encore plus petites.

Il diffère du *P. Lecokii* LAMOTTE par ses fleurs plus petites et plus pâles, par les rayons du stigmate n'atteignant pas la marge du disque qui est plus petit, à crénelures arrondies et non presque tronquées.

J'ai reçu du jardin botanique d'Erlangen, en 1851, sous le faux nom de *P. lœvigatum* M. B. une espèce très-rapprochée du *P. vagum* par la forme de la capsule, mais bien distincte, qui s'est naturalisée dans mes cultures et que je nomme *P. mixtum*. Le disque stigmatique est fort petit et bien plus étroit que la capsule, presque aplani, à crénelures fort peu distinctes, dont les bords latéraux sont contigus et marqués d'une tache violette très-caractéristique ; les rayons du stigmate sont au nombre de 8 et atteignent la marge du disque. La capsule est presque régulièrement oblongue, faiblement rétrécie vers le bas et un peu au sommet, légèrement contractée à la base qui est écourtée ainsi que le réceptacle. Les boutons sont bien moins étroits que dans le *P. vagum*, à sépales pareillement hispides et non glabres comme dans le *P. lœvigatum* M. B. Toute la plante est très-hispide ; la tige est rougeâtre dans sa partie inférieure, ainsi que les côtes des feuilles qui ressemblent à celles du *P. collinum* BOG. La fleur est d'un rouge pâle comme dans le *P. collinum*, assez ouverte, à pétales obscurément denticulés au sommet.

Papaver erroneum JORD.

P. pedunculis elongatis, setulis brevibus adpressis obsitis ; sepalis hispidis ; petalis rubris, late obovatis, apice obscurissime denticulatis ; stigmatibus 5-7, disci convexi centro paulisper elevati marginem rotundato-crenatum haud penitus æquantibus ; capsula oblongo-subclavata, inferne sensim et etiam apice tantulum angustata, basi in stipitem perbrevem receptaculo abbreviato paulo crassiorem desinente ;

seminibus fuscis; foliis flavo-virentibus, hispidis, oblongis, pinnatipartitis vel 1-2 pinnatifidis, partitionibus inferiorum subovatis dentatis obtusis, superiorum lanceolatis inciso-lobatis, lobulis lanceolatis
linearibus subacutis; caule erecto, ramoso, patenter hirsuto.

Hab. in arvis montium Delphinatûs; *St-Véran (Hautes-Alpes)*, etc.
— Flor. maio.

Antheræ stigmata superantes; discus stigmatiferus flavo-virens;
capsulæ latitudinem majorem haud æquans; receptaculum 1/2 mill.
longum, pedunculo et capsulæ basi paulo angustius.

Il se distingue du *P. vagum* JORD. par les rayons des stigmates constamment moins nombreux et bien plus dilatés vers
leur sommet, par sa capsule bien plus rétrécie inférieurement, ainsi que par ses graines de couleur différente et un
peu moins fines.

Il diffère du *P. Lecokii* LAMOTTE par sa fleur plus petite, à
pétales de forme moins élargie, ses anthères dépassant un
peu le disque dont les rayons n'atteignent pas la marge, sa
capsule rétrécie insensiblement et sans étranglement vers la
base, son réceptacle très-écourté et ses feuilles d'un vert un
peu jaunâtre.

Le *P. Lamottii* BON. est à capsule plus évidemment en
massue, relevée dans le bas de côtes plus saillantes, à réceptacle plus allongé du double, à crénelures du disque stigmatique très-courtes et séparées par des sinus plus ouverts.

Papaver luteo-rubrum JORD.

P. pedunculis elongatis, setulis brevibus adpressis obsitis; sepalis
hispidis; petalis lutescenti-rubris, rotundatis, valde concavis, apice
integriusculis; stigmatibus 8-9, tenuibus, disci convexi marginem
subtruncato-crenatum haud penitus æquantibus; capsula oblongo-
subclavata, inferne sensim angustata, basi in stipitem perbrevem
receptaculo fere crassiorem desinente; seminibus cinereo-fuscis;
foliis pallide virentibus, hirsutis, ovato-oblongis, subpinnatipartitis;
partitionibus brevibus ovato-lanceolatis crebre inciso-lobatis vel

pinnatifidis etiam subbipinnatifidis, lobulis brevibus ovatis lanceolatisve subacutis ascendendo angustioribus et acutioribus ; caule erecto,
ramoso, patenter hirsuto.

Hab. in arvis collium lugdunensium ; *Chaponost* (*Rhône*) etc.. prope
Lyon. — Flor. maio.

Antheræ stigmata haud æquantes, discus stigmatiferus capsulæ latitudinem æquans, crenis margine contiguis.

Cette espèce est remarquable par sa fleur qui est toujours
assez petite, très-concave et d'un rouge tirant un peu sur le
jaune orangé. Ses feuilles sont d'un vert assez pâle et grisâtre,
à côtes rougeâtres, à lobes nombreux et assez petits.

Elle se distingue du *P. vagum* JORD. par le disque stigmatique qui est plus élargi et à crénelures un peu tronquées ,
par la forme de la capsule qui est plus fortement et plus
régulièrement rétrécie vers le bas.

Elle diffère du *P. erroneum* JORD. par le disque stigmatique égalant la largeur de la capsule , à rayons plus nombreux, par sa capsule égale au sommet et non un peu rétrécie
vers le haut.

Elle s'éloigne du *P. confine* JORD., indépendamment de la
couleur des fleurs, par sa capsule moins claviforme et par
les rayons des stigmates qui n'atteignent pas la marge du
disque.

Le *P. collinum* BOG. est à fleur bien moins concave, d'un
rouge différent, assez pâle, à disque plus fortement convexe
et un peu relevé au centre, à rayons des stigmates visiblement
plus larges et un peu moins nombreux, atteignant à peu près
la marge du disque; sa floraison est plus précoce de huit à
dix jours.

Papaver errabundum JORD.

P. pedunculis elongatis, setulis brevibus adpressis obsitis ; sepalis
hispidis ; petalis pallide rubris, rotundatis, minute denticulatis ;

stigmatibus 7-8, crassiusculis, disci plano-convexi demum complanati marginem rotundato-crenatum haud penitus æquantibus; capsula oblongo vel obovato-subclavata, inferne sensim imo apice tantulum angustata, basi in stipitem perbrevem receptaculo vix crassiorem desinente; seminibus atro-cærulescentibus; foliis læte virentibus, hispidis, oblongis, pinnatipartitis, partitionibus inferiorum subovatis brevibus vix acute lobulatis, superiorum lanceolatis inciso-lobatis pinnatifidisve, lobulis angustatis aculis; caule erecto, ramoso, patenter. hispido.

Hab. in arvis Galliæ centralis; *Châlon (Saône et Loire)*, etc. — Flor. maio.

Antheræ discum vix æquantes; discus mox centro complanatus, crenis distinctis, capsulæ latitudinem vix æquans; capsula brevior quam in cæteris.

Il a beaucoup de rapport avec le *P. collinum* Bog. dont il diffèrecertainement par sa capsule plus courte, à disque beaucoup moins convexe, nullement relevé au centre, souvent au contraire aplani, à rayons un peu moins épais, quoique assez larges, n'atteignant pas les bords du disque. Ses boutons sont un peu plus courts; son feuillage est d'un vert plus clair; sa tige ainsi que les côtes des feuilles inférieures sont ordinairement vertes ou faiblement rembrunies, et non d'une couleur violacée rougeâtre très-prononcée.

Le *P. Lamottei* Bor. en diffère par ses boutons de forme ovale écourtée, ses capsules bien plus fortement rétrécies vers leur base et son réceptacle de hauteur presque double.

(Species 8 sequentes ex *P. Rhœadis* L. typo.)

Papaver insigniium Jord.

P. pedunculis elongatis, setulis brevibus subadpressis obsitis; sepalis hispidis; petalis intense coccineo-rubris, sæpe basi macula nigra ampliata insignitis; stigmatibus 9-13, a basi ad apicem sensim dilatatis, disci plano-convexi marginem rotundato-crenatum haud penitus æquantibus; capsula glabra, subturbinato-obovata, inferne valde apice tantulum angustata, basi in stipitem receptaculo vix latitu-

dine æqualem contracta; seminibus intense fuscis, perminutis; foliis
læte virentibus, breviter hispidis, pinnatipartitis, partitionibus usque
ad apicem pinnatifidis, lobulis crebris parvis lanceolatis acutis integris; caule erecto, ramoso, patenter et breviter hispido.

Hab. in arvis Galliæ australis; circa *Hyères* (*Var*), etc. — Flor.
maio.

Petala ut in sequentibus rotundato-subreniformia, basi unguiculata,
margine integriuscula; antheræ stigmata superantes; discus stigmatiferus flavescens, capsulæ ventrem haud penitus æquans, crenis
pallidis distinctis; capsula viridis, mill. 13 circiter longa, 11 mill.
lata; receptaculum 1 1/4 mill. altum, pedunculi imo apice dilatati
crassitiem vix æquans.

Cette espèce est surtout remarquable par ses feuilles très-
découpées, à divisions supérieures décroissantes et dont le
lobe terminal ne s'allonge pas autant que dans la plupart des
espèces suivantes. Elle me paraît différer du *P. Roubiœi* Vig.
qui est une plante basse, très-hispide, à feuilles blanchâtres
et à fleurs d'un rouge pâle.

Papaver arvaticum Jord.

P. pedunculis elongatis, setulis sæpe patentibus obsitis; sepalis
hispidis; petalis pallide coccineo-rubris, basi sæpe immaculatis;
stigmatibus 8-11, superne dilatatis, disci plano-convexi marginem
breviter rotundato-crenatum æquantibus; capsula glabra, obovata vel
oblongo-obovata, basi in stipitem receptaculo fere angustiorem contracta; seminibus fuscis; foliis obscure virentibus, hispidis, pinnatipartitis, partitionibus inferne inciso-pinnatifidis superne tantum dentatis integrisve, lobulis lanceolatis acutis integris patulis; caule
erecto, ramoso, patenter hispido.

Hab. in arvis agri lugdunensis. — Flore maio.

Flores mediocres; antheræ parvæ, oblongæ, stigmata æquantes;
discus capsulæ latitudinem saltem æquans; capsula subviridis, circiter
14 mill. longa, 8 mill. lata; receptaculum 1 mill. altum, pedunculi
crassitiem vix æquans.

Il diffère du *P. insignitum* par ses fleurs plus petites, d'un rouge plus pâle, à taches basilaires nulles ou peu marquées, par la forme plus allongée de la capsule, par ses feuilles qui sont d'un vert différent et moins finement découpées.

Papaver erraticum JORD.

P. pedunculis elongatis, setulis patentibus obsitis; sepalis hispidis; petalis læte coccineo-rubris, basi macula nigra parva sæpe insignitis; stigmatibus 12-14, paululum apice dilatatis, disci planiusculi marginem late rotundato-crenatum haud penitus æquantibus; capsula glabra, obovata vel oblongo-obovata, basi in stipitem receptaculo haud angustiorem contracta; seminibus fusco-lilacinis; foliis læte virentibus, breviter hispidis, pinnatipartitis, partitionibus radicalium acute inciso-lobatis, caulinorum angustatis breviter serratis subintegrisve; caule erecto ramoso, patenter hispido.

Hab. in arvis agri lugdunensis. — Flore maio.

Antheræ parvæ, stigmata subæquantes; discus flavescens, capsulæ latitudinem saltem æquans, crenis apice aurantiaco-rubentibus late se invicem obtegentibus; capsula circiter 16 mill. longa, 10 mill. lata; receptaculum 1 1/4 mill. altum, pedunculi crassitiem haud æquans.

Il diffère du P. *arvaticum* par ses fleurs d'un plus beau rouge, son feuillage d'un vert gai, son stigmate à rayons ordinairement plus nombreux, n'atteignant pas tout-à-fait les bords du disque qui sont d'une couleur différente. Le disque est aussi plus aplani et non relevé au centre.

Papaver agrivagum JORD.

P. pedunculis elongatis, setulis subpatentibus obsitis; sepalis hispidis; petalis coccineo-rubris, basi paulisper nigro-maculatis; stigmatibus 10-14, apice spathulatis, disci centro convexi marginem rotundato-crenatum haud æquantibus; capsula glabra, obovata, basi in stipitem receptaculo crassitie subæqualem contracto; seminibus pallide fusco-lilacinis; foliis amplis, læte virentibus, breviter hispidis, pinnatipartitis, partitionibus inferiorum inciso-multi-lobatis, superiorum sæpe longissimis creberrime et acute serrato-dentatis ; caule erecto , ramoso , patenter hispido.

Hab. in arvis agri lugdunensis. — Flor. maio.

Antheræ stigmata æquantes; discus capsulæ latitudinem paulo superans; receptaculum 1 1/2 mill. altum, pedunculi crassitiem vix æquans.

Cette espèce est très-reconnaissable à ses feuilles larges , d'un vert clair, dont les divisions sont grandes, très-allongées, surtout dans les feuilles caulinaires, et dentées en scie, à dents courtes très-nombreuses. Elle ne peut être confondue avec aucune des précédentes, d'après le seul aspect du feuillage.

Papaver cereale Jord.

P. pedunculis elongatis, setulis subpatulis obsitis ; sepalis pilosis ; petalis coccineo-rubris, basi macula nigra parva passim insignitis ; stigmatibus 12-14 , vix apice dilatatis , disci planiusculi marginem rotundato-crenatum subæquantibus ; capsula glabra subrotundo-obovata , basi in stipitem perbrevem receptaculo crassitie vix æqualem contracta ; seminibus atro-fuscis ; foliis amplis, læte virentibus, breviter hispidulis, pinnatipartitis, partitionibus latis inæqualiter inciso; lobatis dentatisve , dentibus ovatis obtusis superioribus vix acutis ; caule erecto , patenter hispido.

Hab. in arvis agri lugdunensis. — Flor. maio.

Flores magni ; antheræ stigmata superantes ; discus capsulæ latitudinem paulo superans, crenis late se invicem obtegentibus ; receptaculum 1 1/2 altum, pedunculi crassitiem haud æquans.

Il se distingue du *P. agrivagum* par les dents des feuilles qui sont obtuses, bien moins écourtées et moins nombreuses dans les caulinaires supérieures, par le disque stigmatique aplani et non relevé au centre.

Papaver cruciatum Jord.

P. pedunculis elongatis, setulis patentibus obsitis; sepalis hispidis ; petalis coccineo-rubris, basi macula nigra ampliata insignitis; stigmatibus 10-13, apice paululum dilatatis, disci convexi marginem truncato-crenatum haud æquantibus; capsula glabra, obovata vel oblongo-obovata, basi in stipitem receptaculo angustiorem contracta ; seminibus fuscis, perminutis; foliis intense virentibus, sæpe nitidulis, pinnatipartitis, partitionibus paucis distantibus integriusculis, inferiorum radicalium brevibus elliptico-oblongis subacutis, superiorum lanceolato-linearibus elongatis ; caule erecto, ramoso, breviter et patenter hispido.

Hab. in arvis agri lugdunensis. — Flor. maio.

Antheræ stigmata fusco-violacea superantes; discus stigmatiferus capsulæ latitudinem paulo superans, crenis pallidis eximie truncatis; receptaculum 1 1/4 mill. altum, pedunculo crassitie subæquale.

Cette espèce est surtout remarquable par les divisions des feuilles qui sont ordinairement entières et non très-dentées ou lobées comme dans les précédentes, ainsi que par les crénelures du disque qui sont manifestement tronquées et non arrondies.

Papaver segetale Jord.

P. pedunculis elongatis, setulis elongatis patentibus dense obsitis ; sepalis hispidis; petalis coccineo-rubris, basi breviter vel obsolete nigro-maculatis ; stigmatibus 8-14, disci centro elevato convexi marginem subtruncato-crenatum haud penitus æquantibus ; capsula glabra, obovata, basi in stipitem receptaculo crassitie vix æqualem contracta; seminibus fusco-cærulescentibus ; foliis læte virentibus, hispidis, pinnatipartitis, partitionibus brevibus breviter et acute inciso-dentatis; caule erecto, ramoso, dense et patenter hispido.

Hab. in arvis Delphinatûs australioris; *Valréas (Vaucluse)*. — Flor. maio.

Antheræ stigmata haud æquantes; discus stigmatiferus capsulæ latitudinem paulo superans, crenis pallidis brevibus rotundatis vel fere truncatis; receptaculum vix 1 mill. altum, pedunculi crassitiem haud æquans.

Cette espèce est assez basse et très-hispide, à divisions des feuilles courtes et assez dentées, à disque stigmatique relevé au centre. Les poils des pédoncules prennent souvent une teinte violacée.

Papaver rusticum Jord.

P. pedunculis elongatis, setulis subadpressis laxe obsitis; sepalis hispidis; petalis coccineo-rubris, basi breviter nigro-maculatis; stigmatibus 9-11, apice dilatatis, disci centro elevato conici marginem complanatum rotundato-crenatum haud æquantibus; capsula glabra, oblongo-obovata, basi in stipitem perbrevem receptaculo angustiorem brevioremque contracta; seminibus fuscis; foliis flavo-virentibus, pinnatipartitis, partitionibus angustatis remote et acute inciso-lobatis dentatisve; caule erecto, ramoso, parce et breviter hispido.

Hab. in arvis agri lugdunensis. — Flor. maio.

Petala obsolete nigro-cruciata; antheræ stigmata æquantes; discus stigmatiferus capsulæ latitudinem paulo superans, crenis pallide flavovirentibus passim subdiscretis; receptaculum 1 1/3 mill. longum, pedunculo crassitie haud æquale.

Il diffère du **P. segetale** Jord., dont il est voisin, par ses pédoncules à poils appliqués et en général par l'hispidité plus courte et beaucoup moindre de toute la plante. Le disque stigmatique est plus fortement mamelonné au centre; le stipe de la capsule est bien plus court et plus étroit; les feuilles sont à divisions plus écartées et à dents moins nombreuses.

Obs. Le *Papaver Rhœas* des auteurs correspond à un groupe très-nombreux d'espèces affines. J'en ai déjà observé plus ou moins soigneusement près d'une vingtaine et le nombre en est bien plus considérable. Je n'ai pas encore pu tirer parti, pour la distinction des espèces à l'étude, de leur naturalisation dans un même lieu, parce que le terrain consacré à mes expériences s'est trouvé d'être déjà extraordinairement infesté de formes sauvages indéterminées de ce groupe. Mais il n'en est pas de même des espèces du groupe du *Papaver dubium*, que j'ai introduites successivement dans un lieu où elles n'avaient jusque-là aucun représentant sau-

vague et que j'ai vu se propager d'elles-mêmes avec une par-
faite identité de caractères dans tous leurs organes, pendant
une longue suite d'années ; de ce fait, j'ai cru pouvoir conclure que les espèces du groupe *Rhœas*, qui sont caractérisées
d'une manière tout-à-fait analogue, ne seraient pas moins per-
sistantes. Les caractères doivent toujours être étudiés sur les
individus qui ont été hivernés et qui sont dans un état bien
normal, plutôt luxuriant que maigre. Dans les pieds maigres,
les vrais caractères n'ont pas disparu ; mais ils frappent
moins, et le faciès caractéristique de la plante manque presque complètement; ce qui fait paraître la forme spécifique
comme voilée, pour celui qui n'est pas déjà familier avec
cette étude. La même remarque peut s'appliquer à beaucoup
d'autres groupes un peu nombreux d'espèces annuelles, telles
que ceux des *Viola* sect. *Melanium* ou des *Erophila*, etc., qu'il
faut toujours étudier dans les plus beaux individus, dans
ceux dont le développement est très-complet et très normal.

(Species sequens ex *B. vulgaris* Brown typo.)

Barbarea sylvestris Jord.

B. racemis sub anthesi condensatis; sepalis lanceolatis, latiusculis,
pedunculum subæquantibus, 2 sub apice cornu lanceolato erecto
etiam incurvato et accumbente appendiculatis ; petalis obovatis, obtusissimis ; racemis fructiferis modice elongatis ; siliquis erecto-patulis, substrictis, leviter et subæqualiter tetragonis, haud torulosis, tenuiter nervosis, stylo tenui longiusculo apiculatis, 16-20 mill. longis ;
seminibus rotundatis, griseis, punctulatis ; foliis flavo-virentibus,
glabris, radicalibus caulinisque inferioribus longe petiolatis lyratis,
lobo terminali subrotundo-ovato basi subcordato apice breviter vel
obscure crenato, lobis lateralibus oblongis 3-5 jugis, jugo superiore
latitudine diametri transversalis lobi terminalis; foliis superioribus
subindivisis, ovatis, breviter dentatis; caule erecto, stricto, superne
breviter ramoso, ramis modice apertis subcorymbosis ; caudice
bienni.

Hab. in subhumidis Corsicæ, *Porto-vecchio* loco dicto *La Lisca* ex D. Revelière. — Flor. maio (in horto).

Sepala flavo-virentia ; 4—4 1/2 mill. longa, ungues petalorum excedentia ; petala sat parva, 2 1/2 mill. lata, calicem 2 1/2 — 3 mill. superantia ; antheræ ovato-oblongæ, basi sagittatæ ; stylus 2 1/4 — 2 1/2 mill. longus, paulo exsertus, antheras longiorum staminum haud æquans, breviorum superans.

Cette espèce a le port du *B. stricta* ANDRZ. dont elle diffère complètement par ses fleurs visiblement plus grandes, ses siliques un peu étalées, presque de moitié plus épaisses, terminées par un style plus allongé, ses graines ovales-arrondies, et non ovales-oblongues , de couleur grisâtre et non rembrunie.

Le *B. stricta* ANDRZ. est une plante fort distincte, qui, je crois, n'a pas encore été trouvée en France.

Le *B. vulgaris* BROWN est un type multiple, dont les formes devront être étudiées soigneusement. On n'a distingué jusqu'ici que celle à siliques dressées ou peu étalées, qui est le *B. stricta* BOR. Fl. du cent. non ANDRZ., et celle à siliques étalées, qui est le *B. arcuata* RCHB. La première de ces formes se distingue du *B. sylvestris* JORD. par ses siliques plus fines, comprimées-tétraèdres, par ses fleurs un peu plus grandes, dont les sépales offrent en dessous du sommet une corne ovale-obtuse bien plus large et plus courte, dressée-étalée et non courbée en dedans. Les feuilles sont d'un vert plus foncé et à lobe terminal bien plus denté.

Le *B. arcuata* RCHB. se reconnaît aux cornes des sépales très-étalées, à ses fleurs plus grandes, à ses siliques étalées et arquées, assez fines et toruleuses.

(Species 4 sequentes ex *B. patulæ* F RIES — *præcocis* auct. typo.)

Barbarea brevistyla J ORD.

B. præcox R CHB. Icon. flor. germ. 4358, quoad spec. floriferum.

B. racemis sub anthesi mox laxis; sepalis lanceolatis, latiusculis, pedunculum subæquantibus, 2 sub apice cornu brevi ovato obtuso erecto-patulo præditis; petalis intense luteis, obovatis ; racemis fructiferis elongatis; siliquis erecto-patulis, tetraedro-compressis , tenuiter venosis, stylo brevi terminatis, 45-55 mill. longis ; seminibus ovalis, griseis, punctulato-scabridis; foliis virentibus, passim subciliatis, ad auriculas baseos præsertim, cæterum glabris, radicalibus caulinisque inferioribus lyrato-pinnatifidis, lobo terminali rotundato breviter et obtuse sinuato, lobis lateralibus ovatis obscure dentatis crebris 6-10 jugis, jugo superiore latitudine diametri transversalis lobi terminalis, foliis cæteris lobato-pinnatifidis, lobis sublinearibus integris, lateralibus medio longioribus ; caule erecto, stricto, superne ramulis brevibus modice apertis aucto ; caudice bienni.

Hab. in Gallia boreali centralique passim ; *Belfort* (*Haut-Rhin*) ex D. Parisot in Billot. Flor. Gall. et Germ. exsicc. n⁰ 506; *Nancy, Grenoble*, etc. — Flor. aprili et maio (in horto).

Sepala 4 mill. longa ; petala intense lutea, 3 mill. lata, calicem 3 mill. sup.; stylus haud 1 mill. longus; semina 1 3/4 mill. longa, 1 3/4 mill. lata.

Cette plante qui ne peut correspondre au *B. præcox* B ROWN, d'après les observations faites à ce sujet par M. Fries, est assez bien représentée dans la figure citée de Reichenbach ; seulement l'exemplaire fructifié de la dite figure, dont le style est allongé, me paraît appartenir plutôt à l'une des deux espèces suivantes, probablement au *B. longisiliqua*.

Celle-ci est très-reconnaissable à la brièveté de son style, à ses fleurs d'un jaune assez vif, à ses feuilles d'un vert assez foncé, dont les lobes latéraux sont ordinairement fort nombreux.

Barbarea australis Jord.

B. racemis sub anthesi mox laxis, paucifloris; sepalis lanceolatis.
laxiusculis, pedunculum fere superantibus, 2 sub apice cornu ovato
obtuso erecto appendiculatis; petalis oblongo-obovatis ; racemis fructiferis elongatis; siliquis erecto-patulis, tetraedro-compressis, tenuiter
venosis, stylo longiusculo terminatis, 45-55 mill. longis; seminibus
parvis, subrotundo-ovatis, griseis, punctulatis ; foliis flavo-virentibus,
passim subciliatis, ad auriculas baseos præsertim, cæterum glabris,
radicalibus caulinisque inferioribus lyrato-pinnatifidis, lobo terminali
rotundato obtuse sinuato-dentato, lobis lateralibus 6-10 jugis ovatis
dentatis, jugo superiore latitudine diametri transversalis lobi terminalis; foliis superioribus pinnatifidis, lobis linearibus subintegris lateralibus medio longioribus ; caule erecto, stricto, superne ramulis
modice patulis aucto ; caudice bienni.

Hab. in Gallia australi; circa *Toulon, Hyères (Var)*. — Flor. aprili
(in horto).

Sepala 4 mill. longa ; petala parva, 2 mill. lata, 2 1/2—3 mill. longa;
stylus 1 1/2 mill. longus; siliquæ vix pedunculo crassiores; semina
1 1/3 mill. longa, æque lata.

Cette espèce diffère de celle qui précède par ses fleurs notablement plus petites, également d'un jaune foncé, son style
évidemment plus allongé, ses graines plus petites et de forme
plus arrondie, ses feuilles d'un vert clair un peu jaunâtre, à
lobes plus fortement sinués-dentés.

Barbarea longisiliqua Jord.

B. racemis paucifloris, mox laxis ; sepalis lanceolatis, laxiusculis,
pedunculum subæquantibus, 2 sub apice cornu brevi obtuso erecto
præditis ; petalis obovatis, pallide luteis; racemis fructiferis elongatis;
siliquis erecto-patulis, tetraedro-compressis, venulosis, stylo longiusculo terminatis, 60-70 mill. longis ; seminibus subrotundo-ovatis,
griseis, punctulatis; foliis haud intense virentibus, passim subciliatis
ad auriculas præsertim, cæterum glabris, radicalibus caulinisque inferioribus lyrato-pinnatifidis, lobo terminali rotundato integriusculo

vel obsolete crenato, lobis lateralibus ovatis parce dentatis subintegrisve tantum 3-6 jugis, jugo superiore latitudine diametri transversalis lobi terminalis, foliis superioribus pinnatifidis, lobis linearibus integris lateralibus medio longioribus ; caule erecto, stricto, superne ramulis modice patulis aucto ; caudice bienni.

Hab. in Delphinatûs et Galloprovinciæ montibus; *Mont de Lure* (*Basses-Alpes*), etiam in Galliæ centralis pluribus locis haud infrequens. — Flor. aprili et maio (in horto).

Sepala 4 mill. longa ; petala 3 mill. lata ; stylus 1 1/2—2 mill. longus ; siliquæ pedunculi crassitiem paulo superantes ; semina 1 3/4 mill. longa, 1 1/2 mill. lata.

Il diffère du *B. australis* par ses fleurs plus grandes et d'un jaune plus pâle, par les lobes des feuilles bien moins nombreux et moins dentés, par ses siliques ordinairement plus étalées et à style un peu plus allongé, enfin par ses graines plus grosses.

Ses fleurs sont à peu près de la même grandeur que celles du *B. brevistyla*, mais d'un jaune moins vif. Ses feuilles sont d'un vert moins foncé et à lobes moins nombreux ; ses siliques sont un peu plus longues et plus étalées, à style bien plus long ; ses graines sont à peu près de même grosseur, mais d'un gris plus clair.

Ces trois espèces que je viens de décrire paraissent avoir été confondues identiquement par les auteurs sous le nom de *B. præcox*, nom auquel Fries a substitué celui de *B. patula*, en réservant le nom de *B. præcox* pour une plante originaire d'Amérique.

Barbarea brevicaulis JORD.

B. racemo paucifloro laxo; sepalis pedunculo patente brevioribus ; petalis pallide luteis, obovatis ; racemo fructifero abbreviato ; siliquis subarcuatis, patentissimis, deflexisve, tetraedro-compressis, stylo tenui longo terminalis, 30-35 mill. longis ; seminibus rotundatis ; foliis læte virentibus, glabris, vix ad auriculas subciliatis, radicalibus caulinisque inferioribus longe petiolatis lyratis, lobo terminali ovato vel

oblongo obtuso integriusculo, laterali utrinque subunico exiguo ovato, foliis superioribus angustatis paucilobatis, lobis lateralibus medio
majoribus; caule humili 1-2 pollicari; caudice bienni.

Hab. in Corsicæ monte *Coscione*.

Cette plante haute de 3-8 centim. à peine, diffère du
B. rupicola Moris par ses fleurs plus petites, son style bien
plus allongé, ses siliques plus courtes, un peu arquées et
portées sur des pédoncules étalés à angle droit ou souvent
déjetés en arrière.

Le *B. rupicola*, qui croît en Corse aux environs de Corte
sur le Monte-Rotundo, et près de Bastelica sur le Monte-Renoso, me paraît se rapporter à la plante décrite et figurée
par Moris dans son Flora sardoa, 1 p. 154, t. 10. Je l'ai cultivé de graines que M. Revelière m'a envoyées de Bastelica.
Ses feuilles sont d'un vert très-foncé; ses fleurs sont plus
grandes que dans les autres formes de ce groupe; ses graines
sont ovales et rembrunies; le lobe terminal des feuilles est
de forme plus arrondie que dans la figure citée du Flora
sardoa, et les oreilles des feuilles sont ordinairement un peu
ciliées, tandis que Moris les dit non ciliées. Je ne crois pas
cependant qu'il soit distinct de la plante de Sardaigne.

Obs. — Le *B. sicula* de la Flore de France de MM. Grenier
et Godron me paraît distinct de la plante de Sicile, dont les
siliques sont plus courtes et dont le style est plus allongé,
presque égal à la base et non subconique. Mais je crois qu'il
doit être rapporté en synonymie au *B. intermedia* Bor. Le
B. prostrata Gay, dont M. Godron fait une simple variété
de son *B. sicula*, est, au contraire, une espèce tout-à-fait
tranchée et très-distincte soit du *B. sicula* Presl., soit du
B. intermedia Bor. C'est une plante petite, souvent rougeâtre, tout-à-fait couchée et diffuse, lors même qu'elle est
cultivée à côté de ses congénères, à tige flexueuse, à rameaux
étalés-recourbés, à fleurs très-petites. Ses siliques sont très-

courtes, souvent hispides ; son style est court ; les lobes des feuilles sont fort petits. Elle diffère en un mot *totissimo cœlo* par son port et son aspect, sur le vif, du *B. intermedia* Bor., auquel me paraît appartenir le *B. sicula* de la Flore de France, qui est une plante à tige et à rameaux dressés.

(Species 2 sequentes ex *A. alpinæ* L. typo.)

Arabis saxeticola Jord.

A. calice pedunculo patulo breviore ; petalorum limbo oblongo, apice obtusissimo ; racemo fructifero laxo, siliquis patentibus, flexuosis, tenuibus, compressis, torulosis, imo apice paulisper angustatis, stylo subovato brevi terminatis, nervulo dorsali valvarum basi tantum perspiciendo ; seminibus anguste ovatis, fuscis, margine latiusculo pallidiore cinctis ; foliis pube brevi furcata vel stelligera obductis, omnibus acutis, radicalibus caulinisque inferioribus oblongo-lanceolatis, inferne in petiolum angustatis, utrinque anguste et argute 5-7 dentatis, caulinis reliquis lanceolatis basi cordato-auriculata amplexicaulibus, superioribus præsertim acuminatis ; caulibus erectis vel ascendentibus, cespitosis, ramosis, pube furcata indutis ; caudice perennante.

Hab. in lapidosis calcareis Beugesi ; *Saint-Rambert (Ain)*, etc. — Flor. initio aprilis (in horto).

Calix flavo-virens, basi bisaccatus, 4 mill. longus ; limbus petalorum 6 mill. longus, 3—3 1/2 mill. latus ; antheræ ovatæ ; stylus 2/3 mill. longus, apice angustior, antheras staminum breviorum superans, longiorum haud æquans ; siliquæ 45-55 mill. longæ, vix ultra 1 mill. latæ ; caules 2 dec. alti.

Cette espèce se distingue de la forme la plus ordinaire de l'*A. alpina* L. par ses feuilles plus étroites et plus aiguës, par ses siliques plus fines ainsi que par ses fleurs plus petites. Plusieurs espèces distinctes, mais très-rapprochées, sont généralement confondues sous le nom d'*A. alpina*. Je ne suis pas en mesure de faire connaître tous leurs caractères ; je me bornerai à décrire l'espèce suivante que j'ai élevée de graines de

Corse et que je considère comme vraiment distincte de l'*A. saxeticola*, ainsi que de la forme la plus répandue de l'*A. alpina*.

Cette dernière, à laquelle on peut laisser provisoirement le nom Linnéen, se reconnaît à ses feuilles fortement dentées, mais plus larges que dans le *saxeticola;* ses siliques sont bien moins étalées, plus larges et plus courtes, terminées par un style un peu plus allongé; ses graines sont de forme plus arrondie.

L'*A. crispata* WILLD. est à dents nombreuses, mais assez courtes; ses siliques sont dressées-étalées, assez petites et terminées par un style très-court.

J'ai rapporté des Alpes du Dauphiné et cultivé autrefois une forme à petites fleurs et à style court, mais à siliques bien plus larges que dans l'*A: crispata* , qui m'a paru distincte.

L'*A. alpina* du Jura est fort voisin de celui que j'ai nommé *saxeticola;* mais les feuilles radicales sont moins aiguës, les siliques sont moins fines, presque arrondies à leur extrémité supérieure et surmontées d'un style très-écourté.

L'*A. alpina* des Hautes-Pyrénées ressemble beaucoup à la plante du Jura; mais les dents des feuilles sont généralement plus courtes, et l'identité ne peut être affirmée.

J'ai rapporté de Colmars (Basses-Alpes) une forme d'*A. alpina* qui a tout-à-fait l'aspect de l'*A. Tenorii* HUET. exsicc., des Abbruzes, dont je crois pourtant qu'elle diffère par sa silique qui présente un rétrécissement moins marqué au sommet et par ses feuilles encore plus petites et à dents plus écourtées.

Arabis monticola JORD.

A. calice pedunculo erecto-patulo breviore; petalorum limbo obovato, apice obtusissimo; racemo fructifero laxo; siliquis erecto-patentibus, compressis, paulisper torulosis, imo apice vix paululum angustatis, stylo brevi terminatis, nervulo vix prominulo basi tantum perspiciendo; seminibus subrotundo-ovatis, fuscis, margine latiusculo subconcolore cinctis; foliis pube furcata vel stelligera obductis, radicalibus caulinisque inferioribus obovato-oblongis oblongisve, obtusis, inferne in petiolum angustatis, breviter et aperte utrinque 4-6 dentatis, caulinis reliquis ovato vel oblongo-lanceolatis basi cordato-auriculata amplexicaulibus, superioribus acutis; caulibus erectis vel ascendentibus, cespitosis, aperte ramosis, pube furcata indutis; caudice perennante.

Hab. in montibus graniticis Corsicæ; *Monte Renoso* prope *Bastelica*. — Flor. initio aprilis (in horto).

Calix viridis, basi bisaccatus, 3 mill. longus; limbus petalorum 6 mill. longus, 4 1/2 mill. latus, ungue flavo-virente; antheræ breviter ovatæ; stylus 2/3 mill. longus, subæqualis, filamenta staminum longiorum æquans; siliquæ 40-45 mill. longæ, 2 mill. latæ; caules 2-3 dec. alti.

Cette plante, dont j'ai reçu de M. E. Revelière des échantillons secs, ainsi que des graines que j'ai cultivées, est complètement distincte de l'*A. saxeticola* par ses fleurs plus grandes, à pétales de forme plus élargie, ses siliques plus grosses, moins toruleuses et moins étalées, ses graines de forme plus arrondie, ses feuilles bien plus larges et moins aiguës, à dents courtes, ses tiges ordinairement plus robustes, à rameaux plus ouverts.

(Species 6 sequentes ex typo *Ar. hirsutæ* L. — Bert. Flor. ital. variationis *sagittatæ* foliis caulinis basi cordato-sagittatis et caudice bienni distinguendæ.)

Arabis rigidula JORD.

A. calice pedunculum subæquante; petalis obverse lineari-oblongis, obtusis; racemo fructifero elongato, denso; siliquis erectis, axi strictissimis, anguste linearibus, compressis, subtorulosis, longitudinaliter venulosis, stylo perbrevi apiculatis, 35-45 mill. longis, nervulo dorsali valvarum vix prominulo supra medium evanido; seminibus oblongis, fuscis, margine apice latiusculo cinctis, obscure punctulatis; foliis virentibus, sæpe nitidulis, pilis plerisque furcatis adspersis, passim supra nudiusculis, crebre dentatis; radicalibus oblongis, breviter in petiolum angustatis, utroque margine 5-9 dentatis; caulinis erectis, infra mediam limbi partem cauli adpressis, oblongis lanceolatisve, subargute dentatis, basi profunde cordato-auriculata sessilibus, auriculis ovatis descendentibus; caule erecto strictissimo, densifolio, basi tantum rubescente, pube mixta sæpe furcata semi-adpressa inferne præsertim obsito, superne glabro; caudice bienni vel subperennante.

Hab. in collibus petrosis Occitaniæ, circa *Nismes.* — Flor. aprili (in horto).

Calix glaber, basi paulo inæqualis ut in omnibus aliis affinibus speciebus, apice fuscescens, sepalis oblongis anguste albo-marginatis subenerviis, 3—3 1/2 mill. longis, 1 1/2 mill. latis; petala in totum 5 mill. longa, 1 1/4 mill. lata; stamina longiora calicem superantia, antheris pallide flavis ovatis brevissime mucronulatis; stylus vix 1/2 mill. longus; siliquæ 1 mill. latæ; caulis floriferus 2-3 dec., fructiferus 3-5 dec. altus.

Cette espèce est remarquable par son port raide, ses feuilles radicales étroites et à dents nombreuses, les caulinaires assez rapprochées sur la tige, ses fleurs fort petites et à pédoncule court, ses siliques assez fines, très-serrées contre leur axe et surmontées par un style très-court. Sa floraison est très-précoce.

Obs. — Dans cette espèce, comme dans celles du même groupe, les pétales sont étalés au soleil, pendant l'anthèse; mais ils se redressent plus promptement que dans les espèces du groupe suivant, dont elles se séparent en outre par leurs feuilles profondément cordées-auriculées à la base et leur pubescence très-courte.

Arabis virescens Jord.

A. calice pedunculum subæquante; petalis obverse lineari-oblongis, obtusis; racemo fructifero elongato; siliquis erectis, axi strictis, anguste linearibus, compressis, subtorulosis, longitudinaliter venulosis, stylo breviusculo apiculatis, 35-45 mill. longis, nervulo dorsali vix prominulo supra medium evanido ; seminibus oblongis, fuscis, margine latiusculo cinctis, obscure punctulatis; foliis tenuibus, læte virentibus, sæpe nitidulis, pilis simplicibus furcatisve mixtis adspersis, breviter et parce dentatis ; radicalibus oblongis, obtusis, in petiolum longiusculum inferne angustatis, utroque margine 4-5 dentatis ; caulinis inferne cauli adpressis, supra medium erecto-patulis, oblongis lanceolatisve, basi profunde cordato-auriculata sessilibus , auriculis ovatis descendentibus ; caule erecto, substricto , valde foliato , viridi vel passim basi rubescente , pube semi-adpressa inferne præsertim obsito , superne glabro ; caudice bienni vel superennante.

Hab. in collibus petrosis Gallo-provinciæ , circa *Hyères* et *Toulon* (*Var*). — Flor. aprili (in horto).

Calix 4 mill. longus , apice fuscescens; petala 7 mill. longa , 1 1/2—2 mill. lata; stylus 3/4 mill. longus, siliqua juniore paulo angustior ; siliquæ 1 mill. latæ; caulis 3-5 dec. altus.

Cette espèce se distingue de celle qui précède, par ses fleurs notablement plus grandes, son style un peu plus allongé, ses feuilles de consistance plus mince , d'un vert clair, à dents moins nombreuses et plus courtes, les radicales plus élargies supérieurement et plus longuement rétrécies en pétiole à la base , les caulinaires à limbe un peu étalé au dessus du milieu. Son port est moins rigide ; ses corolles sont d'un blanc plus pur.

Arabis permixta Jord.

A. calice pedunculo breviore ; petalis obverse lineari-oblongis, obtusis; racemo fructifero elongato; siliquis stricte erectis, anguste linearibus, compressis subtorulosis, longitudinaliter venulosis, stylo perbrevi apiculatis, 40-50 mill. longis, nervulo dorsali vix prominulo supra medium evanido ; seminibus oblongis, fuscis, margine latiusculo cinctis, obscure punctulatis ; foliis intense vel griseo-virentibus, pilis plerisque furcatis stelligerisve obductis , breviter et parce dentatis ; radicalibus oblongo-obovatis, obtusis, inferne in petiolum angustatis, utroque margine 4-5 dentatis ; caulinis brevibus, erectis, infra medium cauli adpressis, ovato-oblongis lanceolatisve, paucidentalis, basi profunde cordato-auriculata sessilibus, auriculis ovatis descendentibus laxis ; caule erecto, substricto, valde foliato, fusco-rubente, pube subadpressa obtecto ; caudice bienni vel subperennante.

Hab. in collibus petrosis Occitaniæ ; circa *Montpellier*. — Flor. exeunte aprili vel ineunte maio (in horto).

Calix 3 mill. longus, superne fuscus ; petala 5-6 mill. longa , 1 mill. lata ; stylus vix 1/2 mill. longus, siliqua juniore haud angustior ; siliquæ juniores subfuscescentes, 1 mill. latæ ; caulis 3-5 dec. altus.

Il se distingue des deux qui précèdent par sa floraison plus tardive de huit à quinze jours , son feuillage d'un vert moins gai , un peu grisâtre , et ses siliques jeunes un peu rembrunies. Ses fleurs sont petites comme dans l'*A. rigidula*, et son style pareillement très-court ; mais ses feuilles radicales sont plus courtes , plus élargies et à dents bien moins nombreuses.

On trouve dans le Var, sur les collines du terrain granitique, à Collobrières et ailleurs, une forme dont les feuilles sont plus allongées et à oreilles de la base plus appliquées contre la tige. Le style est de la même longueur que dans l'*A. virescens*, dont elle me semble différer par le vert plus obscur des feuilles, la teinte plus rembrunie des siliques et les pédoncules plus allongés. Cette forme est, pour moi, encore à l'étude.

Une autre forme, que je n'ai pas encore observée vivante et qui habite les terrains calcaires près du Luc (Var), est remarquable par son style dont la longueur dépasse la largeur de la silique : elle devra, peut-être, être distinguée de l'*A. virescens*. M. Billot l'a publiée sous le nom d'*A. Gerardi* Bess. au n° 1606 bis de son Flor. Gall. et Germ. exsiccata.

Arabis Kochii Jord.

A Gerardi Besser apud Koch Syn. fl. germ. ed. 2. p. 41.

A. calice pedunculo breviore ; petalis obverse lineari-oblongis, obtusis ; racemo fructifero elongato densoque ; siliquis erectis , axi strictis, peranguste linearibus, compressis, eximie torulosis subaveniis, stylo breviusculo apiculatis, 35-40 mill. longis, nervulo prominulo ante medium evanido ; seminibus anguste ovatis, fuscis, margine brevi cinctis, punctulatis ; foliis parvis, tenuibus, virentibus, pilis furcatis parce adspersis, breviter et parce dentatis ; radicalibus oblongis, obtusis, inferne in petiolum angustatis ; caulinis oblongis lanceolatisve, erectis, infra medium cauli adpressis, basi profunde cordato-auriculata sessilibus, auriculis ovatis descendentibus et cauli deorsum accumbentibus ; caule erecto, stricto, densifolio, plerumque violaceo-rubente, pube minuta plerumque furcata subadpressa inferne obtecto ; caudice bienni.

Hab. in pratis et ad vias Germaniæ præsertim austro-occidentalis. — Flor. maio (in horto).

Calix viridis, vix apice subfuscescens, 3 mill. longus ; petala vix 5 mill. longa, 1 mill. lata ; antheræ ovato-oblongæ, tenuiter mucronulatæ ; stylus 2/3 mill. longus, calicem paulo superans, stamina longiora subæquans ; siliquæ haud 1 mill. latæ.

Cette espèce se distingue des précédentes par ses petites feuilles, ses siliques bien plus fines et plus toruleuses, ses graines plus étroitement bordées, sa tige d'un rouge violet assez clair, et sa floraison bien plus tardive. Elle commence à fleurir environ quinze jours après la précédente et trois ou quatre semaines après les deux autres. Ses fleurs sont fort petites ; ses feuilles sont brièvement dentées ; celles des rosettes parfois presque entières.

J'ai dû changer le nom de cette plante qui ne croît pas en Provence et ne peut être celle que Gérard a voulu désigner dans son Flora galloprovincialis.

La figure de l'*A. planisiliqua* Reichenb., non Pers., dans

les Ic. flor. germ. no 4343, ne représente pas très-exactement l'*A. Kochii ;* car elle offre une tige verte et non violette, des feuilles à dents plus nombreuses, des siliques plus
courtes, et des graines ovales-arrondies.

Arabis rubricaulis Jord.

A. calice pedunculo breviore, petalis obverse lineari-oblongis, obtusis ; racemo fructifero elongato densoque ; siliquis erectis axi strictis, anguste linearibus, compressis, torulosis, venulosis, stylo breviusculo
apiculatis, 35-45 mill. longis, nervulo dorsali valvarum supra medium
fere evanido ; seminibus ovatis, fuscis, margine brevi cinctis, obscure
punctulatis ; foliis intense virentibus breviter et obtuse dentatis, pilis
simplicibus furcatisque mixtis adspersis, tactu subasperis, crassiusculis, radicalibus oblongo-obovatis inferne in petiolum angustatis
utroque margine 5-7 dentatis, caulinis erectis inferne cauli adpressis
elliptico-oblongis lanceolatisve obtusis basi cordato-auriculata sessilibus, auriculis rotundato-ovatis brevibus cauli deorsum accumbentibus ; caule erecto, stricto, elongato, obscure rubente, pube brevi
subadpressa præsertim inferne oblecto ; caudice bienni.

Hab. in Hollandia et probabiliter in Gallia boreali. — Flor. maio
(in horto).

Calix 3 1/2 mill. longus, superne atro-fuscus ; petala 5-6 mill. longa,
1 1/4 mill. lata ; stylus 3/4 mill. longus ; siliquæ 1 mill. latæ ; caulis
validus, 4-7 dec. altus.

J'ai cultivé cette plante de graines que j'ai reçues du jardin botanique de Grenoble en 1852, et je l'ai vue se naturaliser dans mes cultures où elle se reproduit en grande quantité. Elle fleurit en même temps que l'*A. Kochii* Jord., dont
elle se distingue aisément à son port plus robuste, à ses feuilles
plus grandes et moins rapprochées sur la tige, d'un vert
sombre, de consistance plus épaisse et un peu rudes au
toucher, plus brièvement auriculées à la base, à ses siliques
moins fines et moins toruleuses.

L'*A. glastifolia* Rchb., figurée dans les Ic. flor. germ. 4345 c,

ne s'éloigne pas beaucoup de l'*A. rubricaulis* par son port ;
mais elle en est certainement distincte par ses graines aptères
et de forme oblongue.

Arabis procera Jord.

A. calice pedunculo breviore, petalis obverse lineari-oblongis,
obtusis ; racemo fructifero elongato densoque ; siliquis erectis, axi
strictis, anguste linearibus, imo apice paulo angustatis, compressis,
subtorulosis, longitudinaliter venulosis, stylo breviusculo apiculatis,
45-55 mill. longis, nervulo dorsali supra medium evanido ; seminibus
ovato-oblongis, subfuscis, apice latiuscule marginatis, subpunctulatis ;
foliis intense virentibus pilis simplicibus furcatisque mixtis adspersis,
radicalibus oblongis, obtusis, inferne in petiolum brevem angustatis,
utroque margine breviter 5-9 dentatis, caulinis erectis, inferne cauli
adpressis, elliptico-lanceolatis, subargute dentatis, basi profunde cordato-auriculata sessilibus, auriculis ovatis descendentibus ; caule
erecto, procero, plerumque viridi, pilis plerisque simplicibus flexuosis
patulis brevibus inferne præsertim densis obtecto ; caudice bienni.

Hab. in collibus et sylvulis, circa *Lyon.* — Flor. maio.

Calix viridis, apice paulo fuscescens, 4 mill. longus ; petala 7 mill.
longa, 1 2/3 mill. lata ; stylus 3/4 mill. longus ; siliquæ 3 mill. latæ ;
caulis 4-7 dec. altus.

Cette espèce est très-rapprochée de l'*A. rubricaulis* Jord.
et sa floraison a lieu en même temps. On la reconnaît surtout
à la forme des feuilles radicales qui sont moins élargies au
sommet, oblongues et non obovales-oblongues, à ses feuilles
caulinaires élargies au milieu et plus allongées en pointe au
sommet, munies de dents plus nombreuses plus fortes et
plus aiguës, plus profondément cordées-sagittées à la base ;
à sa tige ordinairement verte et non constamment rougeâtre
dans un même lieu, hérissée dans le bas de poils très-courts
mais étalés et non appliqués ; à ses fleurs un peu plus grandes,
enfin à ses siliques plus allongées, vertes et non un peu rembrunies dans le jeune âge.

La figure de l'*A. sagittata* donnée par Reichenbach dans ses Icon. fl. germ. n° 4343 b, ne s'éloigne pas beaucoup de l'*A. procera* par l'aspect du feuillage; mais elle en diffère complètément par ses siliques beaucoup plus courtes, terminées par un style tout-à-fait écourté.

(Species 9 sequentes ex typo *A. hirsutæ* L.) — BERTOL. Flor. italic. formæ genuinæ, foliis basi breviter vel obscure cordato-auriculatis, caudice perennante distinguendæ.

Arabis accedens JORD.

A. calice pedunculum subæquante; petalis obverse lineari-oblongis, obtusis; racemo fructifero elongato densoque; siliquis erectis, axi strictis, anguste linearibus, compressis, torulosis, venulosis, stylo breviusculo apiculatis, 40-50 mill. longis, nervulo prominulo supra medium evanido; seminibus anguste ovatis subquadratis fuscis, margine brevi apice latiusculo cinctis; foliis intense virentibus, pilis plerisque simplicibus obtectis, parce et breviter dentatis, radicalibus oblongis inferne in petiolum angustatis, caulinis erectis, numerosis, inferne cauli subadpressis, oblongo-lanceolatis, passim subintegris, basi leviter cordato-auriculata sessilibus; caule erecto, virgato, virente, pube patula brevi obtecto; caudice perennante.

Hab. in collibus et sylvulis, circa *Lyon.* — Flor. maio.

Calix apice fuscescens, 4 mill. longus; petala 5-6 mill. longa, 1 mill. lata; stylus 2/3 mill. longus; caules 4-6 dec. alti.

Il se distingue de l'*A. procera* JORD. par ses feuilles moins allongées, à dents courtes et peu nombreuses, à oreilles de la base très-courtes, par ses graines un peu plus grosses et de forme plus carrée. — Il diffère de l'*A. rubricaulis* JORD. par ses feuilles plus étroites, par la pubescence de la tige étalée et non appliquée, par ses poils généralement simples et non fourchus ou étoilés pour la plupart.

Arabis pubigera JORD.

A. calice pedunculo breviore; petalis obverse oblongis, obtusis; racemo fructifero elongato, laxiusculo; siliquis erectis, haud

strictis, linearibus, compressis, torulosis, venulosis, stylo brevi apiculatis, 30-40 mill. longis , nervulo prominulo fere usque ad apicem valvarum conspicuo ; seminibus anguste ovatis, fuscis, margine
perangusto cinctis , obscure punctulatis ; foliis intense virentibus,
pilis simplicibus furcatisque mixtis obductis, utroque margine breviter
4-6 dentatis , radicalibus oblongis vel obovato-oblongis , caulinis
laxiusculis erectis inferne cauli adpressis subæqualiter oblongis ,
vix acutiusculis basi cordato-auriculata sessilibus , auriculis breviter
ovatis vel rotundatis ; caule erecto substricto, subvirente, pube brevi
patula inferne densa obtecto ; caudice perennante.

Hab. in collibus siccis Galliæ orientalis centralisque ; *Lyon*, etc. —
Flor. maio.

Calix apice fuscescens, 3 mill. longus ; petala 5-6 mill. longa,
1 1/2 mill. lata ; antheræ tenuiter mucronulatæ ; stylus 2/3 mill. longus ; caules 3-5 dec. alti.

Cette plante, qui est assez bien figurée par Reichenbach,
sous le nom d'*A. hirsuta*, dans ses *Ic. flor. germ.* 4542, est
finement pubescente comme la précédente, mais à poils
fourchus plus nombreux ; ses feuilles caulinaires ont une
forme plus égale ; ses siliques sont plus courtes, bien moins
raides et moins serrées contre l'axe, assez toruleuses ; la nervure des valves est visible jusqu'au sommet ; les graines sont
plus petites, plus étroites et à bordure bien moins large.

Arabis collisparsa Jord.

A. cadice pedunculo vix breviore ; petalis oblongo-obovatis, apice
rotundatis ; racemo fructifero elongato, laxo ; siliquis erectis, anguste
linearibus, compressis, torulosis, obscure venulosis, stylo brevi apiculatis, 25-35 mill. longis, nervulo prominulo fere usque ad apicem valvarum conspicuo ; seminibus anguste ovatis, fuscis, margine perbrevi
cinctis, tenuiter punctulatis ; foliis intense virentibus, pilis simplicibus furcatisque mixtis obductis, breviter utroque margine 4-5 dentatis,
radicalibus oblongis vel obovato-oblongis inferne in petiolum angustatis , caulinis haud densis erectis elliptico-oblongis oblongisve basi
leviter cordato-auriculata sessilibus, auriculis rotundato-ovatis haud

patulis; caule erecto, substricto, subvirente, hirsutulo; caudice perenni.

Hab. in collibus et in pratis siccis agri lugdunensis; *Villeurbanne*
(*Rhône*). — Flor. maio.

Calix 3 mill. longus, apice subfuscus; petala 6—7 mill. longa,
2—2 1/4 mill. lata, diutius sub anthesi patentia; stylus vix 2/3 mill.
longus; siliqua imo apice paululum angustata, 1 1/2 mill. lata; caules 4—5 dec. alti.

Cette espèce se distingue de l'*A. pubigera* JORD. par ses
feuilles un peu plus courtes, de forme plus élargie et moins
égale, par ses siliques un peu moins allongées et plus larges,
disposées en grappe très lâche, enfin par sa floraison un peu
moins tardive.

Arabis idanensis JORD.

A. calice pedunculum æquante vel superante, petalis obverse
oblongis, obtusis; racemo fructifero longissimo, laxo; siliquis erectis
haud strictis, anguste linearibus, compressis, subtorulosis, venulosis,
stylo brevi apiculatis, 25-35 mill. longis, nervulo prominulo fere
usque ad apicem valvarum conspicuo; seminibus oblongis, fuscis,
margine brevi apice latiusculo cinctis; foliis læte virentibus, pilis
mixtis adspersis, breviter et parce dentatis, radicalibus oblongis
inferne in petiolum angustatis, caulinis haud densis erectis lanceolatis, basi fere latiori breviter et aperte cordato-auriculata sessilibus, auriculis rotundatis haud cauli accumbentibus, caule erecto,
subflexuoso, elongato, viridi, tenuiter et patenter hirsutulo; caudice
perenni.

Hab. in collibus Beugesi, ad fluminis *Ain* ripas; *Thoirette* (*Ain*).
— Flor. aprili (in horto).

Calix 3—3 1/2 mill. longus; petala 6 mill. longa, fere 2 mill. lata;
stylus 1/2 mill. longus; caules 4—5 dec. alti.

Cette espèce est remarquable par sa précocité et la forme
de ses feuilles caulinaires supérieures dont l'échancrure de
la base est très-ouverte. Ses feuilles sont d'un vert clair, à
dents fort courtes et très-peu nombreuses. Ses graines sont

de forme plus allongée que celle de l'*A. collisparsa* et à bordure moins étroite. Sa floraison commence trois semaines avant cette dernière espèce, dans un même lieu.

Arabis propera Jord.

A. calice pedunculum subæquante; petalis oblongo-obovatis; racemo fructifero laxo, elongato; siliquis erectis, anguste linearibus, compressis, torulosis, venulosis, stylo brevi apiculatis, 25-30 mill. longis, nervulo prominulo fere usque ad apicem valvarum conspicuo; seminibus oblongis, pallide fuscis, margine perangusto cinctis, subimpunctatis; foliis cinereo-virentibus, pilis longiusculis mixtis præsertim furcatis adspersis, utroque margine 5-7 dentatis, radicalibus oblongo-ovatis inferne in petiolum angustatis, caulinis erectis subremotis· ovato-oblongis argute dentatis, basi breviter cordato-auriculata sessilibus; caule erecto, subfusco-viridi, hispido; caudice perennante.

Hab. in collibus saxosis Beugesi; *Nantua* (*Ain*), etc.—Flor. aprili (in horto).

Calix 5 mill. longus; petala læte albida, 6—7 mill. longa, 2 1/2 mill. lata; stylus 1/2 mill. longus; caules 2-–4 dec. alti.

Cette espèce est remarquable par ses pétales assez larges et d'un blanc pur, sa grappe fructifère lâche et à siliques assez courtes, ses feuilles d'un vert grisâtre, les radicales assez courtes et de forme élargie, les caulinaires assez peu nombreuses, souvent espacées sur la tige, munies de dents saillantes. Sa floraison est une des plus précoces, car elle précède même de quelques jours celle de l'*A. idanensis* Jord.

Arabis propinqua Jord.

A. racemo florifero sæpe siliquis inferioribus junioribus superato; calice pedunculo breviore; petalis oblongo-obovatis apice rotundatis; racemo fructifero modice elongato; siliquis erectis, anguste linearibus, compressis, torulosis, venulosis, stylo perbrevi apiculatis, 30-35

mill. longis, nervulo prominulo usque ad apicem valvarum conspicuo ; seminibus late ovatis, fuscis , margine perbrevi cinctis ; foliis
intense virentibus, pilis mixtis obductis, utroque margine breviter 3-6
dentatis, radicalibus oblongo-obovatis in petiolum angustatis, caulinis erectis subæqualiter oblongis, basi aperte cordato-auriculata vel
subtruncata sessilibus ; caule erecto, stricto, subfusco-viridi, breviter
hirsuto ; caudice perennante.

Hab. in petrosis et ad vias Delphinatûs; *Guillestre* , *Villevieille*
(*Hautes-Alpes*). — Flor. exeunte aprili (in horto).

Calix 2 1/2—3 mill. longus; petala 6 mill. longa, 2 mill. lata; stylus
1/2 mill. longus ; caules 2—3 dec. alti.

Il offre beaucoup de ressemblance avec l'*A. collisparsa* JORD.
par l'aspect du feuillage et des fleurs ; mais il en diffère par
sa grappe florifère qui ne s'allonge pas aussi rapidement et
qui est souvent un peu couronnée par les jeunes siliques inférieures ; ce qui n'a jamais lieu dans l'autre espèce. Sa
grappe fructifère est plus courte et plus dense ; les graines
sont de forme plus élargie. Les oreilles de la base des feuilles
sont étalées et non appliquées sur la tige. Sa floraison est un
peu plus précoce que celle de l'*A. collisparsa*, mais plus tardive que celle des *A. idanensis* et *propera*.

Arabis gracilescens JORD.

A. calice pedunculo parum breviore ; petalis obverse lineari-oblongis, obtusis; racemo fructifero elongato, laxo; siliquis erectis, anguste
linearibus, compressis, torulosis, venulosis, stylo longiusculo apiculatis, 25-35 mill. longis, nervulo prominulo fere usque ad apicem valvarum conspicuo ; seminibus ovatis, fuscis, peranguste marginatis ;
foliis flavo-virentibus, pilis tenuibus mixtis adspersis, utroque margine 5-7 dentatis, radicalibus oblongis haud obtusissimis inferne
in petiolum angustatis , caulinis numerosis lanceolatis acutis sæpe
argute et crebre dentatis, basi subtruncata vel obscurissime cordata
sessilibus ; caule erecto, flexuoso, viridi, pube brevi tenui subpatula
obtecto ; caudice perennante.

Hab. in collibus Sabaudiæ; *Evian*. — Flor. maio.

Calix in alabastro virens . 3 mill. longus ; pedunculus 4—6 mill. longus, tenuis ; petala 6 mill. longa, 1 1/2 mill. lata ; stylus 3/4 mill. longus ; caules 3—5 dec. alti.

Il se distingue des deux qui précèdent par son feuillage d'un vert clair , par ses calices verts et non rembrunis au sommet, par ses feuilles plus obscurément cordées à la base, par ses siliques un peu plus courtes et ses tiges flexueuses.

Arabis hirtella Jord.

A. racemo florifero sæpe siliquis interioribus junioribus paulisper superato ; calice pedunculo breviore ; petalis oblongo-ovatis ; racemo fructifero modice elongato, denso ; siliquis erectis, strictis, anguste linearibus , compressis, subtorulosis, venulosis, imo apice paululum angustatis, stylo longiusculo apiculatis, 30-40 mill. longis, nervulo prominulo fere usque ad apicem valvarum conspicuo; seminibus anguste ovatis, fuscis, margine perbrevi cinctis; foliis virentibus, pilis plerisque furcatis obtectis, utroqne margine inæqualiter et sæpe argute 4-7 dentatis , radicalibus oblongo-obovatis in petiolum angustatis, caulinis erectis oblongis paulisper inferne angustatis , basi subtruncata vel obscurissime cordata sessillibus ; caule erecto , stricto viridi vel subfusco . hispido ; caudice perennante.

Hab. in collibus petrosis Sabaudiæ; *Salève* prope *Genève* , etc. — Flor. maio.

Calix 3 1/2 mill. longus ; petala 7 mill. longa , 2 mill. lata ; stylus vix 1 mill. longus ; caules 2—3 dec. alti.

Cette espèce se reconnaît à ses fleurs assez grandes , à sa grappe fructifère peu allongée et assez dense. Ses siliques sont un peu rétrécies à la pointe et surmontées par un style un peu long ; ses feuilles caulinaires sont très-peu ou pas échancrées à la base, à dents saillantes fort inégales ; sa tige est raide. très-hispide ainsi que les feuilles.

L'*A. conferta* Rchb. Ic. fl. germ. 4341 se distingue de cette espèce et de la précédente par l'extrême brièveté du style.

Arabis petricola Jord.

A. racemo florifero siliquis inferioribus junioribus haud superato; calice pedunculo breviore; petalis oblongo-obovatis; racemo
fructifero modice elongato; siliquis erectis, strictis, anguste linearibus, compressis, subtorulosis, venulosis, stylo perbrevi apiculatis,
35-45 mill. longis, nervulo prominulo usque ad apicem valvarum
conspicuo; seminibus oblongis, fuscis, margine brevi cinctis; foliis
intense virentibus, pilis simplicibus longioribus aliisque furcatis brevioribus et paucioribus obtectis, breviter utroque margine 3-4 dentatis, radicalibus oblongis vel oblongo-obovatis in petiolum angustatis,
caulinis erectis subæqualiter oblongis, basi obscurissime cordata rotundata vel subtruncata sessilibus; caule erecto, stricto, subviridi,
breviter hirsuto; caudice perennante.

Hab. in collibus petrosis Galloprovinciæ superioris; *Mont-de-Lure*
(*Basses-Alpes*), etc., et in Pyrenæis. — Flor. maio (in horto).

Calix 2 1/2 mill. longus, apice atro-violaceus; petala 5—6 mill. longa,
1 1/2 lata; stylus 1.2 mill. longus; caules sæpe plures, 2—4 dec. alti.

Cette espèce est remarquable par ses feuilles caulinaires
de forme régulièrement oblongue, très-peu ou pas échancrées
à leur base, à dents très-courtes et très peu nombreuses. Les
siliques inférieures ne dépassent pas le sommet de la grappe
florifère, tandis que le contraire a lieu souvent dans les
A. hirtella et *propinqua;* le style est court comme dans les
A. propinqua. Les poils de la tige et des feuilles sont plus
fins et plus courts que dans l'*A. hirtella;* ils sont généralement simples et non fourchus pour la plupart.

(Species 3 sequentes ex *A. hirsutæ* L. varietatis *glabratæ A. ciliatæ*
auct. typo).

Arabis jugicola Jord.

A. racemo florifero siliquis inferioribus junioribus superato; calice
pedunculum subæquante; petalis obovato-oblongis, obtusis; racemo
fructifero modice elongato; siliquis erectis, subtrictis, anguste linea-

ribus, compressis, subtorulosis, venulosis, stylo longiusculo apiculatis, 30-40 mill. longis, nervulo prominulo ante apicem valvarum evanido ; seminibus ovato-oblongis , fuscis , linea marginali saturatiore
cinctis, leviter punctulatis ; foliis læte virentibus, nitidulis, pilis mixtis plerisque apice furcatis ad marginem ciliatis , ad paginam fere
glabris, radicalibus obovato-oblongis in petiolum angustatis breviter
dentatis, caulinis erectis lanceolatis, basi breviter cordato-auriculata
sessilibus, utroque margine subargute 4-5 dentatis ; caule erecto subflexuoso, denique stricto, viridi, glabrato ; caudice perennante.

Hab. in petrosis Alpium Sabaudiæ ; *Mont-Cenis.* — Flor. initio maii
(in horto).

Calix viridis, 4 mill. longus; petala læte albida, 7 mill. longa, 2—3
mill. lata ; stylus circiter 1 mill. longus ; siliquæ 1 1/2 mill. latæ ;
caules sæpe ex cespite plures , 1—3 dec. alti, crassiusculi.

Cette espèce présente beaucoup d'affinité avec l'*A. Soyeri*
Reuter — *bellidifolia* var. b. *Soyeriana* Gren. et God. Fl. de
France 1, p 105 ; mais elle s'en distingue par son port plus
robuste, ses feuilles manifestement plus dentées et plus fortement auriculées à la base, ses siliques plus allongées et à
style plus long.

L'*A. Allionii* DC. est une plante glabre , à tige beaucoup
plus élevée, à feuilles caulinaires sessiles et exauriculées , à
style très-court.

L'*A. sudetica* Tausch. — *hirsuta* var. *glaberrima* Koch ,
espèce très-distincte, se rapproche de l'*A. jugicola* par ses
fleurs assez grandes , en corymbe épais couronné par les siliques jeunes de la base ; mais elle s'élève bien davantage ,
ses feuilles sont plus étroites et bien moins dentées , son
style est plus court.

L'*A. hirsuta* var. *glaberrima* Wahlb. Flor. succ. = *hirsuta*
var. *glabra* Fries, Summa Scandin., cité par Koch, dans son
Synopsis , en synonyme à l'*A. sudetica* Tausch , me paraît
constituer une espèce distincte — *A. Wahlenbergii* Nob.
C'est une plante bien plus grêle que l'*A. sudetica* Tausch, à

tige flexueuse et non très-raide, à feuilles caulinaires bien moins rapprochées, pareillement cordées-auriculées à la base, mais à oreilles ouvertes et non appliquées sur la tige. Les fleurs forment des corymbes beaucoup plus petits, non dépassés par les siliques inférieures. Le calice est d'un brun violet et non très-vert. Les pétales sont plus petits de près de moitié.

Arabis vesula Jord.

A. racemo florifero siliquis inferioribus junioribus haud superato; calice pedunculum subæquante ; petalis obverse oblongis, obtusis; racemo fructifero longiusculo ; siliquis erectis, substrictis, anguste linearibus, compressis, subtorulosis, venulosis, stylo brevi apiculatis, 20-25 mill. longis, nervulo prominulo usque ad apicem valvarum conspicuo; seminibus ovatis, fuscis, margine perangusto cinctis, leviter punctulatis; foliis læte virentibus, nitidulis, tenuibus, pilis mixtis ad oras ciliatis, pagina glabris, radicalibus oblongo-obovatis in petiolum angustatis breviter vel obscure dentatis, caulinis erectis oblongo-lanceolatis, basi rotundata vel obscurissime cordata sessilibus, utroque margine breviter et subargute 3-6 dentatis: caule erecto, subflexuoso, denique stricto, viridi, glabrato ; caudice perennante.

Hab. in petrosis Alpium delphinensium ; *Mont-Viso* (*Hautes-Alpes*). — Flor; exeunte aprili (in horto).

Calix viridis, 2 1/2 mill. longus ; petala 4 1/2—5 mill. longa : antheræ ovatæ; stylus 1/2 mill. longus : caules sæpe cespitosi, 1—2 dec, alti.

Cette espèce se distingue des *A. jugicola* Jord. et *Soyeri* Reut. par ses fleurs notablement plus petites, ses anthères ovales, ses siliques plus fines et plus courtes, ses graines bien plus petites. La grappe florifère s'allonge rapidement et n'est pas dépassées par les premières siliques.

L'*A. ciliata* Brown. Hort. Kew., non Reynier —*Brownii* Nob. d'après les exemplaires que j'ai reçus d'Irlande, se distingue des *A. Soyeri* et *vesula* par ses feuilles plus étroites, entières ou très-obscurément dentées, les caulinaires de forme égale, étroitement oblongues, arrondies ou subtronquées à la base, mais point cordées-auriculées. Ses siliques sont longues de 20-25 mill., assez larges et aplanies comme dans le *Soyeri ;* ce qui lui donne beaucoup d'affinité avec cette espèce dont elle se sépare par la forme des feuilles.

M. Grenier, dans une note insérée dans les Archives de M. Schultz, considère l'*A. Soyeri* REUT. comme étant le type de l'*A. bellidifolia* JACQ. Je ne puis partager cet avis ; car la plante d'autriche décrite et figurée par Jacquin dans ses Obs. bot. me parait complètement distincte de celle des Pyrénées qui est plus basse, à feuilles bien moins allongées, à fleurs plus petites, à pédoncules plus courts, à grappe fructifère bien plus courte et plus dense.

Arabis subnitens JORD.

A. ciliata auctore pro parte.

A. racemo florifero mox elongato, siliquis inferioribus junioribus haud superato ; calice pedunculum vix æquante ; petalis oblongo-obovatis ; racemo fructifero laxo, elongato ; siliquis erectis vel subpatulis, anguste linearibus, compressis, subtorulosis, venulosis, stylo tenui longiusculo apiculatis, 15-20 mill. longis ; nervulo prominulo usque ad apicem valvarum conspicuo ; seminibus ovatis, fuscis, linea saturatiore cinctis, leviter punctulatis ; foliis viridibus, glabris sub-nitidis, pilis simplicibus furcatisve ad oras rariter ciliatis, pagina glabris, brevissime dentatis, radicalibus oblongis vel elliptico-oblongis in petiolum angustatis apice vix obtusis, caulinis erecto-patulis oblongis paulisper inferne angustatis, basi rotundata plane exauriculata sessilibus, utroque margine obscure 3-5 denticulatis ; caule erecto, subflexuoso, viridi, glabrato ; caudice perenni.

Hab. in petrosis Alpium delphinensium ; *Mont-Aurouse (Hautes-Alpes)*, etc. — Flor. maio (in horto).

Calix viridis, 2 1/2 mill. longus ; petala 4 mill. longa, 1 3/4 mill. lata ; antheræ ovato-oblongæ, mucronulatæ : stylus 2/3 mill. longus ; caules sæpe cespitosi, 1—2 dec. alti.

Cette plante correspond à l'*Arabis ciliata* de plusieurs auteurs et est peut-être la même que le *Turritis ciliata* REYNIER. Mais comme ce nom a été appliqué à des plantes diverses et que l'identité de la plante du Dauphiné avec celle de Reynier n'est pas absolument démontrée pour moi, j'ai cru devoir lui imposer un nom nouveau. La figure de l'*A. ciliata* donnée par Reichenbach dans ses *Ic. fl. germ.* n° 4338, ne me paraît pas correspondre exactement avec l'*A. subnitens* ; les feuilles radicales, d'après cette figure, sont plus obtuses et bordées de cils bien plus nombreux, le style est plus court et plus épais, la grappe fructifère est bien plus courte et plus dense.

Les feuilles caulinaires, rétrécies à la base et nullement cordées, distinguent l'*A. subnitens* des précédentes ; les cils des feuilles ne se voient ordinairement qu'à leur base et à l'extrémité de chaque dent.

Plusieurs auteurs confondent avec leur *Arabis ciliata* une plante à feuilles caulinaires pareillement sans échancrure à la base, mais entièrement pubescente, et qui est l'*A. alpestris* (SCHLEICH). Rchb. Ic. fl. germ. n° 4338 b. Cette plante, qui est commune dans le Jura et les Pyrénées, correspond peut-être à plus d'une espèce. M. Reuter en a déjà séparé son *Arabis cenisia* qui est fort remarquable par sa très-petite taille, sa grappe toujours très-courte et très-dense, même à la maturité, toujours dépassée pendant la floraison par les siliques inférieures. Soumise à la culture, elle conserve invariablement ce port, ainsi que sa petitesse et ses autres caractères.

(Species 3 sequentes ex *A. muralis* BERT. typo).

Arabis muricola JORD.

A. calice pedunculo breviore ; petalis anguste obovato-oblongis, albidis; racemo fructifero strictissimo, longiusculo ; siliquis erectis.

axi adpressis, linearibus, planis, venulosis, stylo longiusculo apiculatis, 45-55 mill. longis, nervo prominulo supra medium evanido;
seminibus ovato-oblongis, ala apice latiuscula cinctis; foliis cinereis,
pilis stelligeris furcatis simplicibusque dense obductis, crenato dentatis, radicalibus oblongo-obovatis in petiolum angustatis, caulinis
subæqualiter oblongis, obtusis, inferne cauli adpressis, basi rotundata sessilibus, utroque margine 4-5 dentatis; caule erecto, pilis mixtis obtecto, apice tantum glabrato, plerumque virente; caudice perenni.

Hab. in lapidosis calcareis Galliæ australioris; *Aix* (*Bouches-du-
Rhône*), etc. — Flor. initio aprilis (in horto).

Calix 3 1/2—4 mill. longus; petala 6 1/2 mill. longa, 2 1/2 mill. lata;
stylus 1 mill. circiter longus; siliquæ imo apice angustatæ, 1 2/3 mill.
latæ; caules ex cespite sæpe plures, 1-2 dec. alti.

Cette plante correspond en partie à l'*A. muralis* BERT.,
qui est composé de plusieurs espèces. La figure des *Icon.
flor. germ.* de Reichenbach, n. 4359, ne le représente pas
mal. Elle en diffère cependant par les feuilles des rosettes
plus élargies au sommet et par les pédoncules plus allongés.

Arabis rosella JORD.

A. calice pedunculo breviore; petalis oblongo-obovatis, rosellis;
racemo fructifero strictissimo, elongato; siliquis erectis, axi adpressis,
linearibus, planis, venulosis, stylo breviusculo apiculatis, 40-50 mill.
longis, nervulo obscure prominulo supra medium evanido; seminibus ovatis, fuscis, ala latiuscula cinctis; foliis cinerascentibus, pilis
plerisque stelligeris furcatisque subadpresse obductis, crenato-dentatis, radicalibus oblongo-obovatis in petiolum angustatis, caulinis
ovatis vel ovato-oblongis, obtusis, inferne cauli adpressis, basi rotundata sessilibus, utroque margine breviter 4-6 dentatis; caule
erecto vel ascendente breviter et subadpresse pilis mixtis undique
obtecto, plerumque fusco-rubente; caudice perenni.

Hab. in lapidosis calcareis Delphinatûs et Gallo-provinciæ superioris; *Digne* (*Basses-Alpes*), etc. — Flor. aprili (in horto).

Calix 4 1/2—5 mill. longus; petala 2 1/2—3 mill. lata; stylus 1/2 vel

2/3 mill. longus ; siliquæ fere 2 mill. latæ, juniores subfusco-virentes; caules sæpe ex cespite plures,1-2 dec. alti.

Cette espèce est tout-à-fait rapprochée de l'*A. muricola* Jord, à tel point que celui qui ne les examinerait pas avec beaucoup d'attention les confondrait nécessairement en herbier ; mais j'ai acquis la certitude, par la comparaison sur le vif et par des semis faits dans des conditions identiques, qu'elles étaient véritablement distinctes. L'*A. rosella* diffère du *muricola* par ses fleurs plus grandes et un peu teintées de rose, surtout à l'extérieur, et non blanches, son style plus court et plus épais, ses siliques un peu plus courtes et plus larges, moins rétrécies à leur extrémité, ses graines de forme plus élargie et plus largement ailées, ses feuilles d'un vert moins grisâtre, plus larges et plus obtuses, à dents plus courtes, à pubescence moins lâche et plus courte, sa tige plus rembrunie et munie de poils presque jusqu'au sommet. L'époque de sa floraison est constamment plus tardive de dix à quinze jours, dans un même lieu.

Arabis saxigena Jord.

A. calice pedunculo breviore ; petalis oblongo-obovatis, rosellis; racemo fructivero stricto, elongato ; siliquis erectis, axi fere adpressis, linearibus, planis, venulosis, stylo longiusculo apiculatis, 45-55 mill. longis, nervulo leviter prominulo fere usque ad apicem conspicuo ; seminibus ovalis, fuscis, ala latiuscula cinctis; foliis cinerascentibus, pilis plerisque stelligeris longiusculis obductis, grosse crenato-dentatis, radicalibus oblongo-obovatis in petiolum angustatis, caulinis oblongis, obtusis, inferne cauli adpressis, basi rotundata angustiore vel subæquali sessilibus, utroque margine 3-5 dentatis ; caule erecto vel ascendente, in parte inferiore tantum pubescente, supra medium glabrato, sæpe fusco-rubente ; caudice perenni.

Hab in saxosis Sabaudiæ prope *Chambéry* ex D. A. Chabert. — Flor. aprili.

Cette espèce, que je n'ai pas encore comparée vivante

avec la précédente, me paraît en différer surtout par sa pubescence moins courte et ses tiges entièrement glabres dans leur moitié supérieure; les siliques sont plus allongées et terminées par un style visiblement plus long.

La couleur des fleurs, l'aspect moins blanchâtre du feuillage et la forme plus arrondie des graines l'éloignent de l'*A. muricola* JORD.

Ces trois espèces ne sont pas probablement les seules de ce groupe qui pourront être distinguées, même sur le territoire de la flore française.

L'*A. collina* TEN., que Bertoloni, dans son *Flora ital.*, rapporte en synonyme à l'*A. muralis*, est certainement distincte des trois espèces précédentes par ses fleurs et ses siliques bien plus grandes. — L'*A. rosea* DC. est très rapprochée de l'*A. collina* TEN. dont elle diffère comme l'*A. rosella* JORD. de l'*A. muricola* JORD.

(Species 3 sequentes ex *C. pratensis* L. typo.)

Cardamine praticola JORD.

C. floribus racemo-corymbosis; sepalis oblongis pedunculo subtriplo brevioribus; petalorum limbo obovato, apice obscure subemarginato; racemo fructifero laxato, modice elongato; siliquis erectosubpatulis, linearibus, teretiusculo-compressis, utroque apice paululum angustatis, subenerviis, stylo tenui longiusculo terminalis, 20-30 mill. longis: seminibus ovato-oblongis, fusco-viridibus; foliis brevissime ciliatis, pinnatisectis, radicalium foliolis suborbiculatis, obtuse sinuato-dentatis ad dentes minute apiculatis basi cordatis petiolulatis, lateralibus 4-5 jugis, impari grandiore subreniformi, caulinorum foliolis oblongo-linearibus linearibusque integriusculis basi angustatis apice obtusiusculis breviterque apiculatis; caule erecto, stricto, simplici vel passim ramulis axillaribus aucto; caudice brevi, squamoso, subgranuloso.

Hab. in pratis et herbosis sylvarum circa *Lyon*. — Flor. aprili.

Floris diametris 20-22 mill.; sepala flavo-viridia, 4 mill. longa; petala pallide lilacina, tenuiter venosa, 9 mill. longa, 7-8 mill. lata;

antheræ ovato-oblongæ ; stylus 2 mill. longus, ovario angustior ; siliqua 1 3/4 mill. lata ; caulis 3-5 dec. altus.

Cette espèce est à fleurs assez grandes, d'un lilas clair, à siliques peu étalées et terminées par un style assez allongé ; sa floraison est précoce. Elle ne me paraît pas cadrer exactement avec le *C. pratensis* que j'ai reçu du nord de l'Europe, dont les segments des feuilles sont plus nombreux.

Le *C. pratensis* d'Haguenau, publié par M. Billot au n° 507 de son Flor. Gall. et Germ. exsiccata, est à style visiblement plus court ; les segments des feuilles sont plus nombreux. J'ai observé la même forme à Lyon. Elle devra probablement être distinguée.

Cardamine herbivaga Jord.

C. floribus racemoso-corymbosis ; sepalis oblongis, pedunculo subtriplo brevioribus ; petalorum limbo oblongo-obovato, apice subtruncato ; racemo fructifero laxato, breviusculo ; siliquis cum pedunculo patulis, linearibus, tereiusculo-compressis, utroque apice paululum angustatis, subenerviis, stylo breviusculo terminatis, 25-35 mill. longis ; seminibus ovato-oblongis, subfusco-viridibus ; foliis margine et etiam pagina brevissime ciliatis, pinnatisectis, radicalium foliolis suborbiculatis obscurissime sinuato-dentatis, ad dentes minute apiculatis, basi rotundata vel subcordata petiolulatis, lateralibus 4-5 jugis, impari grandiore rotundato, caulinorum foliolis linearibus acutis subintegris canaliculatis ; caule erecto, stricto, ramulis axillaribus erecto-patulis crebris brevibus aucto ; caudice brevi, squamoso, subgranuloso.

Hab. in pratis et herbosis subhumidis sylvarum circa *Lyon.* — Flor aprili.

Floris diametrum 15-18 mill. ; sepala viridia, 4 1/2—5 mill. longa ; petala læte lilacina, tenuiter venosa, 8-9 mill. longa, 5-6 mill. lata, ungue haud exserto ; antheris oblongis ; stylus 1 mill. longus, filamenta staminum longiorum subæquans, ab ovario ægre discernendus ; siliquæ 1 1/2 mill. latæ ; caulis 3-4 dec. altus.

Il diffère du *C. praticola* Jord. avec lequel il croît souvent en société, par ses fleurs un peu plus petites et d'un lilas plus foncé, ses anthères de forme plus oblongue, sa grappe fructifère plus courte et plus élargie, à siliques bien plus étalées, terminées par un style plus court et plus épais; ses graines un peu plus petites, ses feuilles radicales à segments bien moins dentés, ordinairement plus grands, très-peu ou pas cordiformes à la base, ses feuilles caulinaires à segments plus fins et plus aigus, sa tige plus basse et bien plus rameuse.

Cardamine udicola Jord.

C. floribus racemoso-corymbosis; sepalis oblongis, pedunculo subquadruplo brevioribus; petalorum limbo obovato, eximie venoso; racemo fructifero laxato, modice elongato; siliquis cum pedunculo erectis, vel subpatulis, tereliusculo-compressis, basi et apice vix paululum angustatis, subenerviis, stylo brevi terminalis, 15-25 mill. longis; seminibus ovato-oblongis, fusco-viridibus; foliis rariter ciliatis vel subglabris, pinnatisectis, radicalium foliolis parvis ovato-suborbiculatis breviter dentatis, ad dentes minute apiculatis basi subcordatis petiolulatis, lateralibus 6-10 jugis, impari grandiore potius cordato, caulinorum foliolis brevibus oblongis linearibusve subacutis, subdentatis integrisve; caule erecto, leviter flexuoso, superne præsertim ramulis axillaribus passim subfastigiatis aucto; caudice brevi, squamoso, subgranuloso.

Hab. in pratis subhumidis agri lugdunensis; *Chessy* (*Rhône*) ex D. H. Navier. — Flor. exeunte aprili (in horto).

Floris diametrum 14 mill.; sepala flavo-viridia, 3—3 1/2 mill. longa; petala pallide rosea vel lilacino-alba vel subalbida, insigniter venosa; venis superne reticulato-anastomosantibus et supra reticulum in ramulos simplices versus marginem solutis, 7 mill. longa, 6 mill. lata; antheræ pallide flavæ, oblongæ; stylus 1 mill. longus; siliqua 1 3/4 lata; caulis 3 dec. altus.

Il se distingue des deux qui précèdent par ses fleurs plus

petites, ordinairement plus pâles, à veines des pétales bien plus marquées, ses siliques plus courtes, ses feuilles glabres, peu ou point ciliées, à segments plus petits et plus nombreux. Sa floraison est plus tardive d'environ quinze jours, dans un même lieu.

J'ai cultivé des pieds sauvages de cette espèce et des deux précédentes; ils m'ont été remis par M. H. Navier qui avait observé leurs différences sur le terrain. J'ai pu, en les reproduisant toutes trois de leurs graines, m'assurer que ces différences étaient constantes.

Le *C. dentata* Bor. Fl. du Cent., qui est à fleurs blanches grandes et à floraison tardive, est probablement distinct du *C. dentata* Schultes, de Gallicie, qui est à feuilles tout-à-fait glabres et non un peu ciliées, et dont le style est très-court.

Le *C. Hayneana* Wely. apud Rchb. Flor. excurs., d'après les exemplaires que j'ai reçus d'Autriche, ne me semble pas différer du *C. Mathioli* Bert, Flor. ital., 7, p. 29, qui est à fleurs blanches petites, à feuilles glabres et petites pareillement, à siliques assez fines.

Le *C. granulosa* All. est une forme analogue, du même groupe, dont les fleurs sont blanches et les segments des feuilles très-peu nombreux.

(Species 2 sequentes ex *Pt. græci* DC. — *Cardamines græcæ* L. typo)

Pteroncuron corsicum Jord.

P. floribus racemoso-corymbosis; sepalis lineari-oblongis, laxis, pedunculo brevioribus; petalorum limbo obovato, apice truncato, racemo fructifero laxato, sæpe secundo; siliquis lanceolato-linearibus, compressis, basi paululum apice conspicue angustatis, ad valvas laxe hirtis, utrinque margine lato et acute carinato apice in stylum breviusculum continuato præditis, 25-35 mill. longis; seminibus grandibus, ovatis, læte rubro-subfuscis, margine perangusto saturatiore cinctis ; foliis intense virentibus, petiolatis, pinnatisectis; foliolis petiolulatis, rotundo-ovatis, obtuse inciso-lobatis, 4-5 jugis cum impari ; caule erecto, angulato, ramoso ; caudice nullo ; radice annua exili.

Hab. in Corsicæ centralis montibus graniticis ; *Vivario* prope *Corte* ex D. Revelière. — Flor. martio-aprili.

Floris diametrum 8 mill. ; sepala concava, sub anthesi semi-aperta, 3 mill. longa, ungues petalorum superantia ; petala albida, ad basin flavescentia, 5 1/2 mill. longa, 3 mill. lata ; stamina exserta, antheris ovatis ; stylus antheras staminum longiorum subæquans, 2-3 mill. longus, subæqualis ; siliqua 4 mill. lata ; semina 4 mill. longa, 3 mill. lata; foliorum lobi concavi, subciliato-hispidi.

Cette espèce, découverte en Corse par M. Revelière qui m'en a envoyé des échantillons et des graines que j'ai cultivées pendant trois années successives, se distingue du *P. græcum* du mont Hymette en Grèce, par ses fleurs plus petites, ses siliques constamment hispides et non très-glabres, à bec visiblement plus court, ses graines de forme plus élargie et d'un rouge plus clair.

Pteroncuron trichocarpum Jord.

P. græcum var. *trichocarpum* Reub. pl. crit., t. 398, fig. 582.

P. floribus racemoso-corymbosis ; sepalis linearibus, laxis, pedunculo paulo brevioribus; petalis parvis, anguste obovatis; racemo fructifero laxato, sæpe secundo ; siliquis lanceolato-linearibus, compressis, basi et apice paulo angustatis, ad valvas laxe hirsutis, utrinque margine mediocri acute carinato apice in stylum longiusculum continuato præditis, 25-35 mill. longis ; seminibus mediocribus, anguste ovatis, læte rubro-subfuscis, margine brevi vix saturatiore cinctis ; foliis petiolatis pinnatisectis; foliolis petiolulatis, ovatis, obtuse inciso-lobatis, 3-5 jugis cum impari ; caule erecto, angulato, ramoso; caudice nullo radice annua exili.

Hab. in Siciliæ montibus nebrodensibus, supra *Castellobuono* ex DD. E. et A. Huet du Pavillon ; in Creta ex Heldreik, sed stylo evidenter longiore et tenuiore. — Flor. martio-aprili.

Floris diametrum 5 mill. ; sepala 2 1/2 mill. longa ; petala 3—3 1/2 mill. longa, 2 mill. lata, albida, ad unguem flavescentia ; antheræ pallide flavæ, paulo exsertæ ; stylus 4 mill. longus ; siliqua 3—3 1/2 mill. lata ; semina 3 1/2 mill. longa, 2 mill. lata.

Il diffère du *P. corsicum* par ses fleurs presque de moitié plus petites, ses anthères plus petites et plus courtes, ses pétales de forme moins élargie et moins brusquement rétrécis en onglet, ses siliques un peu moins larges, plus étroitement bordées, à style bien plus étroit, ses graines notablement plus petites, de forme plus étroite, à bordure plus pâle et plus marquée. La petitesse de ses fleurs ainsi que l'hispidité des siliques ne permettent pas de le confondre avec le *P. græcum* de Grèce, qui pourra conserver ce nom sans inconvénient, quoique plusieurs espèces distinctes aient été confondues sous cette dénomination.

J'ai cultivé de graines le *P. trichocarpum* de Sicile, qui m'a paru constituer une espèce certainement distincte de la plante de Corse. L'une et l'autre ont les siliques hispides, tandis qu'elles sont glabres dans le *P. græcum* du Flora italica de Bertoloni, que j'ai reçu de Naples de M. Gussone, qui croît également en Dalmatie, ainsi qu'en Sicile, d'où il m'a été envoyé par M. Todaro. Ce dernier me paraît devoir être distingué du vrai *P. græcum* de Grèce, en raison de ses fleurs plus petites, de ses siliques plus allongées et plus étroites, à bec un peu plus long, à graines plus petites et plus étroites. Je propose de le désigner sous le nom de *P. Cupanii*.

Le *P. trichocarpum* de Crète, dont je n'ai pas vu les fleurs, est probablement différent de celui de Sicile, en raison de la marge de la cloison de la silique qui est encore plus étroite, du bec qui est plus fin et long de 7 mill., de l'hispidité des valves qui est plus fournie et plus allongée. Il pourra être distingué sous le nom de *P. creticum*.

Le genre *Pteroneuron*, quoique faiblement caractérisé,

peut être conservé sans inconvénient, ses espèces devenant plus nombreuses. Le *Cardamine maritima* Portensch. — *Pteroneuron maritimum* Rchb. appartient à ce genre, ainsi que le *P. bipinnatum* Rchb. de Dalmatie. Je ne m'explique pas comment M. Visiani, dans son Flora dalmatica, a pu réunir ces deux plantes au *Cardamine Plumieri* Vill. — *thalictroides* All., et comment Koch, dans son Synop. fl. germ. en séparant comme espèce la première, rapporte également la seconde au *C. Plumieri* de nos Alpes : c'est là, à mon avis, une grande erreur. Le *C. Plumieri* est une plante alpine, complètement différente par son port, son aspect, son mode de végétation et tout l'ensemble de ses caractères, qui n'a d'affinité qu'avec le *C. resedifolia* L. avec lequel elle croît souvent en société. C'est en quelque sorte un *C. resedifolia* à plus grandes fleurs et à feuilles plus larges. Quelle vraisemblance y a-t-il d'ailleurs dans le rapprochement d'une plante des plus hautes sommités des Alpes granitiques, avec une plante propre aux régions calcaires et maritimes de la Dalmatie?

Le *C. Bocconi* Viv. que j'ai récolté abondamment sur les hautes montagnes de la Corse, ressemble beaucoup au *C. Plumieri* Vill. ; mais il en est certainement distinct par ses pédoncules du double plus allongés et plus étalés, son style plus long de moitié et un peu dilaté supérieurement.

(Species 3 sequentes ex *H. laciniatæ* All. typo.)

Hesperis purpurascens Jord.

H. floribus corymboso-racemosis ; calice oblongo, subhispido pubeque glandulosa obsito, pedunculo plus duplo longiore ; petalorum limbo purpurascente, anguste oblongo-obovato, apice subacuto, unguibus paulo exsertis ; racemo fructifero laxissimo ; siliquis cum pedunculo erecto-patulis, flexuosis, linearibus, compressis, obscure venulosis, stylo perbrevi terminatis, 8-14 cent. longis, nervulo prominulo fere usque ad apicem valvarum conspicuo ; seminibus oblongis,

fuscis, subangulosis, breviter apice marginatis ; foliis læte et intense
viridibus, subnitidis, pilis elongatis sæpe furcatis passim adspersis
pubeque glandulosa brevi obsitis ciliatisque , radicalibus caulinisque
inferioribus petiolatis, anguste oblongatis, apice vix acutis, profunde
et inæqualiter lobatis dentatisque, lobis acutis, caulinis cæteris basi
haud angustata subsessilibus lanceolatis acutis inferne præsertim
argute inciso-dentatis, superioribus acuminatis ; caule erecto , superne ramoso, pube glandulosa pilisque sparsis elongatis obsito ;
caudice bienni vel subperennante.

Hab. in petrosis montium calcareorum Galloprovinciæ australioris,
circa *Toulon* (*Var.*) — Flor. aprili (in horto).

Calix plerumque intense violaceus, basi bisaccatus, superne angustior, 15·17 mill. longus, sepalis adpressis præsertim apice pilis elongatis furcatis munitis ; petala purpurea vel passim roseo-lilacina,
margine subundulata, 20 mill. longa, 10 mill. lata, unguibus virentibus ; antheræ inclusæ, lineari-oblongæ, 4—4 1/2 mill. longæ, filamento suo fere longiores, stylum superantes ; siliquæ 3 mill. latæ ;
semina 4—4 1/2 mill. longa, 1 1/2—1 3/4 mill. lata ; caulis 3·4 dec.
altus ; odor floris haud ingratus.

Cette espèce est remarquable par ses fleurs élégantes, lila-
cées-purpurines, ainsi que par ses feuilles étroites fortement
dentées, d'un beau vert et un peu luisantes. Elle a été jusqu'à
présent considérée par nos auteurs comme étant la même
plante que l'*H. laciniata* ALL. ; mais elle se distingue de la
plante qui est signalée dans le Flora pedem. 1, p. 271. t. 82,
fig. 1, par ses fleurs purpurines et nullement d'un jaune pâle, à
pétales presque aigus au sommet et non subémarginés, à onglets exserts et non inclus, par ses feuilles radicales étroitement oblongues , profondément laciniées et non *larges
ovales anguleuses-dentées*, d'un beau vert un peu luisant et
non d'un vert cendré.

Hesperis spectabilis. Jord.

H. floribus corymboso-racemosis ; calice oblongo, valde hispido
pubeque glandulosa obsito, pedunculo haud duplo longiore ; petalo-

rum limbo purpureo-lilacino, oblongo-obovato, subapiculato, unguibus exsertis ; racemo fructifero laxissimo ; siliquis cum pedunculo erecto-patulis, flexuosis, linearibus, compressis, obscure venulosis, stylo perbrevi terminatis, 8-14 cent. longis, dense glandulosis , nervulo prominulo fere usque ad apicem conspicuo : seminibus oblongis, fuscis, brevissime marginatis ; foliis læte virentibus, pilis elongatis sæpe furcatis adspersis et præterea pube brevi glandulosa obsitis ciliatisque, radicalibus caulinisque inferioribus petiolatis ovato-oblongis basi inciso-pinnatifidis vel profunde laciniatis dentatisque, lobis subacutis, caulinis cæteris basi haud angustata subsessilibus, lato-lanceolatis acutis, inferne præsertim inciso-dentatis laciniatisque, superioribus acuminatis; caule erecto, superne aperte ramoso, pube glandulosa pilisque elongatis haud parce obsito ; caudice bienni vel subperennante.

Hab. in petrosis calcareis Occitaniæ ; *Saint-Hippolyte (Gard)*, etc. — Flor. aprili (in horto).

Calix pallide violaceus, 14 mill. longus ; petala 14-15 mill. longa, 10-11 mill. lata, unguibus sæpe 3-4 mill. exsertis ; antheræ flavo virides. haud exsertæ, oblongo-lineares, 3-4 mill. longæ, stylum superantes ; stylus vix 1 mill. longus, æque latus; siliquæ 3-4 mill. latæ ; semina 4 mill. longa , vix 2 mill. lata ; caulis 3-4 dec. altus , inferne valde pilosus.

Cette espèce, qui s'est naturalisée dans mes cultures, où elle se reproduit d'elle-même depuis dix années , est tout-à-fait voisine de la précédente, dont je la crois distincte , en raison surtout de ses feuilles bien moins étroites, d'un vert plus clair et point luisantes. Son calice est plus court et bien plus hispide ainsi que toute la plante ; ses pétales sont moins allongés et plus larges ; le stigmate est plus petit ; les rameaux de la tige sont plus ouverts ; l'odeur de la fleur est douce , agréable, bien moins pénétrante.

Hesperis æruginea. Jorp

H. floribus corymboso-racemosis, subsecundis; calice oblongo, pilis longis subfurcatis pubeque glandulosa parca obsito, pedunculo

subduplo breviore ; petalorum limbo subæerugineo, obverse oblongo ,
apice subacuto, unguibus paulo exsertis ; racemo fructifero laxissimo;
siliquis cum pedunculo denique patentibus, flexuosis, passim subarcuato-recurvatis, linearibus, compressis, obscure venulosis, stylo perbrevi terminatis, 8-14 cent. longis, dense glandulosis, nervulo prominulo fere usque ad apicem conspicuo ; seminibus breviter oblongis ,
cinereo-fuscis, margine perangusto vix ullo cinctis ; foliis cinereo-virentibus, opacis, subundulatis, pilis sæpe furcatis adspersis et præterea pube minuta glandulosa obsitis ciliatisque, radicalibus caulinisque inferioribus petiolatis oblongis obtusis sublyrato-pinnatifidis vel
laciniatis dentatisque, lobis fere obtusis , caulinis cæteris basi haud
angustata subsessilibus, late lanceolatis, inferne præsertim dentatis ,
apice acutatis; caule erecto, hispido et glanduloso, apice ramulis modice patulis aucto ; caudice bienni, vix perennante.

Hab. in collibus petrosis Galloprovinciæ superioris ; *Digne (Basses-Alpes)*. — Flor. aprili (in horto).

Calix ex viridi-violaceus, 12 mill. longus, basi subbisaccatus ; petala
sordide flavescenti-rubentia, 12-13 mill. longa, 6-7 lata ; antheræ inclusæ, viridescentes, lineares, 4 mill. longæ, 1 mill. latæ, filamento
suo paulo longiores; stylus antheras staminum breviorum subæquans ;
siliquæ vix 3 mill. latæ; semina 3—3 1/2 mill. longa, 1 1/2—2 mill.
lata ; caulis 2-4 dec. altus ; odor floris fere ingratus, sæpe acutus.

Cette espèce que j'ai apportée vivante de son lieu natal
dans mes cultures, où elle s'est naturalisée, est complètement
distincte des deux précédentes par l'aspect du feuillage et des
fleurs, ainsi que par ses siliques bien plus étalées. Ses fleurs
sont constamment plus petites et d'une couleur un peu livide,
parfois d'un violet triste, un peu teinté de jaune. Ses pédoncules sont quelquefois étalés presque horizontalement et ses
siliques sont un peu recourbées. Elle offre beaucoup de ressemblance avec l'*E. glutinosa* Vis. de Dalmatie ; mais cette dernière est bien plus hispide, à pédoncules beaucoup moins
étalés et à onglets des pétales plus saillants. L'*H. secundiflora*
Boiss. et Spr., de Grèce, est aussi très-rapprochée de ces deux
espèces, mais reconnaissable à ses fleurs moins écartées ,

tout-à-fait fait unilatérales et à l'absence des poils glanduleux dans la partie supérieure de la plante, notamment sur les siliques qui sont entièrement glabres.

L'*H. œruginea* ne correspond pas à la description donnée par Allioni de son *H. laciniata*. Villars a décrit, dans son Hist. des pl. du Dauphiné, sous le nom d'*H. hieracifolia*, une plante de Sisteron qu'il distingue du *laciniata* ALL. par ses fleurs purpurines, pendantes et à siliques souvent recourbées en arc. J'incline à penser que Villars a eu sous les yeux une plante différente de l'*H. œruginea* et des deux autres que je viens de décrire. Il est d'autant moins probable qu'il n'y ait qu'une seule espèce dans la Haute-Provence que j'ai moi-même rapporté de Digne une forme très-rapprochée de l'*H. œruginea* par la couleur et l'aspect des fleurs, mais beaucoup plus petite dans toutes ses parties, à feuilles plus courtes, à siliques plus fines et bien plus recourbées, que j'attends d'avoir soumise à l'épreuve réitérée du semis pour l'établir comme espèce.

(Species 2 sequentes ex S. officinalis L. typo.)

Sisymbrium ruderale. JORD.

S. floribus terminalibus corymboso-racemosis ; calice pedunculum subæquante ; petalorum limbo oblongo-obovato, apice rotundato ; racemis fructiferis longissimis, laxis ; siliquis erectis cum pedunculo axi sæpe arctissime adpressis, lineari-ensiformibus, subteretibus, dense puberulis, in stylum breviusculum sensim abeuntibus, 14-16 mill. longis ; seminibus oblongo-ovalis, subfuscis, subimmarginatis ; foliis inferioribus pinnatifido-runcinatis, laciniis bi-trijugis oblongis breviter et fere obtuse dentatis subintegrisve, impari grandiore, foliis superioribus subsessilibus, supremis angustatis subinde tantum tripartitis et subhastatis; caule erecto, puberulo. superne paniculato-ramoso, ramis rigidis patentibus etiam divaricatis ; radice annua.

Hab. in ruderatis, ad vias Siciliæ, etiam Galliæ circa *Montpellier*. — Flor. julio.

Cette plante, tout-à-fait semblable d'aspect au *S. officinale* L., en diffère par ses feuilles plus grandes, à lobes bien moins dentés et plus allongés, par ses siliques plus allongées et de moitié plus épaisses. Je l'ai cultivée de graines de Sicile reçues de M. Todaro. J'en ai vu des échantillons provenant de Montpellier.

Sisymbrium leiocarpum JORD.

S. officinale var. *leiocarpum* GUSS. Syn. fl, sic. p. 188..

S. floribus terminalibus corymboso-racemosis; calice pedunculum subæquante; petalorum limbo obverse oblongo, subemarginato; racemis fructiferis laxis, longissimis; siliquis erectis, cum pedunculo axi sæpe arctissime adpressis, linearibus, paululum a basi superne angustatis, subteretibus, glabris, in stylum tenuem longiusculum desinentibus, cum stylo 12-15 mill. longis; seminibus ovatis, subfuscis, subimmarginatis; foliis inferioribus petiolatis, pinnatifido-runcinatis, laciniis ovato-oblongis breviter et fere obtuse dentatis subintegrisve, impari grandiore, superioribus subsessilibus, supremis angustatis subinde tantum tripartitis et subhastatis; caule erecto, puberulo, superne ramoso, ramis patentibus; radice annua.

Hab. in ruderatis Siciliæ. — Flor. julio (in horto).

Cette espèce que j'ai cultivée en même temps que la précédente de graines de Sicile reçues de M. Todaro, en est certainement distincte par ses fleurs à pétales plus étroits et un peu échancrés, par ses siliques glabres, bien moins ensiformes et moins épaisses, terminées par un style plus fin et de moitié plus long, ses graines de forme plus courte, ses feuilles plus visiblement pubescentes, à lobes moins nombreux, son port bien moins robuste. Elle s'éloigne du *S. officinale*, par ses siliques glabres, à style bien plus allongé, ses graines courtes et ses feuilles beaucoup moins dentées.

(Species 9 sequentes ex. *S. austriaci* Jacq. typo.)

Sisymbrium Tillieri Bell. apud. Willd. spec. 3, p. 497.

S. floribus racemoso-corymbosis; sepalis erectis, subadpressis, pedunculo subduplo brevioribus; petalis ovato-subrotundis in unguem limbo subæqualem contractis; racemis fructiferis elongatis; siliquis erecto-patulis, vel in pedunculo demum curvato arrectis, subflexuosis, anguste linearibus, tenuibus, teretibus, nervoso-striatis, vix subtorulosis, glabris, stylo perbrevi terminatis, 30-35 mill. longis; seminibus ovatis, minutis, pallide fuscis, immarginatis; foliis flavovirentibus, subglabris, radicalibus caulinisque imis subruncinatopinnatifidis, laciniis utrinque 6-10 ovatis lanceolatisve acutis dentatis passim abbreviatis, summa majore obtusa dentata, foliorum superiorum laciniis paucis angustatis, terminali oblonga denticulata; caule erecto, glabro superne ramoso, ramis alternis erecto-patulis, caudice bienni.

Hab. in valle Augusta Pedemontii; *Aoste*, etc. — Flor. aprili (in horto).

Floris diametrum 9-10 mill.; sepala flavo-viridia, apice pilosiuscula, 3 1/2 mill. longa, 1 1/2 mill. lata; petalorum limbus 3 1/2 mill. longus, fere æque latus; antheræ oblongæ, 1 1/4 mill. longæ, 2/3 mill. latæ, exsertæ; stylus 1/2 vix 3/4 mill. longus; folia radicalia sæpe tantum dentata nec pinnatifida; caulis 2-3 dec. altus.

Cette plante, que je cultive depuis environ douze ans et que j'ai obtenue de graines prises sur des échantillons récoltés sur les murs de la ville d'Aoste, que m'a envoyés M. F. Lagger, est de petite taille, d'un vert clair, à floraison précoce, à lobes des feuilles très-nombreux. Ses siliques sont fines, très-peu toruleuses, dressées-étalées, plus rarement contournées. Les grappes florifères sont un peu lâches, ainsi que dans l'espèce suivante; mais elles ne s'allongent pas autant à la maturité que dans d'autres espèces.

Le *S. multisiliquosum* Hoff., qui est figuré par Reichenbach, dans ses Ic. fl. germ. 4411, et qui se rapporte aux exemplaires que j'ai reçus d'Autriche sous le nom de *S. austriacum* JACQ., est très-voisin du *S. Tillieri* BELL., dont il me paraît différer par ses siliques encore plus fines, terminées par un style du double plus allongé, par ses feuilles dont les lobes latéraux sont plus allongés et plus étroits, dont le terminal n'est point obtus.

Sous le nom de *S. austriacum* JACQ., Reichenbach a figuré, au n° 4410 de ses Ic. fl. germ., une plante complètement différente de ces deux espèces.

Obs. — Le *S. multisiliquosum* établi par Hoffman, dans le Deutchl. fl. ed. 2, p. 2, p. 50, n'a pas été proposé par lui comme une nouvelle espèce ; il a simplement substitué un nom nouveau aux trois noms que, selon lui, portait déjà sa plante et qu'il rapporte en synonyme : *S. austriacum* JACQ., *S. eckartsbergense* WILLD. et *S. compressum* MOENCH.

Le *S. compressum* MOENCH. n'est pas autre chose que le *S. austriacum* JACQ., d'après la synonymie donnée par Mœnch. Le *S. eckartsbergense* WILLD. Sp. plant. 3, p. 501, n'est indiqué qu'avec doute dans la Thuringe par son auteur, et ce n'est que par une méprise singulière des auteurs que cette plante a été rapportée en synonyme au *S. austriacum* JACQ. Car Willdenow compare sa plante au *S. altissimum* L. dont il la rapproche : il dit qu'elle lui est très-semblable et qu'elle est pareillement à lobes des feuilles sublinéaires très-entiers, d'où il faut conclure qu'elle n'a avec le *S. austriacum* JACQ. d'autre rapport que ceux du genre, quoiqu'il ait cité ce synonyme avec doute. Il place d'ailleurs le *S. eckartsbergense* et le vrai *S. Tillieri* de la vallée d'Aoste dans deux groupes différents ; ce qui prouve que son *S. eckartsbergense* ne peut être la même plante que le *S. austriacum* JACQ., lequel est tout-à-fait voisin du *S. Tillieri* BELL.

Sisymbrium rupestricolum Jord.

S. floribus racemoso-corymbosis ; sepalis erectis , subadpressis, pedunculo subduplo brevioribus, petalis ellipticis, in unguem limbo subæqualem attenuatis ; racemis fructiferis elongatis ; siliquis demum in pedunculo contorto-incurvato arrectis, anguste linearibus, tereti-compressis, nervoso-striatis, torulosis, glabris, stylo mediocri tenui apiculatis, 25-30 mill. longis ; seminibus oblongis, apice ala perangusta præditis ; foliis læte virentibus, glabris, radicalibus caulinisque imis acute subruncinato-pinnatifidis, laciniis utrinque 5-7 lanceolatis subargute dentatis, summa majore subtriangulari acuta dentata, foliorum superiorum laciniis paucioribus subacuminatis ; caule erecto, glabro, ramoso ; ramis alternis, erecto-patulis, ambitu subracemosis; caudice bienni.

Hab. in Beugesi montibus calcareis, ad rupes umbrosas ; *Serrières* (*Ain*). etc. — Flor. aprili (in horto).

Floris diametrum 12-15 mill.; sepala flavo-viridia, lanceolato-linearia, basi inæqualia, concava, nervosa, apice pilosiuscula, 5 mill. longa, 1 1/2 mill. lata ; petalorum limbus 4-5 mill. longus, 3 mill. latus ; antheræ lineari-oblongæ, exsertæ ; stylus 1—1 1/2 mill. longus, superne incrassatus, antheras haud æquans, siliqua tenuior ; caulis 2-4 dec. altus ; odor floris sæpe acutus.

Cette espèce est très-voisine du *S. Tillieri* Bell. par son port et sa floraison précoce. Elle en diffère par ses fleurs un peu plus grandes, à pétales moins élargis et moins brusquement rétrécis en onglet, par ses siliques portées sur des pédoncules bien plus courbés , plus courtes et moins fines , un peu toruleuses, terminées par un style plus allongé. Ses graines sont plus grosses et plus allongées, un peu bordées au sommet; ses feuilles sont toutes bien plus aiguës, à lobes latéraux plus allongés, plus écartés et bien moins nombreux ; les rameaux de la tige sont moins ouverts.

Le *S. austriacum* d'Ingoldstad (Bavière), publié par M. Billot dans son Fl. Gall. et Germ. exsicc. n° 811 , ne me paraît différer du *S. rupestricolum* que par ses siliques plus allongées, moins contournées et portées sur des pédoncules plus courts; ses feuilles sont aussi à lobes plus nombreux et plus rapprochés. Il ne se rapporte point mal à la figure citée du *S. multisiliquosum* de Reichenbach, sous le rapport des feuilles; seulement les siliques, dans cette figure, me paraissent plus fines et plus conformes à celles de la plante d'Autriche.

Le *S. acutangulum Tillieri* Gaud., du Mont-Salève près de Genève, est de même peu différent du *S. rupestricolum*. Cependant ses siliques sont un peu plus courtes et plus épaisses, à style plus court et à stigmate plus élargi. Ses graines paraissent dépourvues de bordure à leur sommet; les lobes des feuilles sont un peu moins pointus. La comparaison sur le vif des deux plantes permettra de reconnaître si elles doivent être distinguées; ce qui me paraît peu probable.

Sisymbrium Villarsii Jord.

S. pyrenaïcum Vill . Hist. des pl. dauph. vol 3, p, 344, t. 38.

S. floribus racemoso-corymbosis , sub anthesi dense confertis; sepalis erectiusculis, laxis, pedunculo subduplo brevioribus ; petalis ellipticis, in unguem limbo breviorem angustatis ; racemis fructiferis valde elongatis ; siliquis demum in pedunculo contorto-incurvo arrectis vel subdeclinatis, flexuosis anguste linearibus, teretibus, nervoso-striatis, torulosis, pube sparsa incurvata obsitis, stylo brevi apiculatis , 15-20 mill. longis ; seminibus oblongis apice ala perangusta obsoleta praeditis; foliis laete virentibus, pube perminuta incurvata sparsa parce obsitis subciliatisque, radicalibus caulinisque imis subruncinato-pinnatifidis , laciniis utrinque 5-6, patentibus brevibus ovatis lanceolatisve acutis breviter et parce dentatis, summa brevi triangulari subdentata, foliorum superiorum laciniis paucioribus angustatis ; caule erecto, minute pilosiusculo ; ramis erecto-patulis subflexuosis ; caudice bienni.

Hab. in lapidosis et ad vias montium Delphinatûs ; *Lautaret (Hautes Alpes)*. — Flor. ineunte maio (in horto).

Flores læte et intense flavi : sepala oblonga , obtusa , dorso apice carinata, sparsim pilosa, 2 1/2 mill. longa, 3/4 mill. lata ; petala passim obscure emarginata, in totum 5 mill. longa, 3 mill. lata ; antheræ oblongæ, 1 1/2 mill. longæ, 3/4 mill. latæ, petala subæquantes ; ovarium setoso-hispidum ; stylus haud 1 mill. longus ; caulis 2-3 dec. altus,

Cette espèce est plus tardive de quinze jours environ que les deux précédentes ; ses fleurs sont d'un jaune plus vif, en corymbe bien plus dense , plus petites , à sépales un peu lâches , à pétales rétrécis en onglet bien plus court ; ses grappes fructifères s'allongent davantage ; ses siliques sont courtes, hispidules et portées sur des pédoncules très-courbés; ses feuilles radicales sont à lobes fort peu dentés, le terminal peu développé. Les siliques sont constamment plus courtes que dans le *S. rupestricolum* et presque toujours parsemées de petits poils, que l'on ne voit pas dans ce dernier, ou qui ne se montrent que très-rarement.

Le *S. acutangulum* DC. Fl. fr. v. 4, p. 670, comprend cette espèce et plusieurs autres.

J'ai observé dans les Alpes, notamment au col de Larche (Basses-Alpes), une forme voisine du *S. Villarsii*, mais à siliques plus allongées, longues de 20-30 mill. et moins toruleuses, qui est peut-être la plante figurée par Reichenbach dans ses Ic. fl. germ. 4412, sous le nom de *S. acutangulum* DC. et qui devra probablement être distinguee comme espèce.

Sisymbrium glaucescens Jord.

S. floribus racemoso-corymbosis ; sepalis suberectis, laxis, pedunculo brevioribus ; petalis elliptico-obovatis, in unguem limbo breviorem angustatis ; racemis fructiferis valde elongatis, siliquis demum in pedunculo curvato arrectis, vel subdeclinatis, anguste linearibus, tenuibus, teretibus, nervoso-striatis, vix subtorulosis, glabris, stylo brevi-

apiculatis, 15-20 mill. longis; seminibus oblongis, apice margine
destitutis; foliis brevibus, pallide subglaucescentibus, glabris, radicalibus caulnisque imis lyrato-pinnatifidis, laciniis utrinque 3-5 brevibus ovatis obtusis subacutisve breviter et parce dentatis, summa
majore obtusa, foliorum superiorum lobis paucioribus angustatis, terminali oblongo; caule erecto, glabro, ramis erecto-patulis; caudice
bienni.

Hab. in montosis lapidosis Galloprovinciæ, prope *Colmars* (*Basses-
Alpes*). — Flor. initio maii (in horto).

Floris diametrum 8 mill ; sepala subglabra, oblonga, concava, basi
parum inæqualia, 3—3 1/2 mill. longa ; petala venosa, pallide lutea,
5-6 mill. longa in totum , limbo 3 mill. lato ; stylus vix 3/4 mill. longus ; caulis 2-3 dec. altus.

La couleur pâle et légèrement glaucescente du feuillage,
la forme lyrée des feuilles radicales dont les lobes latéraux
sont un peu obtus et peu dentés, les fleurs moins denses et
d'un jaune plus pâle, les siliques glabres et moins épaisses
séparent complètement cette espèce du *S. Villarsii* Jord. Elle
ne peut être confondue avec les deux précédentes, à cause de la
forme et de la couleur des feuilles, de la brièveté des siliques
et de la floraison plus tardive.

Le *S. taraxacifolium* DC. est, d'après la description de cet
auteur, à lobes des feuilles radicales très-aigus et à siliques
longues d'un pouce. C'est une espèce qui demeure fort obscure , car les siliques sont dites glabres dans le Systema de
De Candolle, et la figure 37 des Ic. plant. gall. rar. les représente hispides.

Sisymbrium pallescens Jord.

S. floribus racemoso corymbosis; sepalis erectis, laxiusculis, pedunculo brevioribus; petalis elliptico-obovatis, in unguem limbo subæqualem angustatis; racemis fructiferis elongatis; siliquis in pedunculo contorto-incurvo arrectis vel subdeclinatis, anguste linearibus,
teretibus, nervoso-striatis, glabris vel pube incurvata rariter obsitis,
stylo longiusculo terminatis, 25-35 mill. longis; seminibus lineari-

oblongis, apice subimmarginatis; foliis pallidis subglabris, radicalibus et inferioribus acute subruncinato-pinnatifidis, laciniis brevibus utrinque 4-5 subtriangulari-lanceolatis acutis subdentatis , summa majore ovata subacuta dentata; foliis cæteris oblongo-lanceolatis , acutis, denticulatis, basi tantum inciso-lobatis; caule erecto, elongato, virgato, glabro vel inferne pilosiusculo , ramis erecto-patulis subflexuosis; caudice bienni.

Hab. in lapidosis montosis Gallo-provinciæ superioris; *Digne (Basses-Alpes)*. — Flor. maio (in horto).

Floris diametrum 9-10 mill.; sepala vix apice pilosiuscula, 4 mill. longa; petala 7 1/2 mill. longa, limbo 3 1/2 mill. longo, 2 3/4 mill. lato ; stylus 2 mill. longus; caulis 4-6 dec. altus.

La forme des feuilles qui sont moins profondément découpées que dans les précédentes, ainsi que leur couleur trèspâle, est caractéristique dans cette espèce ; sa tige est aussi plus élevée que dans les autres.

Les fleurs plus grandes, les lobes des feuilles bien plus aigus, les siliques plus longues et le style du double plus allongé l'éloignent de la précédente qui est pareillement à feuilles subglaucescentes.

Le *Sinapis maritima* ALL. Pedem. 1, p. 264 n° 961, ne paraît pas, d'après la description, s'éloigner beaucoup de cette espèce; mais je le crois pourtant différent, surtout d'après ce que dit Allioni du calice qui est étalé dans sa plante : *calix patens.*

Sisymbrium montivagum JORD.

S. floribus racemoso-corymbosis; sepalis patulis, pedunculo subduplo brevioribus ; petalis obovatis, in unguem limbo paulo breviorem subcontractis ; racemis fructiferis elongatis; siliquis demum in pedunculo contorto-incurvato arrectis vel subdeclinatis, anguste linearibus, teretibus, nervoso-striatis, pube curvato-inflexa obsitis vel subglabris, stylo tenui breviusculo terminatis, 15-20 mill. longis; seminibus oblongis, apice subimmarginatis; foliis læte et intense virentibus, pube sparsa incurvata valde parca obsitis ciliatisque vel subglabris, radicalibus caulinisque inferioribus oblongis pinnatifidis, laciniis utrinque 6-7 oblongis vel ovato-oblongis subacutis breviter et subobtuse dentatis, summa sæpe breviore vix acuta, superiorum laciniis paucioribus angustatis et subacute dentatis ; caule erecto, superne ramoso, parce et minute puberulo vel subglabro ; ramis erecto-patulis, apice subcorymbosis ; caudice bienni.

Hab. in Pyrenæis. Colui ex seminibus plantæ a cl. Bourgeau circa *Camprodon* in Pyrenæis orientalibus hispanicis lectæ. — Flor. maio fere exeunte (in horto).

Sepala basi parum inæqualia, lutescentia, ungues petalorum superantia, stylum subæquantia, 3 mill. longa. 1 mill. lata ; petala pulchre flava, eximie venosa, apice rotundata, passim subemarginata, in totum 5 — 5 1/2 mill. longa, limbo 3 mill. longo, 2 3/4 lato ; stylus 3/4 mill. longus, ovario conspicue tenuior ; caulis 4-5 dec. altus.

Il diffère du *S. Villarsii* JORD. par ses fleurs en corymbe moins dense et moins épais, ses grappes fructifères bien moins allongées, ses siliques plus fines, ses feuilles plus grandes, rétrécies bien davantage au sommet et non presque égales, à lobes plus allongés et moins aigus, sa tige plus élevée, à rameaux plus courts et plus régulièrement en corymbe au sommet. Sa floraison est plus tardive d'environ quinze jours, dans un même lieu.

Il ne peut être confondu avec les *S. Tillieri* BELL. et *rupestricolum* JORD., dont l'aspect est très-différent et dont la floraison est plus précoce d'un mois environ. Les *S. glaucescens* JORD. et *pallescens* JORD. diffèrent complétement par l'aspect du feuillage et d'autres caractères.

Le *S. erysimifolium* POURR., qui, d'après De Candolle, est entièrement glabre dans toutes ses parties, à siliques presque tétragones, à feuilles plutôt sinuées que pinnatifides, ne peut être rapporté à cette espèce, ni à aucune des précédentes.

Sisymbrium chrysanthum. Jord.

S. floribus racemoso-corymbosis; sepalis patulis, pedunculo sub-duplo brevioribus; petalis obovatis, in unguem limbo breviorem de-sinentibus; racemis fructiferis elongatis; siliquis in pedunculo de-mum subcontorto-incurvo arrectis, vel passim subdeclinatis, angusta linearibus, teretibus, nervoso-striatis, subtorulosis, pube laxa flexuoso-incurva plerumque obsitis, stylo mediocri tenui apiculatis, 12-18 mill. longis; seminibus oblongis, apice immarginatis; foliis læte virenti-bus, plerumque pubescentibus, radicalibus caulinisque inferioribus acute subruncinato-pinnatifidis, laciniis utrinque 5-7 approximatis brevibus lanceolatis acute et crebre dentatis, summa parva subtri-dentata; foliorum superiorum laciniis paucioribus magisque angus-tatis; caule erecto, puberulo, apice ramoso, corymboso; caudice bienni.

Hab. in Pyrenæis. — Flor. exeunte aprili (in horto).

Sepala flavescentia, 4 mill. longa; petala aurea, 5 mill. longa, 2 1/2 mill. lata; stylus 1 1/4 mill. longus; caules 3-4 dec. alti.

Cette plante, que j'ai reçue du Jardin botanique de Lyon et qui s'est naturalisée dans mes cultures depuis douze ans, est très-rapprochée du *S. montivagum* Jord., dont elle se dis-tingue par ses feuilles bien plus petites, à lobes plus rappro-chés et plus courts, ses siliques plus fines surmontées d'un style un peu plus long, ses graines plus petites, ses tiges plus grêles, à rameaux formant au sommet de petites co-rymbes, dont les fleurs sont d'un jaune plus vif. Sa floraison est constamment plus précoce d'environ trois semaines.

Sisymbrium propinquum. Jord.

S. floribus racemoso-corymbosis; sepalis subpatulis, pedunculo duplo saltem brevioribus; petalis obovatis, in unguem limbo brevio-rem desinentibus, racemis fructiferis elongatis; siliquis in pedunculo demum subcontorto-incurvo arrectis vel declinatis, anguste lineari-bus, tereti-compressis, nervoso-striatis, vix subtorulosis, pube parca

flexuoso-incurva perminuta sæpe obsitis, stylo brevi terminatis,
20-30 mill. longis; seminibus oblongis, pallidis, apice immarginat's;
foliis læte virentibus, parce et minute puberulis, radicalibus caulinisque inferioribus profunde subruncinato-pinnatifidis, laciniis utrinque
5-7 ovalis lanceolatisve acutis parce et breviter dentatis, summa subtriangulari mediocri, foliorum superiorum laciniis angustioribus et
paucioribus ; caule erecto, parce puberulo apice ramoso-subcorym-
boso ; caudice bienni.

Hab. in Germania? — Flor. maio (in horto).

Sepala fere lutea, parva, 3 mill. longa; petala aurea, 7 mill. longa,
vix 3 mill. lata ; stylus vix 1 mill. longus; caules 4-5 dec. alti.

Il se distingue des deux qui précédent par ses feuilles à
lobes moins dentés, à dents plus courtes et peu aiguës ; par
ses siliques plus allongées, un peu comprimées, surmontées
d'un style plus épais et à graines de couleur très-pâle. Ses
fleurs sont d'un jaune vif, comme dans le *S. chrysanthum*,
mais plus grandes ; ses feuilles sont à lobes plus élargis que
dans ce dernier et sa tige est plus robuste. Il fleurit après le
S. chrysanthum et précède de quelques jours le *S. montivagum.*

J'ai reçu cette espèce du jardin botanique de Dijon, il y
a un grand nombre d'années, et elle s'est naturalisée dans
mes cultures.

Le **S.** *rhedonense* DEGL., de Bretagne, me paraît distinct
de cette espèce ainsi que des précédentes. Ses siliques sont
encore un peu plus longues et plus fines que dans le *S. propinquum*, très-peu ou point comprimées, à nervures plus fines; son style est plus long et à stigmate bien plus épais ;
ses feuilles radicales sont moins profondément pinnatifides,
à lobes plus élargis et moins nombreux.

Sisymbrium derelictum Jord.

S. floribus racemoso-corymbosis; sepalis laxis, subpatulis, pedunculo duplo brevioribus; petalis oblongo-obovatis, in unguem limbo subæqualem desinentibus; racemis fructiferis valde elongatis; siliquis in pedunculo demum subcontorto-incurvo arrectis, passim subdeclinatis, anguste linearibus, teretibus, nervoso-striatis, subtorulosis, pube obsitis glabrisve, stylo longiusculo terminatis, 15-20 rarius 25 mill. longis; seminibus oblongis, apice immarginatis; foliis læte virentibus, sæpe puberulis, radicalibus caulinisque inferioribus subruncinato-pinnatifidis, laciniis utrinque 4-6 distantibus ovatis vel lanceolatis breviter et in imis fere obtuse dentatis, summa ovata vel subtriangulari; foliorum superiorum laciniis paucioribus et angustioribus; caule erecto, sæpe puberulo, apice ramoso, subcorymboso; caudice bienni.

Hab. in regione Belgica? — Flor. maio (in horto).

Stylus 1 1/2—2 mill. longus; caulis 4-5 dec, altus.

Cette espèce, que j'ai cultivée de graines reçues du jardin botanique d'Angers sous le nom de *S. acutangulum*, me paraît se rapporter à peu près aux exemplaires du *S. acutangulum* de la flore de Belgique qui m'ont été envoyés par Lejeune, dont les lobes des feuilles sont seulement un peu plus aigus. Elle a beaucoup d'affinité avec les trois espèces qui précèdent ; elle en diffère par ses feuilles à lobes plus écartés et moins nombreux, ses grappes fructifères très-allongées, son style plus long et sa floraison plus tardive, que celle du *S. propinquum* précède de quelques jours. Elle diffère en outre de ce dernier par ses fleurs un peu plus petites et d'un jaune moins vif, ses siliques plus courtes, ses graines d'une couleur plus foncée et sa pubescence plus prononcée.

Plusieurs autres espèces seront sans doute à distinguer ultérieurement dans ce même groupe , lorsque ses formes nombreuses auront pu être étudiées avec tout le soin nécessaire.

(Species 4 sequentes ex *E. virgati* auctor. typo).

Erysimum confertum Jord.

E. pedunculis calice basi parum inæquali paulo brevioribus ; petalorum laminis obovatis, ungue suo vix exserto, duplo brevioribus ; siliquis pedunculo sæpe arcuato insidentibus, arrectis, strictis, axi fere adpressis, sæpe confertis, rarius subpatulis, quadrangularibus, ex viridi-cinerascentibus, passim rubentibus, ad angulos asperatos subconcoloribus, 40-60 mill. longis, stylo breviusculo terminatis ; stigmate capitato, subbilobo ; seminibus oblongis, apice marginatis ; foliis intense virentibus, subintegris, vel remote dentatis, radicalibus caulinisque inferioribus obverse oblongis vel oblongo-linearibus, obtusis, inferne in petiolum attenuatis, superioribus lineari-lanceolatis acutis basi angustatis ; pilis totius plantæ brevibus, adpressis, plerumque trifidis; caule stricto, teretiusculo, simplici vel superne ramoso ; caudice bienni.

Hab. in siccis et asperis montium delphinensium ; *Briançon (Hautes Alpes)*, etc. — Flor. maio (in horto).

Sepala 6-7 mill. longa, concava, dorso carinata ; petala haud intense lutea, limbo apice rotundato, 4 mill. longo, 3 mill. lato ; antheræ oblongæ, 2 mill. longæ, 2/3 mill. latæ ; stylus 1 1/2 —2 mill. longus, antheras longiorum staminum sub anthesi fere superans, longitudine sua siliquæ latitudinem subexcedens ; glandulæ receptaculi obtusæ, breves ; odor florum nullus.

Cette espèce a beaucoup de rapport avec l'*E. durum* Presl. de Bohême, qui est figuré par Reichenbach dans ses Icon. flor. germ., n. 4589 ; mais je me suis assuré par la culture et la comparaison sur le vif de ces deux plantes, qu'elles étaient distinctes Dans l'*E. durum* les fleurs sont bien plus petites, à limbe des pétales plus étroit et de forme oblongue; les siliques sont plus fines et plus courtes, longues de 25-40 mill. ; la longueur du style n'égale pas la largeur de la silique ; le stigmate est plus petit ; les graines sont plus petites, de forme plus écourtée, à bordure du sommet pres-

que nulle ; les feuilles radicales sont plus larges, plus vertes
et moins dentées.

L'*E. virgatum* b. *juranum* signalé par Gaudin, Flor. helvet. 4, p. 356, dont je n'ai pas vu d'exemplaire authentique, me paraît s'éloigner de la plante du Dauphiné par ses siliques plus courtes et ses fleurs d'un jaune plus foncé. Koch, dans son Syn. flor. germ., réunit cette plante à l'*E. strictum* GAERTN., auquel il rapporte également l'*E. hieracifolium* L.

Sous le nom d'*E. hieracifolium*, Linné paraît avoir eu d'abord en vue la plante que Reichenbach a nommée depuis *crepidifolium*. C'est en effet celle qui correspond le mieux à sa description et qui se trouve sous le nom d'*hieracifolium* dans son herbier. Plus tard, il lui a rapporté une plante de Suède, qui est différente de l'*E. crepidifolium* RCHB. et qui, selon moi, diffère aussi de l'*E. strictum* GAERTN. L'ayant cultivée, elle m'a paru distincte de la plante d'Autriche. Elle est d'un port plus robuste ; ses feuilles sont d'un vert plus gai, à dents moins nombreuses ; ses fleurs sont plus grandes, ses siliques sont bien plus épaisses et plus courtes. Je la désignerai sous le nom de *E. suecicum*, le nom linnéen me paraissant devoir être abandonné. En voici la description.

Erysimum suecicum Jord.

E. hieracifolium FRIES, Novit. flor. suec. Mant. 3, p. 82.

E. pedunculis calice basi parum inæquali paulo brevioribus ; petalorum laminis obovatis, apice subtruncatis, ungue suo subexserto paulo brevioribus ; racemo fructifero longissimo ; siliquis crassiusculis, pedunculo sæpe ascendente subarcuato insidentibus, arrectis, strictis, axi subparallelis, vel passim erecto-patulis, quadrangularibus, subvirentibus, ad angulos concoloribus, 25-45 mill. longis, stylo breviusculo terminatis ; stigmate capitato bilobo ; seminibus oblongis, apice peranguste marginatis ; foliis læte virentibus planis remote denticulatis subintegrisve, radicalibus caulinisque inferioribus obverse lanceolato-oblongis obtusis inferne in petiolum attenuatis, superioribus oblongis lanceolatisve acutis; pilis totius plantæ brevibus, adpressis, sæpe trifidis; caule erecto, stricto, teretiusculo, simplici vel superne ramoso; caudice bienni.

Hab. in Sueciæ asperis. — Flor. initio maii vel jam exeunte aprili (in horto).

Sepala extus in alabastro eximie dorso alato-carinata; petala intense flava, limbo 5-6 mill. longo, 4-5 mill. lato; antheræ flavo-virides, oblongæ; stylus 1 1/2—2 mill. longus, latitudinem siliquæ longitudine sua haud superans; glandulæ receptaculi obtusæ; odor florum nullus. Planta in solo fertili sæpe 6-10 dec. alta, rigida et robusta.

Cette espèce s'éloigne de l'*E. confertum* par ses feuilles plus larges, d'un vert plus clair, ses fleurs plus grandes, ses siliques plus épaisses et plus courtes, son port plus robuste, sa floraison plus précoce de près de quinze jours. Elle varie pour la grandeur des fleurs comme toutes les espèces du genre; mais la variété à petites fleurs signalée par Fries, loc. cit., et à laquelle cet auteur rapporte l'*E. durum* PRESL., constitue peut-être une espèce distincte. Cette variété me paraît correspondre à peu près à la figure de l'*E. hieracifolium*, n. 4388 des Icon. flor. germ. de Reichenbach, dont les fleurs sont trop petites pour représenter l'espèce que je nomme *E. succicum*, et dont les siliques sont trop courtes pour correspondre à l'*E. strictum* d'Autriche.

Il est difficile de savoir au juste quelle est l'espèce décrite par Roth, Catal. bot. 1, p. 75, sous le nom d'*E. virgatum*, dont il n'a pas fait connaître la patrie. Ce qu'il dit des feuilles de sa plante, qui sont d'un vert gai, presque entières ou faiblement denticulées, peut convenir à l'*E. succicum*; mais il lui attribue des siliques plus longues; ce qui me fait présumer qu'il a eu en vue une autre espèce.

L'*E. altissimum* LEJEUNE, Flor. de Spa, 2, p. 70, qui, d'après la description de l'auteur, est à fleurs d'un jaune pâle, à feuilles canaliculées et blanchâtres, à siliques écartées de l'axe, à style assez fin, surmonté d'un stigmate bilobé, ne me

paraît pas pouvoir être rapporté exactement à aucune des espèces dont je viens de parler.

Erysimum densisiliquum JORD.

E. floribus racemi junioris subcorymbosi sæpe siliquis paulisper
superatis; pedunculis calice basi inæquali brevioribus; petalorum
laminis anguste oblongo-obovatis, ungue suo vix exserto haud duplo
brevioribus; racemo fructifero elongato, denso; siliquis pedunculo
sæpe arcuato insidentibus, arrectis, strictis, axi fere adpressis,
confertis, rariter subpatulis, quadrangularibus, ex viridi-cinerascentibus, passim rubentibus, ad angulos asperatos subconcoloribus,
50-70 mill. longis, stylo breviusculo terminatis; stigmate crasso,
emarginato; seminibus oblongis, apice marginatis; foliis læte virentibus, pube trifida subasperis, planis, integris vel breviter et remote
dentatis, radicalibus caulinisque inferioribus obverse oblongis vel
oblongo-linearibus obtusis in petiolum inferne attenuatis, superioribus lineari-lanceolatis acutis basi angustatis; pilis totius plantæ
brevibus, adpressis, sæpe trifidis; caule erecto, stricto, teretiusculo,
simplici vel superne ramoso; caudice bienni.

Hab. in siccis et asperis montium Delphinensium; *Villevieille*
(*Hautes-Alpes*), etc. — Flor. ineunte maio (in horto.)

Sepala 8 mill. longa, petala intense lutea, limbo 5 1/2 mill. longo,
3—3 1/2 mill. lato, ungue 8 mill. longo; antheræ oblongæ, 2 1/2 mill.
longæ; stylus 1 1/2 mill. longus, antheras longiorum staminum
sub anthesi haud æquans, latitudinem siliquæ longitudine sua subæquans; odor florum nullus. Planta 4-6 dec. alta.

Cette espèce, qui est très-voisine des deux précédentes, en
diffère par ses jeunes siliques dépassant un peu le sommet
de la grappe au commencement de la floraison, ses pétales
plus étroits et d'un jaune plus vif, ses siliques plus allongées.
Elle se distingue en outre de l'*E. succicum* par ses fleurs plus
petites, ses feuilles bien moins larges, ainsi que par ses siliques plus rapprochées et bien plus serrées contre l'axe. Elle
s'éloigne de l'*E. confertum* par ses siliques plus épaisses, ses

feuilles d'un vert clair et sa floraison plus précoce de 15 jours, dans un même lieu.

Ces trois espèces se distinguent aisément sur le vif. Mais, en herbier, elles sont faciles à confondre, surtout les *E. confertum* et *densisiliquum* dont le port est peu différent, qui ont pareillement les feuilles étroites et les siliques assez denses.

L'*E. strictum* GAERTN. Flor. d. Wetter., espèce très-semblable aux précédentes, en diffère par ses feuilles caulinaires à dents plus nombreuses et son style plus allongé.

L'*E. longisiliquum* SCHLEICH., d'après la description qu'en donne De Candolle dans son Systema, vol. 2, pag 496, est à fleurs d'un jaune pâle, à calice glabre de la longueur du pédicelle, à style très-court et à feuilles très-entières. Il est donc très-probable qu'il diffère spécifiquement des espèces qui précèdent.

Erysimum delphinense Jord.

E. pedunculis calice basi bisaccato duplo brevioribus; petalorum laminis obovatis apice rotundatis, ungue suo exserto subduplo brevioribus, racemo fructifero elongato; siliquis erecto-patulis, laxis, quadrangularibus, pube adpressissima obductis, canescentibus, ad angulos virides sublævibus, 55-75 mill. longis, stylo mediocri terminalis; stigmate capitato-bilobo; seminibus oblongis, apice breviter marginatis; foliis cinerascentibus, pallidis, remote dentatis, subcanaliculatis, radicalibus caulinisque inferioribus obverse lineari-oblongis subacutis inferne in petiolum attenuatis, superioribus patulis angusto lineari-lanceolatis acutis basi angustatis; pilis totius plantæ brevibus, adpressis, trifidis; caule stricto, angulato simplici vel superne ramoso; caudice bienni.

Hab. in siccis et asperis montium Delphinensium; *Briançon* (*Hautes-Alpes.*) — Flor. maio (in horto.)

Sepala concava, dorso carinata, 9 mill. longa, 1 1/2 mill. lata, petala læte flava, limbo 5-3 mill. longo, fere æque lato; stamina fere omnia exserta, antheris oblongis, 2 3/4 mill. longis; stylus 1 1/2—2 mill. longus, ad latera siliquæ valde decurrens, stigmate latiusculo demum bilobo coronatus; glandulæ receptaculi breves, obtusæ; odor florum nullus. Planta 4-6 dec. alta.

Cette espèce se reconnaît à l'aspect du feuillage qui est d'un vert pâle un peu blanchâtre, à ses fleurs assez grandes, à ses siliques assez lâches et un peu étalées, blanchâtres sur les faces et vertes sur les angles. Ses feuilles sont plus étroites et plus dentées que dans l'*E. densisiliquum*, à dents plus saillantes, un peu canaliculées et non planes. Elle se rapproche par divers caractères de l'*E. cheiriflorum* WALLR. et semble intermédiaire à cette espèce et aux précédentes.

Elle diffère de cette dernière surtout par ses fleurs inodores, par ses graines de moitié plus grosses, de forme plus allongée et d'un brun plus clair, par ses feuilles caulinaires bien moins nombreuses, étalées et non dressées ou serrées contre la tige, bien moins dentées, plus étroites et d'un vert différent.

L'*E. crepidifolium* RCHB., que j'ai cultivé de graines de Franconie, reçues de M. Billot, est fort distinct de l'*E. delphinense*. Ses feuilles sont vertes, plus ou moins dentées, les caulinaires assez étalées et recourbées au sommet; ses pédoncules sont épais, courts et étalés, ainsi que les siliques qui sont concolores sur les angles.

L'*E. cheiriflorum* WALLR., qui est l'*odoratum* du Synopsis de Koch et de beaucoup d'auteurs, me paraît comprendre plusieurs espèces. La plante de Lorraine, que j'ai cultivée de *Liverdun* (*Meurthe*), peut être, à mon avis, rapportée au type de Wallroth. Celle de l'Istrie que Bertoloni a décrite dans son Flora italica, vol. 7, p. 83, sous le nom d'*E. odoratum*, est probablement différente de l'espèce de Lorraine. Ses feuilles sont plus grandes, ses siliques sont presque concolores sur les angles, terminées par un style plus court et un stigmate plus épais. L'*E. odoratum* des environs de Vienne qui correspond à l'*E. hieracifolium* JACQ. — *strictum*

DC., paraît aussi différent. Ses fleurs sont assez petites, d'un jaune foncé ; ses siliques sont courtes, dressées, un peu vertes sur les angles , terminées assez brusquement par le style qui est court et couronné par un stigmate échancré. L'*E. odoratum* EHRH., de Hongrie, est une plante à siliques longues, bien plus lâches et plus étalées ; ses feuilles sont à dents très-ouvertes et très-aiguës. Elle est figurée par Reichenbach dans ses Icones flor. germ. n° 4390.

M. Godron, dans la Flore de France, vol. 1, p. 88, rapporte , bien à tort selon moi , l'*E. carniolicum* DOLL. à l'*E. cheiriflorum* WALLR. comme une simple variation. Cette plante du Mont-Scharfenberg, en Carniole, qui ne croît pas en France, se reconnaît à ses feuilles qui sont plus petites que celles de *E. cheiriflorum*, munies de dents bien plus nombreuses et plus profondes, à ses fleurs encore plus grandes, au port et à l'aspect des siliques qui sont portées sur des pédoncules plus étalés , et terminées par un stigmate plus épais. Elle est figurée seulement en fleur au n. 4586 des Icon. flor. germ. de Reichenbach.

Bertoloni, dans son Flora italica, vol. 7, p. 84, décrit sous le nom d'*E. carniolicum*, une plante du Mont-Majore, en Istrie, qui me paraît distincte du vrai *carniolicum* DOLL. et que je nomme *E. istriacum*. Ses feuilles sont profondément dentées comme dans l'espèce de Carniole, mais à dents bien plus acuminées-subulées ; elles sont évidemment roncinées, les dents étant dirigées en arrière dans les feuilles inférieures. Ses fleurs sont un peu moins grandes, portées sur des pédoncules plus courts, plus épais et moins étalés. Le stigmate est notablement plus petit , obscurément et non fortement échancré. La tige est moins raide et moins robuste, souvent ascendante et flexueuse.

(Species 2 sequentes ex *E. cheiranthi* Pers. typo).

Erysimum segusianum. Jord.

E. pedunculis calice subduplo brevioribus ; sepalis duobus basi subsaccatis ; petalorum laminis elliptico-obovatis, ungue suo demum exserto brevioribus ; racemo fructifero laxissimo ; siliquis cum pedunculo patulis ascendentibusve, tenuibus, exquisite quadrangularibus, canescentibus, ad angulos subvirentibus, 60-80 mill. longis, stylo mediocri vix eis angustiore terminatis ; stigmate leviter emarginato ; seminibus breviter oblongis, parvis, apice marginatis ; foliis pallidis, cinereis, integris subdentatisve, radicalibus caulinisque inferioribus obverse oblongis vel lineari-oblongis inferne in petiolum attenuatis, caulinis cæteris, laxis, subpatulis, linearibus, subacutis ; axillis foliorum passim subnudis ; pube totius plantæ adpressissima sæpe bifida ; caulibus uni-pluribus, erectis, subangulatis, plerumque simplicibus ; caudice bienni.

Hab. in siccis et asperis Pedemontii, prope *Suza*. — Flor. maio fere exeunte (in horto).

Sepala 9 mill. longa ; petala haud intense flava, limbo 6-7 mill. longo, 5-6 mill. lato ; antheræ pallide luteo-virides, basi profunde sagittatæ ; stylus 1 1/2—2 mill. longus, vix a siliqua juniore distinguendus ; glandulæ receptaculi ovatæ, subquadratæ; odor florum subnullus. Planta subcanescens, florifera 2-3 dec. alta.

Cette espèce, qui est très-voisine de l'*E. helveticum* DC., est reconnaissable à ses feuilles cendrées-grisâtres ; les caulinaires peu nombreuses, assez étalées, peu aiguës, ordinairement très-entières. Ses siliques sont très-lâches, étalées, fines, blanchâtres, vertes sur les angles, à style peu allongé et à stigmate faiblement échancré.

La plante de la vallée d'Aoste, rapportée par Allioni à son *Cheiranthus Boccone*, mais qui ne cadre pas avec la description qu'il a donnée de son espèce, est tout-à-fait rapprochée de l'*E. segusianum*. Je la crois pourtant différente, d'après l'examen des échantillons que j'ai reçus de cette localité, de MM. Lag-

ger, Muret et Thomas, sous le nom d'*E. diffusum* EHRH.
Elle est à feuilles encore plus fines et plus blanches que
l'*E. segusianum*; ses siliques sont velues sur les angles; ses
fleurs sont plus grandes; sa souche paraît évidemment trisannuelle, émettant sur les pieds fructifiés des rosettes de
feuilles qui manquent ordinairement dans l'autre espèce. Je
crois donc pouvoir la désigner ici sous le nom d'*E. augusta-
num;* car elle est certainement très-distincte soit de l'*E. helveticum* DC., soit de l'*E. diffusum* EHRH.

L'*E. helveticum* très-bien décrit dans la Flore française de
De Candolle ainsi que dans le Systema du même auteur, qui
croît dans les lieux rocailleux du Valais, ainsi qu'à Briançon et ailleurs dans les Alpes du Dauphiné, est une espèce
très-rapprochée soit de l'*E. segusianum* JORD., soit de l'*E. cheiranthus* PERS. de Syrie et d'Autriche; elle s'éloigne également très-peu de l'*E. rhœticum* DC. Koch, dans son Synopsis
flor. germ., me paraît avoir pris pour *E. helveticum* une
autre espèce; car il distingue sa plante de l'*E. cheiranthus*
PERS. uniquement par son style très-allongé, et de l'*E. rhœticum* DC. uniquement par l'absence de rameaux stériles à
l'aisselle des feuilles. Mais, dans l'espèce du Valais décrite
par De Candolle, le style est de longueur médiocre, à peu
près comme dans l'*E. cheiranthus*, et les rameaux stériles qui
manquent aux aisselles des feuilles, lorsque la plante est un
peu maigre, se voient souvent lorsqu'elle est dans un état
luxuriant.

L'*E. helveticum* DC. a de commun avec les *E. cheiranthus*
et *rhœticum*, ainsi qu'avec l'*E. segusianum*, des siliques étalées et allongées, terminées par un style qui se confond
presque avec la silique dans le jeune âge, des fleurs d'un
jaune assez pâle, des feuilles presque planes et une souche à
ramifications très-écourtées. Il diffère de l'*E. segusianum* par
sa grappe fructifère moins lâche, ses siliques moins fines,

ses feuilles bien moins cendrées, les caulinaires plus aiguës et moins espacées sur la tige. Il se distingue de l'*E. cheiranthus* Pers. par ses fleurs bien plus petites, portées sur des pédoncules plus courts, à onglets des pétales très-saillants, par ses feuilles caulinaires bien moins denses, plus étalées et plus aiguës. L'*E. rhœticum* DC. s'en éloigne par ses feuilles plus vertes, moins étroites, souvent dentées, les caulinaires ordinairement recourbées au sommet, presque toutes munies de rameaux stériles à leur aisselle. Ses siliques sont bien plus longues et plus étalées, souvent contournées et flexueuses.

Dans l'*E. helveticum* de Briançon, que j'ai cultivé, les fleurs sont d'un jaune pâle, à odeur presque nulle, portées sur des pédoncules très-courts et très-étalés pendant la floraison ; les sépales sont d'un vert pâle, les deux extérieurs bien plus étroits, en sac à la base ; les pétales sont largement obovales, point cunéiformes, contractés vers l'onglet qui est linéaire, presque égal, aplani en dessous, un peu convexe en dessus, dans son milieu ; le style est long de 1/2—2 mill., d'abord plus épais que l'ovaire, ensuite se confondant avec lui, un peu élargi du haut et subclaviforme, terminé par un stigmate déprimé et à sillon peu marqué ; les filets des étamines sont aplanis inférieurement ; les glandes du réceptacle sont courtes, ovales, presque carrées, très-rapprochées ; les siliques sont quadrangulaires, un peu blanchâtres, presque glabres et vertes sur les angles, assez étalées ou un peu ascendantes, longues de 70-90 mill. ; les feuilles sont d'un vert pâle, un peu rudes au toucher sur leurs bords ; les radicales assez courtes, à limbe petit, presque plan, parfois muni de quelques dents courtes, ovales, peu acuminées, atténué inférieurement en pétiole subfiliforme ; les caulinaires ordinairement plus longues, linéaires, très-entières, aiguës, dressées ; les supérieures étalées ; les tiges sont dressées, anguleuses, simples ou parfois rameuses vers le haut; la souche est ordinairement trisannuelle, à divisions tout-à-fait écourtées.

Plusieurs plantes distinctes paraissent avoir été confondues par les auteurs italiens sous le nom d'*E. Cheiranthus* Pers. ou d'*E. lanceolatum* Brown. Je ne veux pas essayer de les faire connaître ici d'après quelques échantillons d'herbier. Je me bornerai à donner une courte description d'un *Erysimum* de Sicile, que j'ai cultivé de graines prises sur des échantillons récoltés par M. Cosson et qui m'ont été donnés par lui.

Erysimum etnense Jord.

E. lanceolatum, Guss. Syn. fl. sic., 2 p. 182, pro parte.

E. pedunculis calice duplo brevioribus; sepalis duobus basi subsaccatis, petalorum laminis obovatis, ungue parum exserto brevioribus; siliquis patentibus vel passim suberectis, quadrangularibus, eximie a dorso compressis, canescentibus, ad angulos subglabros virentibus, 50-90 mill. longis, stylo breviusculo clavato terminatis; stigmate emarginato-bilobo; seminibus oblongis, apice marginatis; foliis pallide virentibus, planis, integerrimis vel passim remote denticulatis, radicalibus caulinisque inferioribus obverse lineari-lanceolatis in petiolum attenuatis, cæteris erectis vel subpatulis, lato-linearibus acutis; caulibus uni-pluribus, erectis, teretibus, simplicibus vel superne ramosis; caudice bienni.

Hab. in Siciliæ valle *Nicolosi*, ad pedem montis *Etna*, (E. Cosson). — Flor. maio (in horto).

Cette espèce est surtout remarquable par ses siliques fortement comprimées sur le dos, plus ou moins allongées, assez épaisses, vertes sur les angles, terminées par un style plus claviforme que dans les autres espèces de ce groupe et dont le stigmate est bilobé.

11

(Species 10 sequentes ex *E. Bocconei* ALL. — *australis* GAY. typo, montium calcareorum inferiorum incolæ, caudice bienni vel trienni præditæ.)

Erysimum confine JORD.

E. pedunculis calice duplo brevioribus ; sepalis basi paulo inæqualibus ; petalorum laminis oblongo-obovatis, subcuneatis, ungue suo exserto brevioribus ; siliquis erectis vel subpatulis, obscure quadrangularibus, tereliusculis, leviter a dorso compressis, cinerascentibus concoloribus, 50-70 mill. longis, stylo mediocri subviridi terminatis ; stigmate paulisper emarginato ; seminibus lineari-oblongis, breviter apice marginatis ; foliis cinereo-virentibus ; radicalibus caulinisque inferioribus lineari-oblongis, inferne in petiolum attenuatis, leviter canaliculatis, parce dentatis; caulinis cæteris erectis, apice patulo-recurvatis, linearibus, acutis, breviter et remote dentatis subintegrisve ; axillis ramulos ferentibus vel subnudis ; pilis totius plantæ brevibus, adpressissimis, sæpe bifidis ; caulibus uni-pluribus, erectis, substrictis, subangulosis, simplicibus vel apice ramosis ; caudice bienni vel rarius trienni.

Hab. in glareosis calcareis agri vivariensis; *Crussol (Ardèche)*, etc. — Flor. initio maii (in horto).

Calix 11 mill. longus, apice breviter cristatus; petala pallide ochroleuca, limbo apice truncato, vel passim subemarginato, 8-9 mill. longo, 4-5 mill. lato, ungue 2-3 mill. exserto ; antheræ flavovirentes, 3 mill. longæ, longiorum staminum exsertæ ; stylus 1 1/2— 2 mill. longus, a siliqua juniore facile distinguendus ; odor florum sæpe vix ullus, passim subacutus, haud vero gratus. Planta florens, 2-4 dec. alta.

Cette espèce se reconnaît à ses pétales de forme assez étroite et d'un jaune pâle, à ses siliques qui sont souvent presque térètes ou dont les angles sont peu marqués.

Erysimum ruscinonense JORD.

E. pedunculis calice saltem duplo brevioribus ; sepalis basi inæqualibus ; petalorum laminis rotundato-obovatis, ungue suo exserto valde brevioribus ; siliquis erectis vel subpatulis, a dorso paulo compressis, quadrangularibus, ex viridi-canescentibus, subconcoloribus, 70-80 mill. longis, stylo longiusculo viridi terminatis; stigmate sub-emarginato; seminibus parvis, lineari-oblongis, breviter apice mar-ginatis; foliis subvirentibus, elongatis, canaliculatis, sæpe dentatis, radicalibus caulinisque inferioribus lato-linearibus inferne in pe-tiolum angustatis, caulinis cæteris erectis vix apice linearibus acutis subrecurvatis; axillis plerumque haud nudis; pilis totius plantæ sæpe bifidis, adpressissimis; caulibus uni-pluribus, erectis, strictis, subangulatis, sæpe ramosis; caudice trienni.

Hab. in siccis et rupestribus calcareis agri ruscinonensis; *Amélie-les-Bains (Pyr. Or.)*, etc. — Flor. maio (in horto).

Calix 9 mill. longus; petala læte flava; limbo 7-8 mill. longo, fere æque lato, passim subrhombeo, ungue 3-4 mill. exserto; antheræ 3 1/2 mill. longæ; stylus 2 1/2 — 3 mill. longus; odor florum sub-nullus. Planta florens 4-5 dec. alta.

Il est à feuillage plus vert, plus allongé et plus visiblement denté que dans le précédent; les tiges s'élèvent davantage et sont plus rameuses; les fleurs sont plus grandes et d'un plus beau jaune; les siliques sont plus longues et nettement quadrangulaires; les graines sont presque de moitié plus petites.

Erysimum cinerascens Jord.

E. pedunculis calice subtriplo brevioribus; sepalis basi paulo inæqualibus; petalorum laminis oblongis, vel oblongo-obovatis, un-gue suo demum exserto subduplo brevioribus; siliquis erectis vel subpatulis, exquisite quadrangularibus, subcanescentibus, ad an-gulos fere concoloribus, 40-70 mill. longis, stylo mediocri subviridi terminatis; stigmate emarginato; seminibus oblongis, apice breviter marginatis; foliis cinereis, canaliculatis; radicalibus caulinisque in-ferioribus obverse lineari-lanceolatis, dentatis subintegrisve, inferne in petiolum attenuatis; caulinis cæteris erectis vel subpatulis, superne eximie recurvatis contortisque, linearibus, acutis; axillis ramulos steriles gerentibus vel passim subnudis; pilis totius plantæ sæpe bifidis, adpressissimis; caulibus uni-pluribus erectis, subangulosis, superne ramosis; caudice trienni, breviter ramoso.

Hab. in siccis et rupestribus calcareis Galloprovinciæ australis ; *Marseille*, etc. — Flor. ineunte maio (in horto).

Calix 12 mill. longus , apice cristato sæpe rubescente ; petala pallide ochroleuca, limbo apice rotundato, 7-8 mill. longo, 4-5 mill. lato, ungue tandem 3-4 mill. exserto ; antheræ 4 mill. longæ, 1 mill. latæ ; stylus 1 1/2 — 2 mill. longus, ob colorem viridem ab ovario canescente facile distinguendus ; glandulæ receptaculi subconicæ ; odor florum nullus. Planta florens 3-4 dec. alta.

Il diffère des deux précédents par ses feuilles bien plus contournées et d'une couleur plus cendrée ; ses siliques sont aussi plus blanchâtres et plus nettement quadrangulaires. Le style est plus court que dans l'*E. ruscinonense* ; les fleurs sont plus petites, plus pâles, à pétales de forme plus étroite ; son port est moins robuste ; ses graines sont bien plus grosses et d'un brun plus clair.

Erysimum curvifolium Jord.

E. pedundulis calice subduplo brevioribus ; sepalis basi paulo inæqualibus ; petalorum laminis elliptico-ovalis, ungue suo tandem exserto brevioribus ; siliquis erectis vel subpatulis, quadrangularibus, cinereo-canescentibus, ad angulos concoloribus, 40-70 mill. longis, stylo longiusculo subvirente terminatis ; stigmate parvo, emarginato ; seminibus lineari-oblongis, apice breviter marginatis ; foliis subvirentibus ; radicalibus sublinearibus, parce dentatis, inferne attenuatis ; caulinis erectis, apice eximie patulo-recurvatis contortisque, elongatis, flaccidis, linearibus, remote dentatis vel subintegris, undulatis, parum canaliculatis ; axillis sæpe ramulos steriles gerentibus ; pilis totius plantæ sæpe bifidis, adpressissimis ; caulibus uni-pluribus, erectis, subangulosis, superne ramosis ; caudice trienni vel perennante.

Hab. in asperis calcareis Delphinatûs inferioris ; *Nyons (Drôme)*. — Flor. maio (in horto).

Calix 12 mill. longus, apice cristato viridi ; petala flava, limbo 8 mill. longo, 6 mill. lato, ungue 13 mill. longo ; antheræ flavo-virides, lineares, 4-5 mill. longæ ; stylus 3 mill. longus ; odor vix ullus. Planta florens 2-4 dec. alta.

Cette espèce se distingue de l'*E. cinerascens* par ses fleurs d'un jaune plus vif, à pétales de forme plus élargie, ovales et non oblongs-obovales ou cunéiformes, par ses feuilles plus vertes, moins canaliculées, par ses siliques moins blanches, terminées par un style plus allongé. Sa floraison est constamment plus tardive de huit à quinze jours, dans un même lieu. Ses feuilles contournées la distinguent des deux autres espèces précédentes. Ses graines sont un peu plus petites que celles des *E. confine* et *cinerascens*.

Erysimum collisparsum JORD.

E. pedunculis calice subtriplo brevioribus; sepalis basi paulo inæqualibus, petalorum laminis parvis, ovato oblongis, ungue suo valde exserto subduplo brevioribus; siliquis erecto-patulis exquisite quadrangularibus, cinereis, subconcoloribus, 50-70 mill. longis, stylo mediocri terminatis; stigmate subemarginato; seminibus parvis, oblongis, apice breviter marginatis; foliis subvirentibus, planiusculis, parce et remote subdentatis integrisve, radicalibus caulinisque inferioribus obverse lineari-oblongis in petiolum inferne attenuatis, cæteris erecto-patulis apice paulisper recurvatis sublinearibus acutis; axillis sæpe ramulos steriles gerentibus; pilis totius plantæ adpressissimis, sæpe bifidis; caulibus uni-pluribus, erectis, angulosis, superne plerumque aperte ramosis; caudice bienni.

Hab. in asperis collium calcareorum Galloprovinciæ superioris; *Digne (Basses-Alpes).* — Flor. maio (in horto).

Callix pallide virens, 8 mill. longus; petala læte flava, limbo 6 mill. longo, 3 1/2 mill. lato; stylus 2 mill. longus; glandulæ receptaculi obtusæ; odor florum nullus. Planta florens 3-4 dec. alta.

Cette espèce se reconnaît à ses fleurs petites, d'un jaune assez vif, dont les pétales sont de forme ovale-oblongue et point cunéiformes, à ses siliques un peu étalées, assez fines et nettement quadrangulaires, à ses feuilles presque vertes et très-peu contournées, à ses tiges dont les rameaux sont assez ouverts, enfin à sa souche très-écourtée et simplement bisannuelle. Elle fleurit huit jours après les *E. cinerascens* et *confine* ; elle précède d'autant l'*E. curvifolium*.

Ses feuilles sont plus courtes et plus planes que dans l'*E. ruscinonense;* ses graines sont de forme moins étroite.

Erysimum petrophilum Jord.

E. pedunculis calice haud duplo brevioribus ; sepalis basi inæqualibus ; petalorum laminis subrotundo-obovatis, ungue suo vix exserto paulo brevioribus ; siliquis erecto-patulis, exquisite quadrangularibus, canescentibus, ad angulos primum subvirentibus, 50-80 mill. longis, stylo breviusculo viridi terminatis; stigmate subemarginato ; seminibus lineari-oblongis, apice breviter marginatis ; foliis cinerascentibus, planiusculis, breviter et remote dentatis integrisve ; radicalibus caulinisque inferioribus obverse oblongis, inferne in petiolum attenuatis ; caulinis cæteris erecto-patulis, apice paululum recurvatis, breviusculis, lato-linearibus, acutis ; axillis sæpe nudis ; pilis totius plantæ sæpe bifidis, adpressissimis ; caulibus uni-pluribus, erectis, subangulosis, simplicibus vel apice subramosis ; caudice trienni vel perennante.

Hab. in petrosis calcareis Delphinatûs et agri vivariensis ; *Châteaubourg (Ardèche)*, etc. — Flor. ineunte maio (in horto).

Calix basi subbisaccatus, 10 mill. longus; petala pallide flava, limbo 8 mill. longo, æque lato ; antheræ 4 mill. longæ; stylus 2 mill. longus; glandulæ receptaculi aliæ conicæ, aliæ abbreviatæ obtusiores ; odor florum mitis, haud vero nullus ; caules florentes 2-4 dec. alti.

Il se distingue des précédents par ses feuilles généralement plus courtes et plus larges, ses tiges plus épaisses, ses fleurs un peu odorantes. Ses siliques sont raides, un peu vertes sur les angles avant la maturité.

Il fleurit dès les premiers jours de mai, en même temps que les *E. confine* et *cinerascens*, dont il s'éloigne par la forme plus arrondie des pétales et l'aspect du feuillage.

Erysimum leucophæum JORD.

E. pedunculis calice subtriplo brevioribus ; sepalis basi paulo inæqualibus ; petalorum laminis obovatis, ungue suo exserto subduplo brevioribus ; siliquis strictis, erecto-patulis, exquisite quadrangularibus, a dorso leviter compressis, canescentibus, concoloribus, 40-70 mill. longis, stylo mediocri terminatis ; stigmate subemarginato ; seminibus oblongis, apice breviter marginatis ; foliis cinereocanescentibus, planiusculis, breviter et remote dentatis integrisve ; radicalibus caulinisque inferioribus obverse lineari-oblongis, inferne in petiolum sæpe violaceo tinctum attenuatis ; caulinis cæteris erectis, apice rectiusculis, sublinearibus ; axillis nudiusculis ; pilis totius plantæ sæpe bifidis, adpressissimis ; caulibus uni-pluribus, erectis, strictis, parum angulosis, simplicibus vel apice ramosis ; caudice trienni vel perennante.

Hab. in petrosis calcareis Galliæ austro-orientalis ; (*Vaucluse*), etc. — Flor. exeunte maio (in horto).

Calix 10 mill. longus ; petala læte flava, limbo 6 mill. longo, 4 1/2 mill. lato ; stylus 2 mill. longus ; odor florum nullus. Planta florens 2-4 dec. alta.

Ses feuilles caulinaires dressées, peu étalées, très-peu ou pas recourbées au sommet, le distinguent des *E. cinerascens* et *curvifolium*. Il diffère de l'*E. collisparsum* par ses feuilles blanchâtres, ses siliques plus épaisses et par les branches de la tige moins ouvertes. Il s'éloigne de l'*E. confine* par ses siliques nettement quadrangulaires et plus épaisses. Il se distingue de l'*E. petrophilum* par les pédoncules plus courts, les feuilles radicales plus étroites et plus dentées, les feuilles caulinaires plus dressées, l'odeur des fleurs nulle, la floraison plus tardive de trois semaines dans un même lieu. Ses graines sont assez petites et de forme plus écourtée que dans les espèces précédentes.

Erysimum rigens Jord.

E. pedunculis calice subtriplo brevioribus; sepalis basi inæqualibus; petalorum laminis late obovatis, ungue exserto brevioribus; siliquis erectis vel subpatulis, strictis, exquisite quadrangularibus, cinerascentibus, ad angulos glabrescentes subvirentibus, 60-80 mill. longis, stylo mediocri terminatis; stigmate subemarginato; seminibus oblongis, apice marginatis; foliis cinereo-virentibus, breviter et remote dentatis integrisve; radicalibus caulinisque inferioribus obverse oblongis vel lineari-oblongis, in petiolum attenuatis; caulinis cæteris erecto-patulis, lato-linearibus, acutis, basi angustatis, apice leviter subrecurvis, paulisper canaliculatis; axillis sæpe nudis; pilis totius plantæ brevibus, adpressissimis, sæpe bifidis; caulibus unipluribus, stricte erectis, subangulatis, plerumque simplicibus; caudice abbreviato, bienni vel passim trienni.

Hab. in montosis asperis calcareis Galloprovinciæ superioris; *Mont-de-Lure (Basses-Alpes)*. — Flor. ineunte maio (in horto).

Calix 11 mill. longus; petala læte flava, limbo 8-9 mill. longo, 7-8 mill lato; stylus 2—2 1/2 mill. longus; glandulæ receptaculi breviter ovatæ vel subconicæ; odor florum nullus. Planta florens 2-4 dec. alta.

Cette espèce se distingue des *E. leucophæum* et *petrophilum* par ses feuilles plus larges et d'un vert plus foncé, ses fleurs plus grandes, sa souche bisannuelle et très-écourtée. Sa floraison est précoce et précède de quelques jours celle de l'*E. petrophilum*.

Erysimum montosicolum Joad. in Billot Annot. à la flore de France et d'Allemagne p. 123.

E. pedunculis calice saltem duplo brevioribus; sepalis basi paulo inæqualibus; petalorum laminis late obovatis, ungue suo paulisper exserto subduplo brevioribus; siliquis erectis vel subpatulis, quadrangularibus, paululum a dorso compressis, cinerascentibus, ad angulos subconcoloribus, 60-70 mill. longis, stylo longiusculo terminatis; stigmate parvo, subemarginato; seminibus oblongis, apice

breviter marginatis ; foliis cinereo-virentibus , brevibus, subdentatis
integrisve; radicalibus caulinisque inferioribus elliptico-linearibus vel
obverse lanceolatis vix acutiusculis, in petiolum attenuatis ; caulinis
cæteris erectis subpatulis, vix apice paululum recurvatis, leviter canaliculatis, linearibus, acutis ; axillis foliorum sæpe nudis ; pilis totius
plantæ brevibus, adpressis vel ad foliorum paginam superiorem erectiusculis, sæpe bifidis ; caulibus uni-pluribus , strictis, subangulatis,
plerumque simplicibus ; caudice perennante abbreviato.

Hab. in montosis calcareis Delphinatûs ; *Charance* prope *Gap*
(*Hautes-Alpes*) — Flor. maio (in horto).

Calix flavo-viridis, 9 mill. longus, apice breviter cristatus ; petala
ochroleuca , limbo 6-7 mill. longo, fere æque lato, ungue 11 mill.
longo ; antheræ vix 3 mill. longæ, vix 1 mill. latæ ; stylus fere 3 mill.
longus, tenuis et ovario paulo angustior ; glandulæ tori breviter ovatæ;
folia ob pubem erectiusculam sæpe superne tactu aspera ; odor flo -
rum lævis, sed haud nullus ; caules florentes 1-2 dec. alti.

Cette espèce, généralement plus basse que les précédentes,
est à feuilles plus courtes, à tiges ordinairement simples,
à aisselles des feuilles presque nues. Sa souche pérennante,
son style plus allongé et ses siliques un peu plus fines la
distinguent de l'*E. rigens*.

On trouve dans les lieux qu'elle habite une autre forme
un peu plus robuste, à style plus court, à souche également
pérennante, qui devra peut-être être distinguée.

Erysimum aurosicum Jord.

E. pedunculis calice basi paulo inæquali subtriplo brevioribus ;
petalorum laminis obovatis, ungue suo parum exserto subduplo
brevioribus ; racemis fructiferis parum elongatis ; siliquis erectis vel
subpatulis, cinereo-virentibus, exquisite quadrangularibus, ad angulos
glabrescentibus, paulisper a dorso compressis, 70-80 mill. longis,
stylo mediocri viridi terminatis ; stigmate crasso subemarginato ;
seminibus lineari-oblongis, apice marginatis ; foliis viridibus parce et
tenuiter breviterque subdentatis integrisve, planiusculis ; radica -
libus caulinisque inferioribus obverse lineari-oblongis, inferne in petiolum attenuatis ; caulinis cæteris erectis, densis, linearibus, acutis

basi angustatis ; axillis foliorum nudis ; pube totius plantæ adpressa, sæpe bifida ; caulibus plerumque numerosis, brevibus, erectis, sim-plicibus ; caudicis perennantis surculis breviusculis.

Hab. in glareosis Alpium Delphinatus ; *Mont-Aurouse* prope *Gap* (*Hautes-Alpes*). — Flor. maio (in horto).

Calix 10 mill. longus, sepalis dorso tenuiter carinatis ; petala flava limbo 7-8 mill. longo, 6-7 mill. lato, in unguem abrupte contracto ; antheræ 3 1/2 mill. longæ, 3/4 mill. latæ ; stylus 2—2 1/2 mill. longus, vix ovario angustior ; glandulæ receptaculi abbreviatæ, obtusæ ; odor lævis, sæpe vix ullus. Planta florens 1-2 dec. alta.

Cette espèce est plus voisine de l'*E. montosicolum* que des autres qui précèdent ; elle en diffère surtout par ses siliques disposées en grappe plus courte, ses feuilles plus vertes, les caulinaires plus dressées, plus nombreuses et presque planes, ses tiges plus basses, sa station plus alpine.

Les dix espèces de ce groupe, que je viens de décrire, pré-sentent une grande affinité. Il faut beaucoup d'attention et de très-bons exemplaires pour les reconnaître sûrement en herbier. On serait donc tenté, au premier coup d'œil, de les prendre pour de simples modifications d'une même espèce. Mais quelque spécieuse que puisse paraître cette opinion, ce serait, je crois, tomber dans l'erreur que de l'admettre. En effet, j'ai récolté la plupart de ces formes pendant les années 1840 et 1841 ; je les ai cultivées fréquemment de graines depuis cette époque déjà éloignée ; elles m'ont offert, selon leurs divers états et suivant les saisons, diverses modifications surtout dans le port, la grandeur des fleurs et des feuilles, la longueur des siliques et du style ; mais en définitive leurs différences, prises dans leur ensemble, sont demeurées con-stantes, et, dans ce moment même où j'écris ces lignes, je possède un jeune semis de chacune de ces dix espèces, qui toutes sont très-reconnaissables au seul aspect du feuillage.

(Species 5 sequentes ex *E. pumili* GAUD. typo, humiles, alpicolæ, caudice
denso perennante, axillis foliorum nudis.)

Erysimum alpestre JORD.

E. pedunculis calice basi bisaccato duplo saltem brevioribus ; petalorum laminis rotundato-obovatis, apice subtruncatis, ungue suo
paulo exserto subduplo brevioribus ; racemo fructifero modice elongato ; siliquis erectis, haud strictis, tenuibus, quadrangularibus, a
dorso compressis, cinereo-virentibus, 50-70 mill. longis, in stylum
longiusculum stigmate emarginato coronatum haud abrupte desinentibus ; seminibus lineari-oblongis, apice marginatis ; foliis pallide
virentibus; radicalibus lineari-oblongis vel subspathulatis, integris vel
rariter subdentatis ; caulinis cæteris linearibus, integerrimis, acutis ,
basi angustatis ; axillis foliorum nudis ; pilis totius plantæ brevibus
adpressis, passim bifidis ; caulibus subflexuosis, erectis, substriatis,
simplicissimis ; caudicis perennantis surculis abbreviatis.
Hab. in rupestribus schistosis Alpium delphinensium ; *Mont-Viso,
Saint-Véran (Hautes-Alpes)*, etc. — Flor. ineunte maio (in horto).
Calix viridis, 10 mill. longus , 4 mill. latus, sepalis basi et apice
disjunctis ; petala flava, limbo 7-8 mill. longo, fere æque lato ; stylus
3-4 mill. longus, antheras staminum longiorum superans ; glandulæ
receptaculi abbreviatæ ; odor florum nullus. Planta florens 5-12
cent. alta.

Cette espèce me paraît correspondre à l'*E. helveticum* du
Synopsis de Koch, d'après la description de cet auteur, mais
nullement à l'*E. helveticum* DC., qui est une plante plus élevée,
à grappe fructifère très-allongée, à siliques plus étalées , à
style de longueur médiocre. Elle diffère en outre de ce
dernier par ses feuilles vertes et non cendrées ou subglaucescentes, ses pétales de forme plus élargie , ses siliques
plus vertes, plus courtes, moins exactement quadrangulaires , évidemment comprimées , un peu toruleuses et inégales , un peu atténuées au sommet et non confondues avec

le style, ses feuilles caulinaires plus nombreuses, dressées
et non étalées, sa souche pérennante.

Erysimum brevicaule JORD.

E. pedunculis calice basi bisaccato duplo brevioribus ; petalorum
laminis obovatis ungue suo statim exserto duplo brevioribus ; siliquis erectis, strictis, tenuibus, exquisite quadrangularibus, 50-60 mill.
longis, stylo mediocri terminatis ; stigmate subemarginato ; seminibus lineari-oblongis, breviter marginatis ; foliis cinereo-viridibus,
radicalibus caulinisque inferioribus lineari-oblongis, petiolatis, remote denticulatis, sæpe scapo florifero longioribus ; caulinis cæteris
erectis, linearibus, acutis, basi angustatis, remote dentatis integrisve ;
axillis foliorum nudis ; pilis totius plantæ brevibus, adpressis, sæpe
bifidis ; caulibus erectis, subflexuosis, demum strictis, simplicissimis;
caudicis perennantis densi surculis abbreviatis.

Hab. in rupestribus Alpium delphinensium ; *St-Véran (Hautes-Alpes)*.
— Flor. ineunte maio (in horto).

Calix 10 mill. longus, 3 1/2 mill. latus ; petala flava, 7 mill. longa,
æque lata, unguibus 4-5 mill. exsertis ; antheræ omnes sub anthesi
exsertæ ; stylus 2 mill. longus ; glandulæ receptaculi abbreviatæ ; flores
leviter odorati. Planta florens 4-10 cent. alta.

Il diffère de l'*E. alpestre* JORD. par l'onglet des pétales bien
plus saillant, le style plus court, à stigmate moins épais et
plus obscurément échancré, les siliques plus raides et plus
fines, bien moins atténuées vers la base du style, les feuilles
plus pâles et plus dentées, les fleurs un peu odorantes et la
floraison plus précoce.

Erysimum parvulum JORD.

E. pedunculis calice basi paulo inæquali plus duplo brevioribus;
petalorum laminis rotundo-obovatis, ungue suo paululum exserto
subduplo brevioribus ; racemo fructifero breviusculo ; siliquis erectis vel subpatulis, strictis, parvis, tenuibus, quadrangularibus, tantulum a dorso compressis, cinereo viridibus, 30-45 mill. longis, in
stylum mediocrem stigmate parvo obscure vix emarginato corona-

tum desinentibus; seminibus lineari-oblongis, apice ala latiuscula præditis; foliis minutis, subcinereo-viridibus; radicalibus caulinisque inferioribus sublinearibus, vel imis oblongis in petiolum attenuatis, rariter subdentatis integrisve; caulinis cæteris erectis, linearibus, perangustis, subintegerrimis, acutis; axillis foliorum nudis; pilis totius plantæ brevibus, adpressis, sæpe bifidis; caulibus subflexuosis, erectis, tenuibus, subangulosis, simplicissimis; caudicis perennantis densissimi surculis maxime abbreviatis.

Hab. in rupestribus Alpium delphinensium : supra *Fond*, eundo ad *col de Malrief* (*Hautes-Alpes*). — Flor. exeunte aprili vel ineunte maio (in horto).

Corymbuli 6-8 flori ; calix 9-10 mill. longus, 4 mill. latus ; petala læte ochroleuca, limbo 6 mill. longo , 6-7 mill. lato , ungue 2 mill. tandem exserto; antheræ pallide flavæ, haud exsertæ; stylus subæqualis, 1-2 mill. longus; glandulæ receptaculi abbreviatæ, obtusæ ; flores odoratissimi. Planta dense cespitosa, florens 2-4 cent. alta, fructifera 5-8 cent. in totum cum siliquis alta.

Cette plante que j'ai élevée de graines de mes échantillons et dont j'ai cultivé également des pieds apportés vivants du lieu qu'elle habite , est fort distincte des deux précédentes par la petitesse de ses feuilles ainsi que par ses grappes fructifères plus courtes , ses siliques plus courtes et plus fines, surmontées d'un style presque égal et non épaissi vers le haut, à stigmate plus petit à peine échancré. L'odeur des fleurs est très-prononcée et sa floraison est plus précoce.

Quoique le style soit peu allongé, je crois que cette plante est différente de l'*E. pumilum* décrit par Gaudin, auquel cet auteur attribue des siliques très-longues et un style très-court.

Erysimum jugicolum Jord.

E. pedunculis calice basi bisaccato plus duplo brevioribus ; petalorum laminis rotundato-obovatis, obtusissimis, ungue suo statim exserto haud duplo brevioribus; racemo fructifero breviusculo ; siliquis erectis vel subpatulis, strictis, quadrangularibus, a dorso compressis, cinereo-virentibus, 40-55 mill. longis, in stylum mediocrem stigmate crassiusculo tandem emarginato coronatum abrupte desinentibus; seminibus oblongis, parvis, apice breviter marginatis; foliis viridibus, planiusculis; radicalibus caulinisque inferioribus obverse oblongis vel subspathulatis, in petiolum inferne attenuatis, sæpe sinuato-dentatis; caulinis cæteris erecto-patulis, linearibus, acutis integris vel subdentatis; axillis nudis; pilis totius plantæ brevibus, adpressis, sæpe bifidis; caulibus erectis, brevibus, subangulosis, simplicibus; caudicis perennantis surculis brevissimis.

Hab. in rupestribus Alpium Galloprovinciæ; *Larche* (*Basses-Alpes*) et in monte Cenisio. — Flor. ineunte maio (in horto).

Calix 9-10 longus, sepalis utroque apice disjunctis, medio tantum contiguis; petala læte ochroleuca, limbo subreniformi-obovato, 8 mill. lato, 7 mill. longo, ungue 3-4 mill. exserto; stamina majora paulo exserta; stylum 2—2 1/2 mill. longus, apice incrassatus, sub anthesi antheras haud æquans; siliquæ crassiusculæ, passim torulosæ, apice sat abrupte stylo terminatæ; flores leviter odorati. Planta florens 3-8 cent. alta.

Il se distingue de l'*E. parvulum* JORD. par ses feuilles vertes, plus étalées, bien plus larges et plus longues, ses siliques plus épaisses, son style un peu épaissi au sommet, à stigmate plus gros et plus visiblement échancré, ses graines à bordure du sommet très-écourtée.

La forme plus élargie des pétales, leurs onglets moins saillants et l'aspect du feuillage l'éloignent de l'*E. brevicaule* JORD.

L'*E. pumilum* décrit par Gaudin ne me paraît se rapporter exactement ni à cette espèce ni à la précédente; car cet auteur dit des siliques de sa plante qu'elles sont *longissimæ valde graciles, 2 1/2 uncias longæ*, et du style qu'il est très-court, *stylus brevissimus, stigmate parvo*. L'*E. pumilum* (Hornem.) *sub Cheirantho*, qui est d'après la description *foliis inferioribus spathulato-ovatis, siliquis patentissimis*, paraît encore une tout autre espèce que la plante de Gaudin.

Erysimum oreites Jord.

E. pedunculis calice basi bisaccato subtriplo brevioribus; petalo-rum laminis subrotundo-obovatis, ungue suo exserto haud duplo brevioribus; siliquis erectis vel subpatulis, quadrangularibus, a dorso compressis, cinereo-virentibus, 60-70 mill. longis, apice in stylum longiusculum stigmate subemarginato coronatum sensim abeuntibus; seminibus lineari-oblongis, apice breviter marginatis ; foliis viri-dibus, brevibus, canaliculatis ; radicalibus caulinisque inferioribus obverse oblongis, obtusis , in petiolum inferne attenuatis, sæpe sinuato-dentatis; caulinis eæteris erectis, linearibus, vix acutis, brevi-ter et crebre dentatis vel passim subintegris ; axillis nudis ; pilis totius plantæ brevibus, adpressis, sæpe bifidis ; caulibus erectis brevibus subanguloso-costatis, simplicibus ; caudicis perennantis surculis bre-viusculis.

Hab. in glareosis et rupestribus calcareis Alpium delphinensium ; *Rabou* prope *Gap* (*Hautes-Alpes*). — Flor. maio (in horto).

Sepala 11 mill. longa, 2 mill. lata , acuta, dorso carinata ; petala læte flava , limbo 9 mill. longo, fere æque lato, apice subtruncato, ungue tenui 13-14 mill. longo ; antheræ 3-4 mill. longæ , 1 1/4 mill. latæ; stylus 2-3 mill. longus, sub anthesi haud exsertus, ad latera siliquæ decurrens ; glandulæ tori obtusæ; flores odorati. Planta flo-rens 6-12 cent. alta.

Cette espèce, par ses siliques atténuées au sommet et un peu toruleuses, marque le passage des espèces de ce groupe à celles du groupe suivant.

Elle diffère de l'*E. jugicolum* par ses feuilles bien plus dentées et canaliculées, son style plus allongé, terminé moins brusquement à la base, à stigmate plus petit, ses fleurs odo-rantes, sa souche moins dense. Elle s'éloigne des *E. parvulum* et *brevicaule* par la forme des siliques. Elle se distingue de l'*E. alpestre* par ses siliques plus épaisses, ses feuilles plus dentées, sa souche bien moins dense, l'odeur de sa fleur très-prononcée et non tout-à-fait nulle.

(Species 5 sequentes ex *E. ochroleuci* typo; caudicis perennis surculis
elongatis tortuosis, siliquis a dorso compressis apice in stylum sensim
abeuntibus.)

Erysimum accedens Jord.

E. pedunculis calice basi bisaccato paulo brevioribus; petalorum
laminis obovatis, ungue suo tandem subexserto brevioribus; racemo
fructifero longissimo; siliquis erectis, quadrangularibus, a dorso
compressis, cinerascentibus, 90-110 mill. longis, apice in stylum
tenuem longum stigmate parvo subemarginato coronatum sensim
abeuntibus; seminibus lineari-oblongis, apice ala longiuscula præditis; foliis subvirentibus, radicalibus caulinisque inferioribus obverse
lineari-lanceolatis acutis sæpe dentatis basi attenuato-filiformibus;
caulinis cæteris laxe erectis elongatis linearibus acutis sæpe remote
denticulatis, superioribus racemum juniorem passim superantibus,
axillis plerumque nudis; pilis totius plantæ brevibus, adpressis sæpe
bifidis; caulibus basi ascendentibus, subflexuosis, anguloso-sulcatis,
simplicibus; caudicis perennantis surculis longiusculis.

Hab. in glareosis calcareis Galloprovinciæ superioris; *Mont-de-Lure*
(*Basses-Alpes*). — Flor. ineunte maio (in horto).

Calix 11 mill. longus, 3 1/2--4 mill. latus; petala pallide ochroleuca,
limbo 8 mill. longo, 6-7 mill. lato, unguibus sub anthesi haud exsertis; antheræ pallide et sordide flavescentes, 3 1/2 mill. longæ, paulo
exsertæ; stylus 4-5 mill. longus; glandulæ tori obtusæ; odor floris
nullus. Planta florens 1-2 dec. alta, fructifera 3-5 dec. longa.

Il est remarquable par ses pédoncules un peu moins courts
que dans les espèces suivantes, ses siliques plus longues, disposées en grappe très-allongée, son style assez long, ses
feuilles un peu longues et assez dentées, ses fleurs inodores.

Erysimum pyrenaicum Jord.

E. pedunculis calice basi bisaccato brevioribus; petalorum laminis
subrotundo-obovatis, ungue suo parum exserto subduplo-brevioribus;
racemo fructifero modice elongato; siliquis erecto-patulis obscure
quadrangularibus, a dorso compressis, inæqualiter torulosis, subcine-

rascentibus, 45-65 mill. longis, apice in stylum mediocrem stigmate emarginato coronatum sensim abeuntibus; seminibus oblongis, imo apice breviter marginatis; foliis cinereo-virentibus, paulisper canaliculatis, radicalibus caulinisque inferioribus obverse lineari-lanceolatis acutis, sæpe breviter dentatis, inferne in petiolum attenuatis; caulinis cæteris longiusculis, linearibus, basi angustatis, remote denticulatis subintegrisve, paulisper canaliculatis, erectis vel subpatulis, apice leviter recurvatis; axillis plerumque nudis; pilis totius plantæ brevibus, adpressis, sæpe bifidis; caulibus basi ascendentibus, erectis, angulosis, simplicibus; caudicis perennantis surculis longiusculis.

Hab. in glareosis Pyrenæorum; *Port-de-Vénasque (Haute-Garonne)*; etc. — Flor. maio (in horto).

Calix 9 mill. longus, 3 1/2 mill. latus; petala læte ochroleuca; limbo 6-7 mill. longo, æque lato, ungue 11 mill. longo; stylus 2 mill. longus, sub anthesi haud exsertus; stigma parvum, sulco impressum; glandulæ tori obtusæ, breves; odor floris gratus, etiam acutus. Planta florens 1-2 dec. alta.

Cette espèce est remarquable par sa grappe fructifère peu allongée. Ses siliques sont comprimées, toruleuses, surmontées d'un style assez court; l'odeur de sa fleur est assez pénétrante. Je l'ai cultivée de graines qui m'ont été données par M. Billot. Elle paraît assez répandue dans la région pyrénéenne. J'ai récolté à Lhiéris et à Esparros près Bagnères-de-Bigorre une forme de cette plante, dont les feuilles sont plus grandes, plus fortement dentées, les siliques plus allongées, le style plus court et les graines plus largement bordées au sommet. Je ne la crois pas spécifiquement distincte du type; mais elle mériterait cependant d'être soumise à la culture, pour être l'objet d'un examen plus attentif.

Erysimum consimile Jord.

E. pedunculis calice basi bisaccato brevioribus; petalorum laminis obovatis, ungue suo statim exserto brevioribus; racemo fructifero elongato; siliquis erectis vel subpatulis, quadrangularibus, a dorso compressis, cinereo-virentibus, 50-70 mill. longis, stylo mediocri fere abrupte terminatis ; stigmate subemarginato ; seminibus lineari-oblongis, imo apice ala latiuscula præditis ; foliis pallide virentibus, planiusculis, radicalibus caulinisque inferioribus obverse lineari-lanceolatis in petiolum attenuatis parce dentatis, caulinis linearibus acutis basi angustatis, remote et brevissime denticulatis subintegrisve, paulisper canaliculatis, erectis vel subpatulis rectiusculis ; axillis plerumque nudis ; pilis totius plantæ brevibus, adpressis, sæpe bifidis ; caulibus basi ascendentibus, erectis, angulosis, simplicibus ; caudicis perennis surculis diffusis, longiusculis.

Hab. in glareosis calcareis ; *Mont-Glandas* prope *Die* (*Drôme*), etc. — Flor. initio maii (in horto).

Calix albo-viridis, 11 mill. longus, 3 1/2 mill. latus ; petala pallide ochroleuca, limbo 8-9 mill. longo, fere æque lato ; ungue 3-4 mill. exserto ; stylus 2-3 mill. longus, antheras staminum majorum sub anthesi mox superans ; glandulæ tori obtusæ, breves ; flores leviter odorati. Planta florens 2-3 dec. alta.

Il se distingue de l'*E. pyrenaicum* par ses siliques plus exactement quadrangulaires, bien moins comprimées, peu ou pas toruleuses ; ses feuilles sont moins dentées et planiuscules.

Il diffère de l'*E. accedens* par sa grappe fructifère moins allongée, ses siliques plus courtes, plus brusquement terminées au sommet, son style plus court, ses fleurs un peu odorantes.

Erysimum glareosum JORD.

E. pedunculis calice basi bisaccato brevioribus ; petalorum laminis obovatis, ungue suo statim exserto subduplo brevioribus ; racemo fructifero elongato ; siliquis erectis vel subpatulis, crassis, quadrangularibus, a dorso valde compressis, inæqualiter torulosis, cinerascentibus, 50-70 mill. longis, apice in stylum longiusculum stigmate subemarginato coronatum sensim abeuntibus ; seminibus grandibus, oblongis, apice breviter marginatis ; foliis intense cinereo-virentibus, subcanaliculatis, breviter et subargute denticulatis, radi-

calibus caulinisque inferioribus densissimis, obverse lineari-lanceolatis acutis in petiolum filiformem attenuatis, caulinis superioribus
latioribus erecto-patulis apice eximie recurvatis; axillis plerumque
nudis; pilis totius plantæ brevibus, adpressis, sæpe bifidis; caulibus
basi ascendentibus, erectis, subflexuosis, anguloso-sulcatis, simplicibus; caudicis perennis surculis diffusis, elongatis.

Hab. in glareosis montium Beugesi et Jurassi; *Tenay (Ain)*, etc. —
Flor. ineunte maio (in horto).

Calix pallide virens, sæpe apice cristato rubens, 12 mill. longus,
4 mill. latus, sepalis dorso eximie carinatis; petala læte flava, limbo
7-9 mill. longo, 6-7 mill. lato, ungue lineari apice subæquali; antheræ
basi adpresse auriculatæ, 3 1/2—4 mill. longæ; stylus 3-4 mill. longus, vix a siliqua juniore distinguendus; glandulæ tori obtusæ; odor
floris sat acutus. Planta florens 2 dec. alta.

Cette espèce, que j'observe depuis seize ans dans mes cultures, est surtout remarquable par ses feuilles inférieures
assez courtes et très-denses, les caulinaires assez étalées et recourbées au sommet, toutes un peu canaliculées et le plus
souvent denticulées. Les ramifications de la souche sont assez
allongées et toutes couvertes des cicatrices des feuilles dé-
truites, qui sont bien plus rapprochées et plus nombreuses
que dans les autres espèces.

Elle se distingue des trois précédentes, indépendamment
de l'aspect du feuillage, par ses siliques plus épaisses et ses
graines notablement plus grosses. Les siliques sont plus atténuées au sommet et le style est plus long que dans la précédente. Les fleurs sont aussi plus grandes, en grappe plus
serrée, d'un plus beau jaune, plus odorantes, à pédoncules
plus courts et plus étalés. Les feuilles sont plus étalées,
plus dentées et de consistance plus épaisse.

Plusieurs espèces ont été confondues sous le nom d'*E.
ochroleucum*, même dans la région jurassique. Celle qui croît
à la Dôle (Jura) me paraît conforme à l'*E. glareosum* du
Bugey que je cultive. Mais l'*E. ochroleucum* de Salins (Jura)

publié dans le Flor. exsicc. de M. Billot me paraît en différer et se rapporter plutôt à l'espèce que je nomme *E. consimile.*

Erysimum ascendens Jord.

Cheiranthus alpinus Vill. Hist. d. pl. Dauph. v. 3 p. 315, ex parte.

E. pedunculis patentibus, crassis, calice basi subbisaccato subtriplo brevioribus ; petalorum laminis subrotundo-obovatis , ungue suo exserto brevioribus ; racemis fructiferis elongatis ; siliquis erectis vel subpatulis obscure quadrangularibus, eximie a dorso compressis, remote torosis, cinerascentibus, 40-60 mill. longis, in stylum longiusculum tenuem stigmate parvo vix emarginato coronatum apice sensim abeuntibus ; seminibus parum numerosis, oblongis, apice marginatis ; foliis viridibus, subplanis, subintegris, crassiusculis, radicalibus caulinisque inferioribus lineari-oblongis vel obverse lanceolatis, in petiolum attenuatis, caulinis cæteris erecto-patulis, subrectis, lato-linearibus acutis basi angustatis ; axillis sæpe nudis ; pilis totius plantæ brevibus, adpressis, sæpe bifidis ; caulibus basi tortuosis, ascendentibus, subflexuosis, simplicibus ; caudicis perennis surculis tenuibus, diffusis, elongatis.

Hab. in glareosis Alpium delphinensium ; *Mont-Aurouse* prope *Gap* (*Hautes-Alpes*), etc. — Flor. ineunte maio (in horto).

Calix pallidus, 12 mill. longus ; petala pallide ochroleuca, limbo 12 mill. longo, æque lato, ungue 2-3 mill. exserto ; antheræ pallidæ, 4 mill. longæ ; stylus 3-4 mill. longus ; glandulæ tori obtusæ ; flores odorati. Planta florens 8-15 cent. alta.

Cette espèce est plus basse et moins robuste que la précédente. Elle en est tout-à-fait distincte par l'aspect du feuillage, ses feuilles étant d'un vert plus clair, presque planes, entières ou très-peu dentées, point recourbées au sommet. Elle s'en rapproche assez par la forme des siliques, qui sont cependant un peu moins grandes et terminées par un style plus fin.

J'ai cultivé de graines ces deux plantes et, sur le vif, il est impossible de les confondre.

(Species 8 sequentes ex *B. Erucastri* L. — *B. Cheiranthi* Vill. typo.)

Brassica arenosa. Jord.

B. floribus laxe racemoso-subcorymbosis; sepalis erectis, conniventibus, basi subsaccatis, apice hispidis, pedunculo vix longioribus ; petalis oblongo-obovatis, flavis, venosis, unguibus subexsertis ; racemo fructifero elongato, laxissimo; siliquis erecto-patulis patentibusve, teretiusculis, valvis subtrinerviis nervo medio crassiore diremptis venulosisque, rostro ancipiti basi 1-2 spermo superne sensim angustato instructis eoque triplo longioribus ; seminibus globosis, parvis, fuscis, sub lente reticulato-punctatis ; foliis pallide virentibus, in rachide præsertim hispidis, radicalibus caulinisque inferioribus breviter petiolatis, pinnatipartitis vel pinnatilobatis, partitionibus lobisve rectangule patentibus, etiam deflexis, numerosis, oblongis, inæqualiter et crebre inciso-dentatis, propioribus supremisque sæpe confluentibus ; foliis superioribus angustius dissectis, lobis paucidentatis subintegrisve ; caulibus uni-pluribus, erectis, alterne ramosis , præsertim inferne hispidis; radice tereti-fusiformi, subramosa, bienni.

Hab. in arvis arenosis et præsertim in glareosis, ad rivulorum ripas, circa *Lyon*, etc. —Flor. junio (in horto).

Il se reconnaît à ses fleurs peu denses, à ses grappes fructifères très-allongées et très-lâches, à ses feuilles radicales dont les segments sont nombreux, très-étalés, parfois déjetés, à dents courtes, ovales, assez rapprochées. Ses tiges sont ordinairement rameuses; sa taille varie de 3 à 8 décimètres; sa floraison est assez tardive.

Cette espèce, aussi bien que les suivantes et plusieurs autres qui pourront être distinguées ultérieurement, correspond au type du *Brassica Erucastrum* de Linné, ainsi que je crois l'avoir démontré dans un article inséré dans les Annotations à la flore de France et d'Allemagne de M. Billot, en m'appuyant principalement sur le texte Linnéen, sur le caractère du groupe dans lequel Linné a placé son *Brassica Erucastrum*, caractère qui s'applique au *Brassica Cheiranthus* de Villars, exclusivement à tout autre type de nos contrées ; ce que la plupart des auteurs modernes ne paraissent pas avoir remarqué.

Brassica recurvata (ALL.)

Sinapis recurvata ALL. Flor. pedem. 1 p. 265. t. 87.

B. floribus laxe racemoso-ccrymbosis ; sepalis erectis, conniventibus, basi subsaccatis, subglabris, pedunculo vix longioribus ; petalis oblongo-obovatis, flavis, venosis, unguibus subexsertis ; racemo fructifero elongato, laxo ; siliquis demum patentibus vel subarcuato-recurvatis, teretiusculis, torulosis, crassis, ad valvas trinerviis venulosisque, rostro crasso ancipiti basi 1-2 spermo superne sensim angustato instructis eoque subquadruplo longioribus ; seminibus globosis, majusculis, fusco-atris, sub lente reticulato-punctatis ; foliis pallide virentibus, parce hispidis vel subglabris, radicalibus caulinisque inferioribus breviter petiolatis, pinnatipartitis vel pinnatilobatis, partitionibus lobisve patentibus, ovatis lanceolatisve, breviter inciso-dentatis, supremis sæpe confluentibus ; foliis superioribus anguste dissectis, lobis subintegris ; caulibus uni-pluribus, erectis, proceris, alterne ramosis, subglabris ; radice tereti-fusiformi, subramosa, bienni.

Hab. in glareosis Galloprovinciæ superioris; *Colmars (Basses-Alpes)*, ubi fructiferam legi, anno 1840.

Il se distingue du précédent surtout par ses siliques étalées-recourbées, plus longues et plus épaisses, à bec relativement plus court, par ses graines de moitié plus grosses.

Allioni, dans son Auctuarium ad flor. pedem. p. 17, rapporte le *Sinapis recurvata* au *Sinapis Tournefortii* de son Flor. pedem., qui n'est pas celui de Gouan. Mais, d'après la description qu'il donne de ces deux plantes dans le Flor. pedem., il me paraît probable que ce sont deux espèces affines du présent groupe, qui aujourd'hui devront être distinguées. Le *Sinapis Tournefortii* du Flora pedem. deviendrait *Brassica Allionii* NOB. C'est une forme robuste qui, d'après Allioni, atteint un mètre et plus de hauteur.

Brassica glareosa Jord.

B. floribus laxe racemoso-corymbosis; sepalis erectis, conniventibus, basi inæqualibus, apice subhispidis, pedunculo longioribus; petalis oblongo-obovatis, flavis, venosis, unguibus subexsertis; racemo fructifero elongato, laxo; siliquis erecto-patulis patentibusve, teretiusculis, subtorulosis, ad valvas subæqualiter trinerviis venulosisque, rostro ancipiti basi 1-2 spermo superne attenuato instructis eoque triplo longioribus; seminibus globosis, fuscis, tenuiter reticulato-exsculptis; foliis læte virentibus, glabris vel rariter hispidis, radicalibus caulinisque inferioribus breviter petiolatis, profunde pinnatipartitis vel pinnatilobatis; lobis brevibus, patentibus, ovatis oblongisve, obtusis, inæqualiter et remote dentatis, supremis sæpe confluentibus, foliis superioribus anguste lobatis, lobis parce dentatis; caulibus uni-pluribus, erectis, simplicibus vel parce ramosis, subglabris; radice te-reti-fusiformi, bienni.

Hab. in glareosis Delphinatûs; *Bourg-d'Oisans (Isère).*—Flor. aprili, maio (in horto).

Il est plus grêle que le *B. arenosa.* Ses fleurs sont plus petites, à pétales plus étroits; ses feuilles sont d'un vert plus clair, à segments moins nombreux et moins déjetés, à dents plus écartées et plus étroites; sa floraison est plus précoce d'environ quatre semaines.

Il s'éloigne du *B. recurvata* par ses siliques bien moins épaisses, à bec plus fin, à graines plus petites. Ses feuilles sont moins pâles, à lobes plus courts; son port est moins robuste.

Brassica propera Jord.

B. floribus racemoso-subcorymbosis; sepalis erectis, conniventibus, basi inæqualibus, apice hispidis, pedunculo parum longioribus; petalis obovatis, intense flavis, venosis, unguibus statim exsertis; racemo fructifero elongato, laxo; siliquis erecto-patulis, teretiusculis, ad valvas subæqualiter trinerviis venulosisque, rostro ancipiti inferne subæquali supra medium valde angustato instructis eoque subquadruplo longioribus; seminibus globosis, parvis, sub lente reticulato-punctatis ; foliis læte virentibus, ad rachidem dentesque præsertim ciliato-hispidis, radicalibus caulinisque inferioribus breviter petiolatis, pinnatipartitis, partitionibus rectangule patentibus deflexisve oblongis inæqualiter crebre et sæpe argute inciso-dentatis, supremis sæpe confluentibus , foliis superioribus tenuius dissectis, pinnis linearibus subintegris; caulibus uni-pluribus, gracilibus, erectis, alterne ramosis, parce pilosis; radice tereti-fusiformi bienni.

Hab. in glareosis et schistosis Occitaniæ; *Mas-Cabardès (Aude)*; ex D. Ozanon. — Flor. aprili-maio (in horto).

Cette espèce est assez basse; ses fleurs sont d'un jaune foncé; ses feuilles sont d'un vert gai, plus petites que dans les *B. arenosa* et *recurvata*, à segments très-dentés. Ses siliques sont remarquables par leur bec qui est court, atténué vers le haut, à partir du milieu seulement. Sa floraison est un peu plus précoce que celle du *B. glareosa* et précède d'un grand mois celle du *B. arenosa*.

Brassica racemiflora Jord.

B. racemo florifero statim elongato, laxato; sepalis erectis, conniventibus basi subsaccatis, apice hispidis, pedunculo duplo longioribus ; petalis oblongo-obovatis, læte flavis, subvenosis, unguibus valde exsertis ; racemo fructifero valde elongato; siliquis erecto-patulis patentibusve, etiam recurvatis, teretiusculis, torulosis, ad valvas subtrinerviis venulosisque, rostro ancipiti basi 1-2 spermo superne attenuato subarcuato instructis eoque triplo longioribus; seminibus globosis, sub lente reticulato-punctatis ; foliis læte virentibus, setuloso-hispidis, radicalibus caulinisque inferioribus petiolatis pinnatipartitis, partitionibus brevibus patentibus lanceolatis acutis obtusisve, profunde et acute inciso-dentatis, infimis valde remotis, supremis sæpe confluentibus , foliis superioribus paucilobatis, in summitate caulis passim indivisis dentatisque; caulibus uni-pluribus, erectis, aperte ramosis, sparsim pilosis ; radice fusiformi-subramosa, bienni vel trienni.

Hab. in glareosis Pyrenæorum Orientalium; *Cambredase, Canigou.* — Flor. maio (in horto).

Il est surtout caractérisé par la forme étroite de la grappe florifère dont l'évolution est prompte, et qui est déjà assez allongée avant l'apparition des premières siliques, tandis que dans les autres espèces les grappes d'abord corymbiformes ne s'allongent qu'au fur et à mesure que les siliques se développent. Le stigmate est arrondi, sans échancrure visible; les segments des feuilles sont courts et à dents aiguës ; les branches de la tige sont assez ouvertes.

Brassica petrosa Jord.

B. floribus racemo-subcorymbosis ; sepalis erectis, conniventibus, hispidis, pedunculo paulo longioribus ; petalis oblongo-obovatis, flavis, venosis, unguibus exsertis; racemo fructifero elongato; siliquis denique patenti-recurvis, teretiusculis, torulosis, ad valvas trinerviis venulosis-que, rostro ancipiti basi 1-2 spermo apice angustato subrecto instructis eoque vix triplo longioribus *;* seminibus globosis, fuscis, tenuiter sub lente reticulato-punctatis ; foliis læte virentibus, breviter et haud parce hispidis, radicalibus caulinisque inferioribus breviter petiolatis pinnatipartitis, partitionibus rectangule patentibus numerosis lanceolatis, acute inciso-dentatis, lobulis ad rachidem sæpe interjectis , foliis superioribus tenuius dissectis, lobis subintegris; caulibus erectis alterne ramosis, dense et breviter præsertim inferne pilosis ; radice subfusiformi, apice in caudicem abbreviatum ramosum perennantem soluta.

Hab. in rupestribus Corsicæ ; *Monte-Renoso* prope *Bastelica* ex D. E. Revelière. — Flor. maio (in horto).

Il se distingue des deux espèces précédentes , dont il est voisin, par ses feuilles à segments plus allongés , ses siliques ordinairement recourbées, plus courtes, à bec presque droit, moins brusquement atténué vers le haut et surmonté d'un stigmate visiblement échancré. Les poils de la tige et des feuilles sont plus nombreux et bien plus courts.

Le *Brassica rectangularis* de Viviani, que cet auteur indique à Cagna, en Corse, est très-voisin du *B. petrosa* que je viens

de décrire. Comme il est à peu près glabre et que la plante de
Bastelica, soit spontanée, soit cultivée, est au contraire assez
velue, je le crois différent de celle-ci ; mais il m'est impossible
de douter qu'il appartienne également au type du *Brassica
Erucastrum* L. — *Cheiranthus* VILL., d'après les exemplaires récoltés à Cagna, que j'ai reçus du docteur Serafino
de Bonifacio, élève de Viviani, qui lui avait fourni toutes
les plantes corses qu'il a décrites ; car on sait que Viviani
n'a jamais mis les pieds dans cette île. Les segments des
feuilles, dans le *B. rectangularis* VIV., sont écartés de l'axe à
angle droit, comme dans la plupart des formes spécifiques
du même groupe ; ce qui n'a pas lieu dans le *B. Tournefortii*
GOU., auquel Bertoloni rapporte la plante de Viviani, dans
son Flora italica, et qui est d'ailleurs une plante toute
pubescente, très-différente. Viviani décrit le *B. rectangularis*
comme étant glabre et à siliques terminées par un bec égalant
leur longueur. Ce dernier caractère a probablement été
observé sur des siliques écourtées ou avortées, comme on
en voit très-souvent.

M. Godron, dans la Flore de France, a rapporté le
B. rectangularis VIV. au *B. sabularia* BROT. qui, selon moi,
en diffère totalement. En même temps, il a placé cette plante
de Corse dans un autre genre que le *Brassica Cheiranthus* VILL.
lequel est pour lui *Sinapis Cheiranthus*. Il me semble que,
pour se tenir sinon dans le vrai au moins dans la logique, il
aurait dû adjoindre simplement le *B. rectangularis* VIV. aux
variétés du *Sinapis Cheiranthus* qu'il énumère.

Brassica densiflora JORD.

B. floribus racemoso-subcorymbosis, numerosis, densis ; sepalis
erectis, conniventibus, apice præsertim hispidis, pedunculo paulo
longioribus ; petalis obovatis, flavis, venosis, unguibus exsertis ; racemo
fructifero modice elongato, haud laxissimo ; siliquis erecto-patulis

patentibusve, teretiusculis, ad valvas subtrinerviis venulosisque, rostro ancipiti basi 1-2 spermo superne attenuato sæpe arcuato instructis, eoque plus triplo longioribus ; seminibus globosis, parvis, sub lente tenuiter reticulato-punctatis ; foliis virentibus, valde hispidis, radicalibus caulinisque inferioribus breviter petiolatis, pinnatipartitis, vel pinnatilobatis, imis subruncinatis, partitionibus lobisve patentibus deflexisve ovatis vel oblongis obtusis breviter et crebre inciso-dentatis, supremis sæpe confluentibus ; foliis superioribus anguste pinnatis, pinnis paucidentatis vel sublinearibus integris ; caule erecto, simplici vel superne ramulis modice apertis aucto, pilis retroflexis sparsis obsito ; radice fusiformi, bienni.

Hab. in montosis agri vivariensis ; *Roche d'Avran, Mézenc (Ardèche)*. — Flor. maio (in horto).

Il est caractérisé par ses fleurs disposées en grappe corymbiforme très-dense et très-fournie, par ses grappes fructifères moins allongées et moins lâches que dans les autres espèces. Ses siliques sont dressées-étalées, plus rarement étalées à angle droit, à bec assez fin, ordinairement un peu arqué et courbé en dessus. Ses feuilles sont très-hispides, assez petites, à dents courtes, un peu obtuses ; ses tiges sont ordinairement simples ou à rameaux courts et un peu étalés.

Brassica pyrenæa Jord.

B. montana DC. Fl. fr. éd. 3, v. 4, p. 651, pro parte, non Rafinesque.

Sisymbrium obtusangulum Lap. Hist. abr. d. pl. Pyr. p. 380.

B. floribus racemoso-subcorymbosis ; sepalis erectis, conniventibus, sæpe coloratis, superne hispidis, pedunculo subduplo longioribus ; petalis obovatis, flavis, venosis, unguibus exsertis ; racemo fructifero elongato, laxo ; siliquis tandem patenti-recurvatis, teretiusculis, ad valvas subtrinerviis venulosisque, rostro ancipiti basi 1-2 spermo apice attenuato passim subarcuato instructis eoque triplo saltem longioribus ; seminibus globosis, parvis, fuscis, tenuiter reticulato-exsculptis ; foliis læte virentibus, plerumque breviter ciliato-hispidis, radicalibus caulinisque inferioribus breviter petiolatis pinnatilobatis,

imis sublyratis, lobis patentibus, ovatis oblongisve obtusis breviter
et parce sinuato-dentatis, superioribus sæpe confluentibus, inferioribus
valde remotis , foliis superioribus anguste pinnatis, pinnis subintegris;
caulibus uni-pluribus, erectis, flexuosis, plerumque simplicibus, humi-
libus, inferne hispidis ; radice fusiformi, tereti, perennante.

Hab. in glareosis Pyrenæorum ; *Port-de la-Canau (Hautes-Pyrénées)*.
— Flor. maio (in horto).

Il se distingue du *B. densiflora* par ses fleurs en corymbes
bien plus petits, ses grappes fructifères bien plus lâches et
à siliques recourbées ; ses feuilles à segments plus écartés
et moins dentés, ses tiges plus grêles et plus basses, assez
nombreuses, sa souche perennante.

Il s'éloigne du *B. petrosa* Jord., par ses tiges simples, et
surtout par la forme des segments des feuilles radicales ,
qui sont courts, ovales, obtus, écartés, peu dentés, et non
lancéolés incisés à dents aiguës.

De Candolle paraît avoir confondu, dans sa Flore française,
deux plantes différentes ; l'une, celle des Pyrénées, plus
petite que le *Brassica Cheiranthus* de Villars ; l'autre, celle
des Alpes du Dauphiné, plus grande au contraire, et dont
les feuilles sont, d'après Villars, glabres, très-vertes,
succulentes et plus grosses que dans son *B. Cheiranthus* type.
Je n'ai pas eu encore l'occasion d'étudier celle-ci ni de la
rechercher dans les lieux où elle est indiquée par Villars.

Le *Brassica monensis* Huds., *Sisymbrium monense* Lin.,
pro parte, appartient, selon moi, à ce même groupe et ne
devrait pas être regardé comme un type spécifique, au point
de vue de ceux qui sont partisans de la réduction arbitraire
des espèces. Il est très-voisin du *B. pyrenæa*, dont il se distingue surtout par ses tiges flexueuses, souvent ramifiées, ses
feuilles un peu glaucescentes à lobes plus fins et plus dentés.

Le *B. cheiranthiflora* (Willd. sub *Raphano*), est une plante
d'Espagne qui, d'après la figure citée de l'Hort. Berol. de Wilde-

now, est distincte des précédentes, mais rentre également dans le groupe du *Brassica Erucastrum* de LINNÉ. Ses fleurs sont grandes, sa tige est basse ; elle est remarquable par ses feuilles caulinaires toutes à lobes très-entiers. Les localités françaises citées par de Candolle, ne se rapportent nullement à l'espèce de Wildenow.

(Species sequens ex *D. humilis* (DC.) typo.)

Diplotaxis subcuneata JORD.

Brassica humilis Coss. in Bourgeau pl. hispan. exsicc.

D. floribus racemoso-corymbosis, ebracteatis ; sepalis erectis, laxis, apice hispidis, pedunculo brevioribus ; petalis obovatis, pallide flavis ungue suo haud exserto longioribus ; racemo fructifero abbreviato; siliquis cum pedunculo rectangule patentibus subdeflexisve, tereti-compressis valvis uninerviis venulosisque, inferne paulo angustatis, apice subæqualibus, apice stylo tenui paululum basi incrassato terminatis ; styli longitudine latitudinem siliquæ subæquante ; seminibus subrotundo-ovatis, compressis, lævibus, fuscis ; foliis omnibus radicalibus, ad caulium basim confertis, subrosulatis, petiolatis, subcuneato-ovatis plus minusve profunde et acute inciso-dentatis, hispidis; caulibus erectis, nudis ; caudice brevissime ramoso, densissimo, perennante.

Hab. in montosis Hispaniæ australis ; *Cerro de Trevenque* in *Sierra Nevada*. — Flor. maio (in horto).

Cette espèce a beaucoup d'affinité avec le **D.** *humilis* (DC. sub *Brassica*), de Saint-Martin-de-Londres (Hérault); mais elle en diffère certainement par ses fleurs de moitié plus grandes, portées sur des pédoncules bien plus allongés, par ses siliques plus faiblement striées et plus épaisses, terminées par un style plus fin, plus brusquement atténué vers le haut et un peu plus court, par ses feuilles bien moins profondément découpées, la plupart simplement incisées-dentées, plus fortement hispides et à poils plus allongés.

Plusieurs autres espèces du midi de l'Espagne sont confondues à tort sous le nom de *Brassica humilis* DC. J'ai reçu sous ce nom, de M. Funk, une autre forme de la Sierra-Nevada, qui est fort distincte du *D. subcuneata* et que je nomme *D. nevadensis*. Cette plante, dont je n'ai pas vu les fruits, croît sur les rochers à 2,000 mèt. d'élévation; elle ressemble beaucoup au *D. saxatilis* (LAM.); mais elle en est certainement distincte. Ses feuilles sont pareillement pinnatifides, mais plus fortement hispides, à lobes lancéolés et non linéaires-oblongs, n'offrant pas un rétrécissement marqué vers leur base comme dans ce dernier; ses tiges sont plus fines et plus élancées, un peu violacées dans le bas; ses fleurs sont plus grandes; l'ovaire est plus allongé et plus étroit, d'abord confondu avec le style et non plus renflé; le style est plus largement couronné par le stigmate.

Une autre forme, complètement distincte, est celle qui croît dans la Sierra de Segura et qui a été distribuée par M. Bourgeau dans ses Pl. hisp. exsicc. sous le nom de *Brassica humilis* DC. var. (ex Cosson). Je la désigne sous le nom de *D. leucanthemifolia* NOB. Ses feuilles rappellent celles de certaines formes du *Chrysanthemum leucanthemum* de LINNÉ; elles sont bien plus grandes et plus allongées que dans le *D. subcuneata* JORD., et leurs dents sont bien plus ouvertes; sa souche est à ramifications bien plus lâches et moins écourtées; ses siliques que je n'ai vues qu'à l'état jeune, sont très-longues. Il me paraît impossible qu'elle puisse rester confondue avec le *D. humilis*, auquel elle ressemble encore beaucoup moins.

Le *D. humilis* de Djebel-Chiliat, cercle de Batna, province de Constantine, récolté le 10 juin 1853 par M. Cosson, ressemble beaucoup, au contraire, au *D. humilis* de Montpellier; mais cependant je le crois distinct. Ses siliques sont bien plus courtes, moins striées, à nervure dorsale plus saillante; ses feuilles sont plus courtes, pinnatifides, à lobes bien moins étalés et aussi moins écartés.

M. Godron a, selon moi, très-judicieusement rapporté au genre *Diplotaxis* le *Brassica humilis* DC., ainsi que le *B. repanda* (WILLD. sub *Sisymbrio*). Mais il dit des graines de son groupe *Brassicaria* qu'elles sont non comprimées, tandis qu'elles le sont au contraire très-visiblement. Ce caractère et la forme ovale des graines distinguent parfaitement les espèces de ce groupe de celles du genre *Brassica* dont les graines sont globuleuses.

Je ne m'explique pas pourquoi M. Godron, après avoir rapproché avec raison dans le même groupe les *D. saxatilis* et *humilis*, qui sont deux espèces affines, les sépare ensuite entre elles par le *D. repanda* qui diffère de toutes deux beaucoup plus qu'elles ne diffèrent l'une de l'autre.

(Species sequens ex *E. obtusanguli* (SCHLEICH.) typo).

Erucastrum intermedium JORD.

E. racemis floriferis mox evolutis, apice corymboso siliquas juniores valde superante; pedunculis ebracteatis, calice duplo longioribus; sepalis laxis, denique patentibus; petalorum limbo oblongo vel anguste oblongo-obovato, ungue suo vix exserto breviore; siliquis cum pedunculo patente angulum valde obtusum efficientibus, tenuibus, torulosis, obscure tetragonis, valvis subcarinato-uninerviis venulosisque, stylo lineari vel basi subconico passim 1 spermo mediocri terminatis; stigmate parvo, subemarginato; seminibus ovatis, pallide fulvis, minutis; foliis virentibus, pubescentibus, ambitu oblongis, profunde sublyrato-pinnatifidis pinnatisve, laciniis numerosis patentibus ovato-oblongis lanceolatisve breviter dentatis vel sinuatodentatis, inferioribus remotis profundioribusque, imis caulem fere amplectentibus, superioribus approximatis et in rachide latiore confluentibus; foliis supremis tenuius dissectis; caule obtuse angulato, erecto, folioso, superne ramoso, pilis brevibus plerumque retrorsis et subadpressis oblecto; caudice perennante.

Hab. in agris et ruderatis Galliæ australis; *Tresque (Gard)*, etc. — Flor. maio.

Calix 4 1/2 mill. longus, sepalis linearibus, viridibus, apice hispidulis; petalorum limbus pallide luteus, 4 mill. longus, 2 1/2 mill. latus; antheræ oblongæ, 2 1/2 mill. longæ, paulo exsertæ; stylus 2 1/2 mill. longus, stigmate parvo.

Cette espèce me paraît différente de l'*E. obtusangulum* Schleich., qui croît dans la Suisse occidentale, ainsi qu'aux bords du Rhône près de Lyon. Ses fleurs sont notablement plus petites, d'un jaune moins vif, à limbe des pétales plus étroit, plus court et non plus long que l'onglet, à anthères plus allongées et plus étroites, à style plus fin et surmonté d'un stigmate bien plus petit ; ses siliques sont plus fines et plus évidemment toruleuses, les supérieures n'atteignant jamais le corymbe des fleurs, comme cela se voit ordinairement dans l'autre ; ses feuilles sont à segments presque plans et crispés, moins obtus, de forme plus étroite, plus brièvement dentés ; les primordiáles sont plus étroites dans leur pourtour.

Par ses siliques et son stigmate, il se rapproche beaucoup de l'*E. Pollichii* Schimp. ; mais il en diffère par ses pédoncules bien plus allongés et dépourvus de bractées, ses pétales d'un jaune moins pâle, à limbe plus étroit, ses anthères plus grandes. Ses feuilles sont d'un vert différent, plus étroites dans leur pourtour, à segments inférieurs plus rapprochés de la tige.

Plusieurs autres espèces sont confondues sous le nom d'*Erucastrum obtusangulum*, surtout dans les contrées du midi. Ce groupe devra être l'objet d'une révision ultérieure.

(Species 2 sequentes ex *E. sativæ* Lam. typo.)

Eruca glabrescens. Jord.

E. floribus longe racemosis; sepalis linearibus, haud arcte adpressis, apice subarachnoideo-pilosis, pedunculo triplo saltem longiori bus ; petalis oblongo-obovatis, inferne sensim in unguem limbo fere breviorem attenuatis, pallidis, fusco-venosis; siliquis erectis; oblongis, tumentibus, leviter compresis, ad dorsum valvarum tenuiter uninerviis, lævibus, rostro ensiformi striato aspermo valvis breviore terminatis; seminibus subrotundo-ovoideis, compressis, pallide fuscis; foliis carnulosis, virentibus, subglabris, lyrato-pinnatifidis pinnatisve, laciniis paucis oblongis obtusis breviter dentatis vel integriusculis , imis parvis subinde petiolulatis, sursum crescentibus superioribusque confluentibus ; caule erecto, alterne ramoso, pilis sparsis minutis sæpe retrorsis præsertim inferne obsito ; radice annua,

Hab. in arvis et ruderatis Galliæ australis ; *Carqueiranne* prope *Hyéres* (*Var*). — Flor. maio (in horto).

Cette espèce se reconnaît à ses feuilles glabres , dont les segments sont assez larges, obtus, brièvement et obtusément dentés, souvent presque entiers. Sa tige est munie inférieurement de poils clairsemés, assez fins et forts courts ; le style est court et large, de la longueur de l'ovaire.

Elle diffère de la forme ordinaire de l'*E. sativa* Lam. que l'on trouve ça et là, près des habitations, autour de Lyon et ailleurs, par ses pétales à limbe plus étroit et à onglet plus court , par le bec des siliques plus court et plus large , surmonté d'un stigmate plus épais à échancrure plus marquée.

Eruca permixta. Jord.

E. floribus longe racemosis ; sepalis linearibus , adpressis , apice hispidis, pedunculo patulo quadruplo longioribus; petalis subcuneato-spathulatis, ungue suo exserto brevioribus , sordide albo-flavescentibus, fusco-venosis ; siliquis erectis, oblongis, subcompresso-tetragonis, valvis nervo dorsali prominulo diremptis, parce setuloso-hispidis vel

13

fere glabratis, rostro ensiformi striato subasperato terminatis ; seminibus parvis, ovatis, paulo compressis, sublævibus, griseo-fuscis ; foliis virentibus, breviter hispidulis, sublyrato-pinnatifidis pinnatisve, laciniis haud paucis patentibus, oblongis, breviter et crebre dentatis, sursum crescentibus propioribus superioribusque confluentibus ; caule erecto, haud aperte ramoso, pilis brevibus sæpe retrorsis haud parce obsito ; radice annua.

Hab. in arvis et ruderatis Galliæ australis ; *Béziers* (*Hérault*). — Flor aprili-maio (in horto).

La forme subspatulée des pétales dont l'onglet est **plus** saillant au-dessus du calice, ainsi que la pubescence très-visible de toute la plante, font distinguer aisément cette espèce de la précédente. Ses feuilles sont à lobes plus **rapprochés**, plus nombreux et bien plus dentés ; la nervure dorsale des valves de la silique est plus épaisse et **plus** relevée, souvent hispide ; ses graines sont presque de moitié plus petites.

Elle se distingue pareillement de l'*E. sativa* ordinaire par ses graines plus petites. Son style est visiblement **plus** court et plus élargi inférieurement ; sa pubescence est plus courte et moins clairsemée.

J'ai reçu également de Béziers, de M. Braun, un exemplaire, d'une forme d'*Eruca* assez curieuse, dont la tige est bien plus fortement et plus longuement hispide que dans l'*E. permixta*, mais dont les feuilles sont au contraire presque glabres. Ses calices sont un peu lâches, très fortement et longuement hispides ; ses pétales sont cunéiformes et bien moins élargis au sommet. Je présume que cette plante, qui devra probablement être distinguée, correspond à l'*E. hispida* DC. Syst. 2. p. 638, en excluant le synonyme cité de Tenore ; car de Candolle dit de sa plante qu'il ne la trouve pas assez distincte de l'*E. sativa* et qu'il soupçonne qu'elle habite le Languedoc. L'espèce de Tenore étant une plante com-

plètement distincte, qui ne peut appartenir au genre *Eruca*,
il résulte de là que la plante indiquée par de Candolle sous
le nom d'*E. hispida* doit être celle de Béziers, dont je viens
de parler, qui est remarquable par l'hispidité de la tige et
surtout des calices, mais qui, du reste, est fort semblable à
l'*E. sativa* LAM.

(Species sequens ex *A. halimifolii* L. typo.)

Alyssum Lapeyrousianum JORD. Obs. fr. 1, p. 5, pl. 1.

A. Peyrusianum GAY in Gren. et God. Flor. de Fr. p. 118.

A. racemis floriferis initio corymbosis, densis, postea laxatis elongatis ; sepalis erectis, laxis, tomentosulis ; petalis elliptico-obovatis,
integris, breviter unguiculatis, calice duplo longioribus; siliculis in
pedunculo patente leviter ascendentibus eoque paulo brevioribus,
obovatis, apice rotundatis vix obtusatis, utrinque convexis, vel
sæpius supra concavis, glabris, stylo eis subtriplo breviore terminatis;
seminibus in loculo duobus, abortu solitariis, ovalis, obsolete marginatis, subfuscis; foliis obverse oblongis, obtusis, basi attenuatis, integris,
pube stelligera adpressa argentinis; caule basi lignoso et ramosissimo,
ramis tortuosis, inferne nudis, perennantibus, superne polyphyllis,
annotinis laxe foliatis pube stelligera obductis.

Hab. in Pyrenæis orientalibus; *Villefranche* (*Pyr.-Or.*)—Flor. maio.

Il diffère complètement de l'*A. halimifolium* (ALL.) — LINNÉ
pro parte, par ses grappes bien plus allongées, ses silicules de
forme obovale et non orbiculaire, fortement convexes d'un
côté, concaves de l'autre, et non presque aplanies sur les deux
faces, à graines munies d'une bordure à peine visible et non
largement ailées.

L'*A. halimifolium* de la Sierra de Maria, en Espagne,
n° 1553 de la collection de M. Bourgeau, qui est certainement très-distinct de l'*A. halimifolium* (ALL.) par ses
grappes florifères plus petites, plus allongées et à pédon-

cules moins étalés, ne me paraît pas devoir être rapporté à l'*A. Lapeyrousianum*, dont il est cependant bien plus voisin. Les feuilles des rameaux stériles sont bien plus élargies, souvent obovales-cunéiformes ; celles des rameaux stériles sont, au contraire, plus petites et plus espacées. Je propose de nommer *A. Bourgœanum* cette espèce dont il reste à voir les fruits.

(Species sequens ex *A. montani* L. typo.)

Alyssum flexicaule Jord. Obs. fr. 1, p. 12.

A. racemis corymbosis, etiam fructiferis abbreviatis; sepalis erectis, ovato-oblongis ; petalis oblongo-obovatis, apice leviter emarginatis, basi in unguem limbo fere longiorem attenuatis, calice haud duplo longioribus ; siliculis grandiusculis, ellipticis, apice rotundatis, utrinque subconvexis, pube stelligera adpressa obtectis, stylo vix eis breviore terminatis ; seminibus ovato-ellipticis, fusco-rubris, 1-2 in loculo ; foliis inferioribus subelliptico-obovatis, reliquis obverse oblongis et supremis interdum lineari-oblongis, omnibus basi attenuatis, apice obtusiusculis, integerrimis, pilis stellatis adpressis subtus præsertim incanis scatentibus ; caulibus cespitosis, decumbentibus, valde flexuosis, tortuosis, perennantibus, inferne nudis ; radice fusiformi, sublignosa.

Hab. in glareosis editioribus montium Galliæ australis; *Mont-Ventoux* et in Pyrenæis. — Flor. aprili (in horto).

Cette espèce est très-rapprochée de l'*A. cuneifolium* Ten. dont elle diffère par ses fleurs un peu plus petites et d'un jaune bien moins vif, à pétales plus étroits et visiblement échancrés au sommet, par ses siliques ordinairement un peu plus longues que le style et non un peu plus courtes, par ses feuilles caulinaires plus étroites, moins écourtées, les inférieures obovales-elliptiques et non toutes obovales-cunéiformes.

L'*Alyssum montanum* de Linné se présente sous des formes

assez nombreuses, sur divers points de la France, ainsi que dans d'autres contrées de l'Europe. J'ai cru autrefois que ces formes n'étaient que de légères modifications, de simples *lusus* accidentels d'un type unique. Mais, depuis lors, éclairé par l'expérience et par l'étude de beaucoup de faits analogues, notamment par ceux qui concernent le groupe de l'*A. cali-cinum* dont je vais parler, j'ai reconnu qu'il convenait d'abandonner cette première opinion, et qu'il était bien plus raisonnable et plus vraisemblable d'admettre, avant toute preuve certaine, avant toute expérience directe et probante, que le type de l'*A. montanum* comprend, comme tant d'au-tres, plusieurs espèces affines, qui devront plus tard être distin-guées, délimitées et nommées séparément.

Pour appeler ici, en passant, l'attention sur quelques-unes de ces formes que je ne suis pas encore en mesure de faire connaître, je citerai l'*A. montanum* qui croît dans les Alpes, au Mont-Viso, au col de Tende, etc., que je crois différer de l'*A. montanum* des collines du centre de la France, de celui des environs de Mayence publié par M. F. Schultz, au nᵒ 612 de ses centuries. La plante des Alpes est à feuilles bien plus larges et plus vertes, à silicules orbiculaires, presque sans échancrure au sommet.

L'*A. montanum* du Jura, publié au nᵒ 716 ter du Flor. Gal. et Germ. exsicc. de M. Billot, est à silicules ovales-arrondies et paraît distinct des deux dont je viens de parler; il croît dans beaucoup d'autres localités de l'Est de la France et aussi en Suisse.

L'*A. montanum* de Fontainebleau, à silicules ovales, assez petites, n'est peut-être pas identique avec celui du Jura. Il me semble même différent de celui qui croît à Saint-Maur près de Paris, dont la silicule est plus arrondie, offrant vers sa base un léger rétrécissement et parfois substipitée.

L'*A. arenarium* des sables maritimes, en Bretagne et à

Bayonne, est surtout remarquable par ses feuilles courtes, larges, presque toutes obovales, et doit être considéré comme une bonne espèce.

(Species 7 sequentes ex *A. calicini* L. typo.)

Alyssum ruderale Jord.

A. racemis dense multifloris, per maturationem valde elongatis, pedunculis erectis, denique patentibus, siliculam subæquantibus; sepalis persistentibus, oblongis, superne barbatis; petalis subcuneato-oblongis, apice profunde emarginatis, calice longioribus; siliculis suborbiculatis, basi et apice vix tantulum angustatis, breviter apice emarginatis, in medio tumentibus, margine aplanatis, stellulis pilorum exiguis adspersis, stylo brevissimo exserto subæquali apiculatis; seminibus in loculo duobus, ovatis, fulvo-fuscis, margine angusto pallente præditis; foliis obverse lanceolatis vel lineari-oblongis, acutiusculis, inferne attenuatis, supra fere virentibus, subtus cinereo-canescentibus; pube totius plantæ stellatim tomentosula, subincana, subadpressa; caule plerumque a basi diffuse ramoso, ramis ascendentibus, demum strictis, simplicibus vel ramosulis; radice fusiformi, annua.

Hab. in ruderatis et agris incultis; circa *Genève*. — Flor. aprili (in horto).

Les fleurs, dans cette espèce comme dans celles qui suivent, sont d'un beau jaune dans la floraison vernale et se montrent souvent très-pâles sur la fin de la floraison, ainsi que sur les pieds plus tardifs.

Alyssum vagum Jord.

A. racemis dense multifloris, per maturationem valde elongatis; pedunculis erectis denique patentibus, siliculam subæquantibus; sepalis persistentibus, oblongis, superne barbatis; petalis subcuneato-oblongis, apice breviter emarginatis, calice longioribus; siliculis suborbiculatis, basi vix tantulum angustioribus, apice subæqualibus, breviter et obtuse emarginatis, in medio tumentibus, margine aplanatis, stylo brevissimo exserto subæquali apiculatis; seminibus in loculo duobus, ovatis, læte rufo-fuscis, margine angusto

pallente cinctis; foliis brevibus obverse lineari-lanceolatis, acutiusculis, basi abrupte attenuatis, utrinque subtus præsertim cinerascentibus; pube totius plantæ stellatim tomentosula, subincana,
subadpressa; caule a basi diffuse ramoso, ramis ascendentibus,
simplicibus vel ramosulis; radice fusiformi, annua.

Hab. in ruderatis et sabulosis agri lugdunensis; *Villeurbanne*
(*Rhône*). — Flor. exeunte aprili maioque.

Il diffère de l'*A. ruderale* par ses fleurs d'un jaune moins
vif, à échancrure des pétales plus courte, ses feuilles plus
cendrées, plus petites et plus courtes, ses silicules un peu
plus petites, plus égales au sommet et à échancrure plus
ouverte. Sa floraison est plus tardive d'environ huit à
quinze jours.

J'ai observé, près de Lyon, deux autres formes qui,
d'après un semis récent, m'ont paru distinctes des *A. ruderale* et *vagum*, mais dont je n'ai pas encore relevé tous les
caractères.

Alyssum sabulosum Jord.

A. racemis dense multifloris, per maturationem valde elongatis;
pedunculis erectis, demum patentibus, siliculam vix æquantibus;
sepalis persistentibus, oblongis, apice barbatis; petalis subcuneato-
oblongis, apice integris, calice longioribus; siliculis suborbiculatis,
basi paulo apice tantulum angustatis, sat profunde emarginulatis,
in medio tumentibus, margine aplanatis, stellulis pilorum exiguis
adspersis, dorso tandem fere glabratis, stylo exserto breviusculo apiculatis; seminibus in loculo duobus, ovatis, rufo-fuscis, margine
angusto pallido cinctis; foliis subspathulato-lanceolatis, vel obverse
oblongis, breviter apice angustatis, obtusiusculis, inferne attenuatis,
subtus præsertim cinerascentibus; pube totius plantæ stellatim
tomentosula, canescente, subadpressa; caule a basi diffuse ramoso,
ramis ascendentibus, demum substrictis, simplicibus vel ramosulis;
radice fusiformi, annua.

Hab. in sabulosis Beugesi: *Thoirette* (*Ain*), ex D. H. Navier. —
Flor. ineunte aprili (in horto).

Il se distingue des *A. ruderale* et *vagum*, par sa floraison très-précoce, par ses fleurs visiblement plus grandes, à pétales constamment entiers et non échancrés au sommet, par ses siliques offrant une échancrure un peu plus profonde, surmontées d'un style plus épais et un peu plus long, par ses feuilles inférieures subspatulées, plus fortement rétrécies à la base et moins au sommet.

Alyssum arvaticum Jord.

A. racemis dense multifloris, per maturationem valde elongatis ; pedunculis erectis, tandem patentibus, silicula paulo longioribus ; sepalis persistentibus, oblongis ; petalis subcuneato-oblongis, apice leviter et obtuse emarginatis, calice longioribus ; siliculis parvis, orbiculatis, basi et apice rotundatis, breviter emarginatis, in medio tumentibus, margine aplanatis, stellulis pilorum perminulis adspersis, stylo tenui subæquali emarginaturam vix excedente apiculatis ; seminibus parvis, duobus in loculo, ovatis, pallide rufis, anguste marginatis ; foliis obovatis vel obverse oblongis, obtusiusculis, inferioribus basi abrupte attenuatis supra virentibus, subtus cinereis ; pube totius plantæ stellatim tomentosula, canescente, subadpressa ; caule a basi diffuse ramoso, ramis ascendentibus, demum substrictis, simplicibus vel ramosulis ; radice fusiformi, annua.

Hab. in ruderatis et arvis Delphinatûs superioris ; *La Grave (Hautes-Alpes)* — Flor. maio (in horto).

Il est surtout reconnaissable à sa floraison tardive, aux feuilles inférieures de la jeune plante qui sont assez courtes et larges, étalées mais point déjetées comme dans les précédentes, à ses fleurs plus petites et plus pâles, à ses silicules plus petites, à ses pédoncules un peu plus fins et plus allongés, à ses graines plus petites et d'un brun plus clair.

Alyssum erraticum Jord.

A. racemis dense multifloris, per maturationem valde elongatis ; pedunculis erecto-patulis, tandem patentibus, siliculam subæquantibus ; sepalis persistentibus, oblongis, apice barbatis ; petalis sub-cuneato-oblongis, apice leviter et obtuse emarginatis, calice longioribus ; siliculis suborbiculatis, apice rotundatis, leviter et aperte emarginatis, basi paulo angustatis, in medio tumentibus, margine aplanatis, stellulis pilorum exiguis adspersis, dorso tandem fere glabratis, stylo basi subconico brevi apiculatis ; seminibus in loculo duobus, ovatis, parvis, rufo-fulvis ; foliis parvis, obverse oblongis vel imis obovato-oblongis, apice obtusiusculis, basi attenuatis, supra subvirentibus, subtus canescentibus ; pube totius plantæ stellatim tomentosula, canescente, subadpressa ; caule a basi diffuse ramoso, ramis basi tortuosis, ascendentibus, simplicibus vel ramosulis ; radice fusiformi, passim bienni.

Hab. in ruderatis et arvis pyrenæorum; *Gèdre (Hautes-Pyrénées)*, etc. — Flor. maio (in horto).

Cette espèce diffère des précédentes par ses feuilles plus petites ; elles sont courtes, comme dans l'*A. arvaticum*, mais plus étroites et d'un vert plus clair. Ses fleurs sont un peu plus grandes que dans ce dernier et d'un jaune plus vif ; ses silicules offrent une échancrure assez obtuse au sommet, et le style est un peu conique ; ses graines sont petites. Sa racine se montre quelquefois bisannuelle ; étant semée au printemps, elle ne fleurit pas toujours la même année et est même devancée dans sa floraison, l'année suivante, par les autres qui ont été semées à l'automne, six mois plus tard.

Alyssum sublineare Jord.

A. racemis dense multifloris, per maturationem valde elongatis et laxatis, pedunculis erecto-patulis, tandem patentibus, siliculam subæquantibus ; sepalis persistentibus, oblongis, apice barbatis ; petalis subcuneato-oblongis, minutis, apice leviter et obtuse emarginatis, calice longioribus ; siliculis parvis, suborbiculatis, basi et apice vix tantulum angustatis, apice breviter et obtuse emarginatis, in medio tumentibus, margine aplanatis, stellulis pilorum exiguis obtectis, stylo brevissimo exserto subæquali apiculatis ; seminibus in loculo duobus, ovatis, pallide rufis, margine pallidiore cinctis ; foliis obverse lanceolato-linearibus linearibusve, apice acutiusculis. inferne atte

nuatis, utrinque su btus præsertim cinerascentibus ; pube totius plantæ stellatim tomentosula, canescente, subadpressa ; caule a basi
diffuse ramoso, ramis ascendentibus, simplicibus vel ramosulis; radice
fusiformi, annua.

Hab. in ruderatis et sabulosis montium Occitaniæ ; *Mas-Cabardés*
(Aude). — Flor. aprili-maio (in horto).

Cette espèce est reconnaissable à ses fleurs petites, d'un
jaune assez pâle, à ses silicules fort petites, formant des grappes très-lâches, à ses feuilles inférieures sublinéaires, bien
plus fines que dans les espèces précédentes. Cette dernière
différence est fort tranchée et ne permet pas de la confondre
avec aucune autre, surtout dans le jeune âge de la plante.

Alyssum siculum Jord.

A. racemis per maturationem parum elongatis; pedunculis denique
patentibus, siliculam subæquantibus; sepalis persistentibus, oblongis,
apice barbatis; petalis subcuncato-oblongis, apice emarginatis, calice
longioribus; siliculis subrotundis, apice præsertim angustatis, aperte
et distincte emarginatis, in medio tumentibus, margine aplanatis,
stellulis pilorum haud exiguis obtectis, stylo mediocri exserto siliculæ
quintam partem subæquante apiculatis ; seminibus in loculo duobus,
ovatis, rufis: foliis brevibus, obovatis vel obverse oblongis, apice acutiusculis, basi attenuatis, subtus præsertim subargentino-canis; pube
totius plantæ stellatim tomentosa, incana, adpressa ; caule a basi diffuse ramoso, ramis gracilibus, patulis, ascendentibus, valde flexuosis,
mox inferne nudatis ; radice fusiformi, annua.

Hab. in Sicilia. Colui ex seminibus plantæ siculæ spontanæ ab horto
botanico panormitano acceptis. — Flor. maio (in horto).

Il est très-distinct des précédents par ses grappes fructifères écourtées, ses siliques couvertes d'une pubescence
étoilée bien moins courte, ses feuilles plus courtes et plus
blanches, à duvet étoilé bien plus appliqué, ses rameaux
promptement dénudés par la chute des feuilles inférieures.

(Species 3 sequentes ex *D. aizoidis* L. typo.)

Draba saxigena JORD.

D. floribus in anthesi subcorymbosis, grandibus, speciose flavis; sepalis ovatis, adpressis, glabris; petalis obverse oblongis, apice obtuse emarginatis, antheras paululum superantibus; racemo fructifero elongato; pedunculis erecto-patulis, inferioribus siliculas subæquantibus; siliculis ellipticis vel elliptico-lanceolatis, utrinque angustatis, compressis, basi brevissime stipitatis, glabris, quandoque ciliatis, stylo latitudinem earum subæquante terminatis; seminibus ovatis, rubro-subfuscis; foliis rigidulis, subcoriaceis, rosulatis, densis, elongatis, linearibus, subacutis, dorso carinatis, setoso-ciliatis, læte virentibus, nitidulis, arescendo-pallentibus, superioribus erectis, exterioribus patentibus deflexisve; scapis erectis, nudis, elongatis, flexuosis, glabris; caudicis ramosi dense cespitosi surculis abbreviatis vel longiusculis, apice in rosulas e centro scapigeras solutis.

Hab. in locis saxosis montium et etiam collium Beugesi et Delphinatûs borealis; *Vertrieux* (*Isère*), etc. — Flor. martio, exeunte hieme (in horto).

Cette espèce me paraît correspondre au *Draba aizoides* type, de plusieurs auteurs, de De Candolle notamment, dans son Systema. D'autres, tels que Koch, en divisant le *D. aizoides* L. en plusieurs variétés, prennent pour type la forme alpine qui est plus naine. Quel que soit le mérite de ces deux opinions, ce qui est certain, à mes yeux, c'est que l'espèce que je viens de décrire est complètement distincte de celle qui suit, et qu'elle est aussi très-différente soit du *D. affinis* HOST. soit du *D. elongata* HOST. auxquels Koch, dans son Synopsis, rapporte ses deux variétés du *D. aizoides*; exemple qui a été suivi par MM. Grenier et Godron, dans leur Flore de France.

Le *D. affinis* Host. constitue, selon moi, une bonne espèce, caractérisée par ses grappes pauciflores, à fleurs d'un blanc jaunâtre, ses siliques linéaires-lancéolées, très-glabres, son style très-allongé.

Le *D. elongata* Host. de Dalmatie, est encore plus différent. Il est remarquable par ses pédoncules allongés, ses pétales obovales, dépassés par les étamines, ses silicules entièrement hérissées ou parfois seulement ciliées. Bertoloni qui, dans son Flora italica, rapporte le *D. affinis* Host. au *D. aizoides*, considère le *D. elongata* comme devant former une espèce à part.

Draba alpestris Jord.

D. floribus in anthesi subcorymbosis, parvis, flavis ; sepalis ovato-oblongis, adpressis, glabris ; petalis obverse oblongis, apice leviter subemarginatis integrisve, antheras haud æquantibus ; racemo fructifero breviusculo ; pedunculis brevibus, erecto-patulis, inferioribus siliculam vix æquantibus ; siliculis subellipticis, utrinque angustatis, tumidulo-compressis, basi stipitatis, glabris, quandoque ciliatis, stylo latitudinem earum subæquante terminatis ; seminibus ovatis, rubro-subfuscis ; foliis rigidulis, subcoriaceis, rosulatis, densis, brevibus, linearibus, subacutis, dorso carinatis, setoso-ciliatis, virentibus, arescendo-pallentibus, superioribus erectis, exterioribus patentibus deflexisve ; scapis tenuibus, suberectis, valde flexuosis, nudis, glabris ; caudicis ramosi dense cespitosi surculis abbreviatis, apice in rosulas scapigeras solutis.

Hab. in locis saxosis et schistosis Alpium editiorum ; *Lautaret* (*Hautes-Alpes*), etc. — Flor. aprili (in horto).

Sepala 2—2 1/2 mill. longa, 1—1 1/2 mill. lata ; petala passim apice integriuscula, 4 mill. longa, 2 mill. lata ; antheræ flavæ ; ovatæ ; stylus antheras vix æquans.

J'ai cultivé pendant plus de dix années cette espèce, ainsi que la précédente. Je les ai élevées souvent de graines, et elles m'ont toujours paru très-distinctes. Le *D. alpestris* est constamment beaucoup plus petit dans toutes ses parties. Ses fleurs sont de moitié plus petites et d'un jaune moins vif, à sépales plus étroits, à pétales plus faiblement échancrés au sommet, un peu dépassés par les étamines et non plus longs qu'elles ; ses feuilles sont d'un vert plus foncé et moins luisantes, constamment de moitié plus courtes, à cils plus raides ; ses grappes fructifères sont moins allongées ; ses silicules sont plus petites et plus courtes ; ses graines sont de même forme et munies pareillement d'un sillon latéral assez profond, mais plus petites ; sa floraison est constamment plus tardive de trois à quatre semaines, dans un même lieu.

Il est probable que le type du *D. aizoides* est représenté, même dans le rayon de la flore française, par d'autres espèces que les deux que je viens de signaler.

Le *D. ciliaris* L. est rapporté par De Candolle au *D. aizoides*, dans son Systema, mais il le sépare de sa variété *minor* à laquelle s'applique, d'après lui, le *D. ciliaris* de sa Flore Française. Je suis porté à croire que le vrai *D. ciliaris* L. des Basses-Alpes, signalé par Gérard, à tiges allongées, diffuses et à fleurs blanches, doit être une plante bien différente des deux espèces dont j'ai donné la description.

Draba corsica Jord.

D. *rigida* Lois. Nouv. not. p. 27. — D. *olympica* Dub. Bot. gall., t. 2, p. 1023. Bertol. Flor. ital., t. 6, p. 468, non Smith.

D. floribus in anthesi subcorymbosis, parvis, flavescentibus ; sepalis ovatis, obtusis, glabris ; petalis obverse oblongis, apice emarginatis, antheras superantibus ; racemo fructifero abbreviato ; pedunculis villosis patulis, inferioribus siliculam haud æquantibus ; siliculis ovato-ellipticis, plano-subtumidulis, utrinque paulo angustatis, vix basi stipitatis, undique pilis patentibus obtectis, stylo latitudinem earum dimidiam subæquante terminatis; seminibus ovato-oblongis, rubro-fuscis; foliis rigidulis, subcoriaceis, rosulatis, densis, brevibus, lato-linearibus subacutis, dorso tenuiter carinatis, setoso-ciliatis, flavo-virentibus, arescendo pallentibus, superioribus erectis, exterioribus patentibus deflexisve; scapis brevibus erectis, subflexuosis, nudis, dense pubescentibus; caudicis dense cespitosi surculis abbreviatis, apice in rosulas e centro scapigeras solutis.

Hab. in præruptis graniticis Corsicæ; *Monte-Rotundo.*

Cette espèce qui a été prise par plusieurs auteurs pour le *D. olympica* Sibth. apud De Cand. System. 2 p. 356, en est complètement distincte, selon moi, et me paraît même beaucoup plus voisin du *D. aizoides* L., nonobstant la pubescence des tiges et des silicules.

Dans l'espèce du Mont-Olympe, les silicules sont bien plus petites et plus renflées, couvertes de poils bien plus allongés, terminées par un style qui égale à peine le quart de leur largeur et est à peine saillant au dessus des poils; les pédoncules sont dressés, peu étalés; les feuilles sont bien plus fines, à nervure dorsale occupant plus de la moitié du limbe, tandis que dans le *D. corsica* la nervure dorsale est au contraire très-fine. Il me paraît fort probable que les auteurs qui ont confondu l'espèce de Corse avec le *D. olympica* n'avaient pas vu ce dernier et n'avaient pu en juger que d'après les descriptions.

(Species 53 sequentes ex *Drabæ vernæ* L. typo; petalis
bipartitis, scapis nudis.)

Sect. 1. Pili omnes vel fere omnes simplices, furcatis rarius immixtis.

a. Siliculæ elliptico-ovatæ vel oblongæ ; folia ovata vel oblongo-lanceolata,
limbo patente sæpe apice subrecurvato. Stirps *E. glabrescentis* Jord. Pug.
p. 10.

Erophila virescens. Jord.

E. floribus minimis; sepalis ovatis, subglabris; petalis calice paulo
longioribus, usque ad medium fissis, lobis subdiscretis pedunculis
fructiferis modice apertis, inferioribus silicula subduplo longioribus ;
siliculis subæqualiter elliptico-ovatis, basi fere rotundatis, stylo
perbrevi crassiusculo terminatis ; foliis brevibus, ovato-lanceolatis
lanceolatisve, breviter superne dentatis, lætissime virentibus, subnitidis, glabriusculis vel pilis omnibus simplicibus parce obsitis ; scapis suberectis, tenuibus, flexuosis, subglabris.

Hab. in locis siccis et apertis, præsertim ad rupes et muros agri
lugdunensis ; *Rochecardon* prope *Lyon*. — Flor. primo vere.

Floris diam. circiter 3 1/2 mill. ; petala 2 – 2 1/2 mill. longa, 1 1/4
mill. lata ; silicula 4 mill. longa, 2 1/2 mill. lata.

Cette espèce se reconnaît facilement à ses fleurs très-petites et d'un blanc un peu terne, à ses feuilles courtes, constamment très-vertes, ordinairement presque glabres ainsi
que toute la plante , qui est une des plus naines parmi ses
congénères.

Les feuilles des diverses espèces d'*Erophila* doivent toujours être observées- sur la plante jeune, avant l'apparition
des fleurs, à l'automne ou à la fin de l'hiver, quand elles
n'ont pas souffert des gelées. Les feuilles qui persistent sur
les pieds complètement développés sont généralement fort
peu caractéristiques , sous le rapport de la forme et de la
couleur.

Erophila subnitens. Jord.

E. floribus grandibus, candidis ; sepalis ovatis, subglabris; petalis
calice plus quam duplo longioribus, usque ad medium fissis, lobis obtusissimis subdiscretis; pedunculis fructiferis patentibus, inferioribus
silicula subduplo longioribus ; siliculis ovato-ellipticis, inferne a tertia
parte inferiore paulo angustatis, apice subtruncatis stylo brevi abrupte
terminatis:foliis ovatis lanceolatisve, breviter dentatis, inferne in petiolum breviter attenuatis, lætisssime virentibus, subnitidis , glabriusculis vel pilis omnibus simplicibus adspersis ; scapis subdiffusis,
ascendentibus, flexuosis, subglabris.

Hab. in locis siccis et apertis Jurassi et Beugesi; *Cornod (Jura)* etc.
— Flor. primo vere.

Floris diam. 6 mill. ; petala 4-5 mill. longa, 2 1/2 mill. lata ; silicula 5-6 mill. longa, 2 1/2 mill. lata.

Cette espèce est complètement distincte de la précédente
par ses grandes fleurs, d'un blanc très-pur. Ses fleurs sont
plus grandes que dans les autres espèce de ce groupe, tandis que celle de l'*E. virescens* sont au contraire des plus petites. Elle se rapproche de ce dernier par la pubescence
et la couleur du feuillage ; mais ses feuilles sont plus grandes
et plus larges ; ses silicules sont plus grandes, plus rétrécies
à la base, portées sur des pédoncules plus étalés et à style
plus écourté. Toute la plante est d'un port plus robuste,
quoique basse et peu effilée.

Erophila spathulæfolia. Jord

E. floribus mediocribus; sepalis ovatis, rubellis, sæpe hispidis ; petalis calice duplo longioribus, usque ad medium fissis, lobis subdiscretis;
pedunculis fructiferis patentibus , inferioribus silicula vix duplo
longioribus ; siliculis elliptico-ovatis, utroque apice, sed basi evidentius angustatis, apice stylo longiusculo terminatis ; foliis ovatis, integris vel rariter subdentatis, in petiolum sat longum attenuatis et fere

spathulatis, obscurissime virentibus, opacis, pilis plerisque simplicibus haud parce obsitis ; scapis arcuato-patentibus, diffusis, valde
flexuosis, hispidulis.

Hab. in locis siccis et apertis montium graniticorum Occitaniæ; *Sal-
signe* prope *Mas-Cabardès (Aude)*, ex D. Ozanon. — Flor. primo vere.

Floris diam. 4—5 mill. ; petala 3 1/2 mill. longa, 1 1/2 mill. lata ;
silicula 5 mill. longa, 3 mill. lata.

Cette espèce que j'ai reçue, ainsi que plusieurs autres,
du versant méridional de la Montagne Noire (Aude), de
M. C. Ozanon, et que j'ai obtenue de graines dans mes cultures, ne peut être confondue avec les deux précédentes,
en raison de son port bien plus diffus et plus flexueux, de
la forme visiblement spatulée et plus longuement pétiolée
des feuilles qui sont ordinairement entières ou fort peu
dentées, d'un vert obscur ou rembruni très-différent.
Ses calices sont rougeâtres; sa floraison est un peu plus
tardive.

J'ai reçu de M. Hohenaker, sous le nom de *E. præcox* Stev.,
deux espèces mélangées, provenant des bords de la mer
Caspienne, dont l'une appartient au présent groupe par ses
poils simples et ses silicules ovales, tandis que l'autre à
poils fourchus et à siliques fort étroites se rapporte à la
seconde section de ce genre. La première espèce se rapproche beaucoup de l'*E. spathulæfolia* par la forme du fruit
qui est cependant rétréci davantage au sommet. Ses feuilles
sont pareillement spatulées; leurs poils sont simples, mais
plus allongés. Le calice n'est pas rougeâtre, et la plante ne
paraît pas diffuse. Il me paraît probable qu'elle constitue une
espèce distincte, le genre *Erophila* étant sans doute représenté en Asie et dans l'Europe Orientale par diverses formes
affines, plus ou moins rapprochées de celles de nos contrées,
mais nullement identiques avec elles.

Erophila vivariensis Jord.

E. floribus parvis ; sepalis oblongo-ovatis, passim subhispidis ;
petalis ultra medium fissis, lobis paulo remotis ; pedunculis flexuosis, modice patentibus, inferioribus silicula duplo brevioribus; siliculis
subellipticis, superne arctatis, inferne fere a medio sensim angustatis, basi breviter stipitatis, apice stylo longiusculo terminatis : foliis
elliptico-ovatis subspathulatisve, in petiolum inferne attenuatis, plerumque subdentatis, læte virentibus, pilis simplicibus obsitis ; scapis
e basi arcuata ascendente surrectis, flexuosis, inferne hispidis.

Hab. in locis siccis et apertis graniticis agri vivariensis ; *Celles-les-
Bains (Ardèche)*, ex D. Millière. — Flor. primo vere.

Floris diam. 4 mill. ; petala. 2 1/2 mill. longa, 1 1/2 mill. lata; silicula 5 — 6 mill. longa, 2 3/4 mill. lata.

Il se rapproche de l'*E. spathulæfolia* par la forme des
feuilles, ainsi que par celle des silicules qui sont seulement
un peu moins larges ; mais son port est bien différent. Ses
feuilles sont moins longuement pétiolées, ordinairement un
peu dentées, à poils tous simples, d'un beau vert clair ; ses
fleurs sont notablement plus petites et son style est encore
un peu plus long.

Cette espèce et les trois précédentes sont fort distinctes
entre elles et faciles à distinguer ; mais il n'en est pas de
même des suivantes dont l'affinité est très-grande et qui
exigent une attention minutieuse, pour ne pas être confondues.

Erophila campestris Jord.

E. floribus mediocribus : sepalis ovatis, rariter subhispidis ; petalis
calice subduplo longioribus, paulo ultra medium fissis, lobis oblongis discretis ; pedunculis valde patentibus, inferioribus silicula
subduplo longioribus ; siliculis oblongato ellipticis, apice subæqualibus inferne breviter angustatis, stylo brevi terminatis ; foliis ovatis
lanceolatisve, acutis, sæpius breviter et arguto dentatis, inferne in

petiolum longiusculum sæpe macula fuscescente insignitum attenuatis. læte virentibus, pilis plerisque simplicibus parce obsitis; scapis brevibus, subdiffusis, ascendentibus, flexuosis, hispidulis.

Hab. in locis siccis et apertis Burgundiæ; *Buxy* prope *Châlon* (*Saône-et-Loire*). ex D. Ozanon — Flor. primo vere.

Floris diam. 5 mill.; petala 3 1/2 mill. longa, 2 mill lata.; sicula 6 – 7 mill. longa. 2 1/4 mill. lata.

Il diffère de l'*E. vivariensis* par ses fleurs plus grandes, ses silicules bien moins rétrécies au sommet et à style plus court, ses feuilles plus courtes, à dents plus nombreuses, ordinairement un peu tachées vers la base du limbe.

Il s'éloigne complètement de l'*E. spathulæfolia* par ses feuilles aiguës, dentées et d'un vert gai.

Erophila ambigens JORD.

E. floribus mediocribus ; sepalis ovatis. subglabris ; petalis calice duplo longioribus , paulo ultra medium fissis , lobis oblongis discretis ; pedunculis fructiferis patulis , inferioribus silicula duplo saltem longioribus ; siliculis elliptico-obovatis, inferne fere à medio sensim angustatis, basi fere attenuatis. apice stylo brevissimo terminatis : foliis elliptico-lanceolatis, obtusiusculis, inferne in petiolum longe attenuatis subintegerrimis, lætissime virentibus, pilis plerisque simplicibus parce obsitis, glabrescentibus ve ; scapis suberectis vel arcuato-ascendentibus, flexuosis. hispidulis.

Hab. in locis siccis et apertis Burgundiæ : *Chalon (Saône-et Loire)* — Flor. primo vere.

Floris diam. 5 mill. ; petala 3 – 3 1/2 mill. longa, 2 mill. lata ; silicula 6 mill. longa, 2 1/2 mill. lata.

Il diffère de l'*E. subnitens* par ses fleurs plus petites , ses feuilles plus étroites , plus longuement atténuées en pétiole et ordinairement entières.

Il se distingue de l'*E. campestris* par la forme de la sili-

cule qui est rétrécie inférieurement presque à partir du milieu et dont le style est plus écourté, par ses feuilles plus étroites, entières, dépourvues de tache à la base.

Erophila medioxima Jord., in Billot, flor. gall. et germ. exsicc.
n° 1818.

E. glabrescens Jord. Pug. p. 10. pro parte.

E. floribus parvis ; sepalis ovatis, parce hispidulis ; petalis calice
subduplo longioribus, sæpe ultra medium fissis, lobis subpatulis ;
pedunculis fructiferis erecto-patulis, inferioribus silicula subduplo
longioribus ; siliculis subæqualiter ellipticis, basi et apice tantulum
angustatis, stylo brevissimo terminatis ; foliis lanceolatis, inferne
in petiolum sæpe rubescentem attenuatis, integris vel rariter subdentatis, intense virentibus, opacis, pilis brevibus plerisque simplicibus obsitis ; scapis erectis vel e basi arcuata ascendentibus, flexuosis,
subhispidis, apice longe racemosis.

Hab. in locis siccis et apertis agri lugdunensis ; *Villeurbanne*
(*Rhône*) etc., haud infrequens. — Flor. primo vere.

Floris diam. 4 mill. ; petala 2 1/2 mill. longa, 1 1/2 mill. lata ; silicula 4 1/2 — 5 mill. longa, 2 3/4 mill. lata.

Les feuilles dans cette espèce sont généralement plus
étroites que dans les précédentes ; elles sont d'un vert assez
foncé, à pétioles rougeâtres.

Par son port assez relevé elle se rapproche surtout de l'*E.
vivariensis* ; mais elle en est certainement distincte par ses
feuilles moins larges et moins visiblement spatulées, par ses
silicules moins rétrécies à la base et surmontées d'un style
beaucoup plus court. Ses fleurs sont à peu près de la même
grandeur que dans cette espèce. Elle se distingue de l'*E.
campestris* par ses silicules plus courtes et plus visiblement
rétrécies au sommet. Elle diffère de l'*E. ambigens* par ses fleurs
plus petites et par ses silicules bien moins atténuées à la base.

Elle ne peut être confondue avec l'*E. subnitens*, dont les fleurs sont trois fois plus grandes, les feuilles bien plus larges, et le fruit plus gros, ni avec l'*E. virescens* dont les fleurs sont plus petites et le fruit plus court.

Erophila micrantha Jord.

E. floribus minimis; sepalis ovato-oblongis, rariter subhispidis; petalis calice paulo longioribus, usque ad medium fissis, lobis subpatulis; pedunculis fructiferis erecto-patulis, inferioribus silicula subduplo longioribus; siliculis subæqualiter ellipticis, paululum utroque apice angustatis, stylo brevi terminatis; foliis ovato-lanceolatis, inferne attenuatis, apice acutatis, integris vel rariter superne dentatis, haud intense virentibus, pilis brevibus plerisque simplicibus obsitis; scapis erectis, vel e basi arcuata ascendentibus, flexuosis, plerumque subglabris, apice longe racemosis.

Hab. in locis siccis et apertis agri lugdunensis; *Villeurbanne* (*Rhône*), etc., sæpe cum præcedente promiscua. — Flor. primo vere.

Floris diam. 3—3 1/2 mill.; petala 2 mill. longa, 1 mill. lata; silicula 4 1/2—5 mill. longa, 2 3/4 mill. lata.

Cette espèce ressemble beaucoup à la précédente; mais je suis arrivé par une série de semis successifs à me convaincre qu'elle en est réellement distincte. Ses fleurs sont constamment plus petites et sa floraison est plus tardive de huit à quinze jours, dans un même lieu. Ses feuilles sont plus larges et plus grandes, d'un vert plus clair; elles sont moins fortement atténuées à la base et au contraire plus rétrécies au sommet, offrant moins de tendance à la forme spatulée.

Elle s'éloigne de l'*E. virescens*, qui est aussi à très petites fleurs, par ses sépales d'un vert rembruni ou parfois violacés, par ses silicules de forme plus allongée et à style moins écourté, par ses feuilles plus allongées et plus hispides. Toute la plante est plus effilée et à plus longues grappes.

Erophila oblongata JORD.

E. glabrescens JORD. Pug. pag. 10, pro parte.

E. floribus parvis ; sepalis ovato-oblongis, passim subhispidis ; petalis fere ultra medium fissis, lobis oblongis remotis ; pedunculis erecto-patulis, inferioribus silicula subduplo longioribus ; siliculis oblongis, basi paululum angustatis, stylo breviusculo terminatis ; foliis lanceolatis vel lineari-lanceolatis, acutis, inferne in petiolum valde attenuatis, integris vel rariter subdentatis, viridibus, pilis plerisque simplicibus obsitis ; scapis erectis vel inferne ascendentibus, flexuosis, basi subhispidis, apice longe racemosis.

Hab. in locis siccis et apertis agri lugdunensis ; *Villeurbanne* (*Rhône*), etc., cum duobus præcedentibus passim promiscua. — Flor. primo vere.

Floris diam. 4—4 1/2 mill. ; petala 2 1/2 mill. longa, 1 1/2 mill. ata ; silicula 5—5 1/2 mill. longa, 2 mill. lata.

Il est très-semblable par les fleurs, par l'aspect du feuillage et la pubescence à l'*E. medioxima*. Le vert seulement est plus gai et moins opaque, et les feuilles sont un peu plus étroites. Mais ce n'est réellement qu'à l'apparition des fruits qu'on peut les distinguer, le fruit étant décidément et constamment de forme oblongue ou elliptique-oblongue dans l'*E. oblongata*, tandis qu'il est ovale-elliptique dans l'*E. medioxima*. Le style est aussi un peu plus long dans le premier que dans le second.

Il diffère de l'*E. micrantha* par ses feuilles plus étroites, ses fleurs plus grandes, son fruit plus allongé et sa floraison plus précoce de quelques jours.

Erophila rubella JORD.

E. floribus minimis, sepalis rubellis, ovato-oblongis, subhispidis ; petalis ultra medium fissis, lobis sublinearibus obtusiusculis remotis; pedunculis erecto-patulis, inferioribus silicula subduplo longioribus;

siliculis oblongatis, versus apicem utrumque sensim angustatis , stylo breviusculo terminatis ; foliis lanceolatis vel lineari-lanceolatis , acutis, inferne in petiolum attenuatis , apice sæpius recurvatis , cinereo-viridibus , pilis plerisque simplicibus crebre obsitis ; scapis erectis vel e basi arcuata ascendentibus, flexuosis , subhispidis, apice longe racemosis.

Hab. in locis siccis et apertis agri lugdunensis; *Caluire (Rhône)*, etc. — Flor. martio-aprili.

Floris diam. 3 1/2—4 mill. ; petala 2 1/2 mill. longa, 1 mill. lata ; silicula 5 mill. longa , 2 mill. lata.

Il se rapproche surtout de l'*E. oblongata* dont il diffère par ses fleurs plus petites, à calice constamment rougeâtre, à pétales dont les lobes sont très-étroits, souvent un peu aigus, par ses silicules rétrécies davantage au sommet et à la base , par ses feuilles d'un vert plus grisâtre et plus dentées. Sa floraison est plus tardive de quelques jours.

Erophila procerula Jord.

E. floribus mediocribus; sepalis ovato-oblongis, subhispidis ; petalis calice duplo longioribus, usque ad medium fissis, lobis oblongis discretis : pedunculis fructiferis erecto-patulis , inferioribus silicula duplo longioribus : siliculis oblongatis , paulo infra medium angustatis , apice subæqualibus stylo brevissimo terminatis ; foliis lanceolatis vel lineari-lanceolatis, acutis, longe in petiolum attenuatis integris vel subdentatis, læte virentibus, passim inferno macula fuscescente notatis, pilis submixtis obsitis, simplicibus valde crebrioribus ; scapis erectis vel ascendentibus, procerulis, hispidis.

Hab. in locis siccis et apertis Burgundiæ; *Senecey* prope *Châlon (Saône-et-Loire)*, ex D. Ozanon. — Flor. primo vere.

Floris diam. 5—5 1/2 mill ; petala 3 1/2 mill. longa, 1 2/3 mill. lata; silicula 7—8 mill. longa , 2 1/2 mill. lata.

Il se rapproche surtout de l'*E. oblongata* , dont il diffère certainement par son port plus robuste , par ses fleurs plus grandes , par ses silicules plus allongées et rétrécies davantage à la base , par ses feuilles plus longues et bien plus longuement atténuées en pétiole , marquées souvent d'une tache un peu noirâtre vers la base du limbe.

Erophila chlorotica Jord.

E. floribus minimis , subochroleuco-albidis; sepalis ovato-oblongis , rariter subhispidis ; petalis calice paulo longioribus, ultra medium fissis , lobis valde obtusis subcontiguis ; pedunculis brevibus erecto-patulis, inferioribus silicula vix duplo longioribus ; siliculis parvis, obverse oblongo-ellipticis, apice tantulum arctatis, basi a tertia parte inferiore sensim angustatis , stylo brevi terminatis ; foliis lanceolatis vel lineari-lanceolatis , inferne attenuatis , subintegris , flavo-virentibus , opacis , pilis fere omnibus simplicibus haud parce obsitis; scapis brevibus, arcuato-patulis, ascendentibus , flexuosis. plerumque laxe hispidulis.

Hab. in locis siccis et apertis agri lugdunensis; *Caluire (Rhône)*, etc. — Flor. primo vere.

Floris diam. 3 — 3 1/2 mill. ; calix flavo-virens : petala 2—2 1/2 mill. longa , 1 mill. lata , inferne præsertim subflavescentia , basi brevissime unguiculata , ad tertiam partem inferiorem bifida , lobis apice passim truncatis vel subemarginatis ; antheræ stylum excedentes ; silicula 4—4 1/2 mill. longa , 2 mill. lata.

Cette espèce diffère de celles qui précèdent par la couleur un peu jaunâtre de toute la plante. Ses fleurs sont très-petites comme dans les *E. virescens* et *micrantha* Elle est plus rapprochée de l'*E. oblongata* par la forme du fruit; cependant sa silicule est un peu moins allongée que dans ce dernier et plus obtuse au sommet. Ses feuilles sont pareillement assez étroites et presque entières ; mais elles restent vertes jusqu'à la base du pétiole. Ses pédoncules sont plus courts ; ses tiges sont moins relevées, fort courtes, presque diffuses ; sa pubescence est plus courte et plus dense.

Erophila lepida Jord.

E. floribus minimis, sepalis ovatis subhispidis ; petalis calice haud duplo longioribus, ultra medium fissis , lobis obtusis discretis ; pedunculis fructiferis patentibus, inferioribus silicula subduplo lon-gioribus; siliculis oblongatis, basi angustatis, stylo breviusculo termi-natis; foliis brevibus, lanceolatis, subdentatis, læte virentibus, pilis simplicibus parce obsitis; scapis brevibus, diffusis, ascendentibus, hispidis, vel subglabris.

Hab. in locis siccis et apertis Galloprovinciæ australioris ; *Hyères* (*Var*). — Flor. primo vere.

Floris diam 3 1/2 — 4 mill.; petala 2 1/2 mill. longa, 1 1 2 mill. lata; silicula 4 1/2 mill. longa, 1 3,4 mill. lata.

Cette espèce est fort naine. Elle se reconnait à son port étalé , diffus , à ses grappes écourtées. Ses feuilles ressem-blent par leur forme à celles de l'*E. chlorotica* et par leur couleur à celles de l'*E. virescens.* Elle se rapproche davan-tage de l'*E. chlorotica* par le port, ainsi que par la forme de la silicule qui est cependant plus étroite et terminée par un style moins écourté. Ses fleurs sont d'un blanc pur et tant soit peu plus grandes ; elle forment des grappes qui s'allon-gent beaucoup moins.

Erophila patula Jord.

E. floribus minimis ; sepalis oblongo-ovatis , passim subhispidis ; petalis calice duplo longioribus , usque ad medium fissis, lobis rectis obtusis ; pedunculis patentibus , inferioribus silicula subduplo lon-gioribus; siliculis oblongatis basi præsertim angustatis, apice stylo mdiocri terminatis; foliis sub planis, brevibus, lanceolatis, vix acutis, breviter dentatis subintegrisve , basi in petiolum brevem latiusculum haud rubescentem angustatis, obscure griseo-virentibus, pilis sub-mixtis sed furcatis paucioribus haud parce obtectis ; scapis brevibus diffusis, ascendentibus, flexuosis , inferne subhispidis.

Hab. in locis siccis et apertis montium graniticorum Occitaniæ : *Mas Cabardès* (*Aude*), ex D. Ozanon. — Flor. primo vere.

Floris diam. 3 mill. ; petala 2 mill. longa, 1 1/4 mill. lata : silicula 1—5 mill. longa, 1 3/4 mill. lata.

Il diffère complètement, au premier aspect , de l'*E. chlorotica* par la couleur de ses feuilles qui sont d'un vert grisâtre , très-obscur. Son port étalé , diffus , l'éloigne de l'*E.
oblongata*. Il ressemble beaucoup à ces deux espèces par la
forme de la silicule ; mais il en est très-distinct par ses
feuilles qui sont plus larges et plus courtes, moins rétrécies
à la base et moins aiguës au sommet, à limbe ordinairement
plan et non recourbé supérieurement. Ses fleurs sont à peu
près de même grandeur que dans l'*E. chlorotica*.

b. Siliculæ elliptico-oblongæ, longe basi angustatæ ; folia lanceolata ,
erectiuscula , haud apice recurvata. Stirps *E. hirtellæ* Jord.

Erophila hirtella Jord. Pug. pag. 10.

E. floribus majusculis , læte albidis ; sepalis oblongo-ovatis, parce
pilosis; petalis anguste obovatis. usque ad medium fissis, lobis obtusis
haud contiguis; pedunculis patulis , inferioribus silicula haud duplo longioribus ; siliculis oblongatis, apice paululum , basi longe
angustatis, stylo mediocri terminatis ; foliis lanceolatis, valde acutis,
pleramque argute dentatis , passim subintegris , intense viridibus ,
in petiolum sæpe fusco maculatum angustatis , pilis longiusculis
laxe adspersis, furcatis fere paucioribus brevioribus que immixtis ;
scapis patulis vel ascendentibus, longe racemosis.

Hab. in locis siccis et apertis agri lugdunensis ; *Villeurbanne*
(*Rhône*). — Flor. primo vere.

Floris diam. 3—5 1/2 mill. ; petala 3 mill. longa, 1 1/2—2 mill. lata;
silicula 6 mill. longa, 2 1/2 mill. lata.

Les fleurs dans cette espèce sont assez grandes. Ses feuilles
sont d'un vert très-foncé , à limbe un peu relevé , muni de
dents saillantes, point recourbé au sommet, à pétiole marqué
ordinairement d'une tache brune qui est tridentée à son
sommet, à poils simples et fourchus entremêlés , peu nom
breux , assez longs.

Sect. 2. Pili omnes vel fere omnes bifidi, passim trifidi, simplicibus raricribus immixtis.

a. Siliculæ subrotundo- vel oblongo-obovatæ, obtusissimæ; folia ovata vel lanceolata. Stirps *E. brachycarpæ* Jord.

Erophila brachycarpa Jord. Pug. pag. 9.

E. floribus minimis; sepalis ovatis, parce hispidis; petalis calice paulo longioribus, usque ad medium fissis, lobis oblongis discretis; pedunculis patentibus, inferioribus silicula subtriplo longioribus; siliculis minimis, obovato-subrotundis, obtusissimis, ima basi paulo angustatis tantulumque stipitatis, apice stylo brevi apiculatis; foliis lanceolatis, breviter dentatis subintegrisve, inferne in petiolum brevem angustatis, virentibus vel passim leviter rubescentibus, basi immaculatis, pilis mixtis sed furcatis crebrioribus haud parce obtectis; scapis e basi arcuata ascendentibus vel suberectis, tenuibus, flexuosis, apice breviter racemosis, laxe subhispidis.

Hab. in locis siccis et apertis agri lugdunensis; *Villeurbanne* (*Rhône*), etc. — Flor. hyeme vel primo vere.

Floris diam. 3 mill.; petala 1 1/2 mill. longa, 1 mill. lata; silicula 3 mill. longa, 2 mill. lata.

Cette espèce est remarquable par ses grappes courtes un peu divariquées, ses fleurs très-petites, son fruit très-petit et très-court, toujours très-arrondi au sommet, un peu ré-rétréci vers la base et souvent presque turbiné. C'est une des plus naines, parmi ses congénères, et une des plus précoces. Elle fleurit ordinairement la première, dès la fin de l'automne ou en hiver; elle résiste, étant en pleine floraison, à de très-fortes gelées, ce qui n'a pas lieu pour plusieurs autres espèces.

Plusieurs des parts de l'*E. brachycarpa* publié par M. Billot, au n° 1817 de son Flor. Gall. et Germ. exsicc., ont pu être mélangées d'exemplaires appartenant à l'*E. decipiens* que je n'avais pas encore distingué à cette époque.

J'ai recueilli aux environs de Lyon et près de Genève,
une forme très-probablement distincte , *E. subrotunda*
Nob., dont le fruit est presque rond, évidemment plus gros
que dans l'*E. brachycarpa* et dont les fleurs sont notablement plus grandes que dans cette espèce. Ses pédoncules
sont très-allongés et médiocrement étalés. Ses feuilles sont
courtes et larges, couvertes de poils fourchus mêlés de quelques poils simples.

Erophila decipiens Jord.

E. floribus minimis ; sepalis ovato-oblongis , subhispidis ; petalis
oblongo-obovatis basi in unguem longiusculum angustatis, ultra medium fissis, lobis obtusiusculis discretis apice subconvergentibus ;
pedunculis erecto-patulis , inferioribus silicula subtriplo longioribus ;
siliculis obovatis vel oblongo-obovatis, apice rotundatis, obtusissimis,
stylo brevi apiculatis; foliis lanceolatis, inferne in petiolum attenuatis,
subdentatis integrisve, intense virentibus, pilis mixtis sedfurcatis crebrioribus obsitis ; scapis e basi arcuata ascendentibus erectisve,
flexuosis, sæpe hispidulis.

Hab. in locis siccis et apertis agri lugdunensis ; *Caluire (Rhône)*, etc.
— Flor. primo vere.

Floris diam. 3 1/2 mill. ; petala 2 mill longa, 1 1/4 mill. lata ; silicula
4 1/2 mill. longa, 2 mill. lata.

Cette espèce a beaucoup d'affinité avec l'*E. brachycarpa*.
Son fruit est fort petit, pareillement arrondi et obtus au
sommet , mais de forme visiblement plus étroite et plus
longuement rétrécie à la base. Ses fleurs sont un peu plus
grandes et ses pédoncules sont moins étalés. Ses feuilles sont
étroites, d'un vert assez foncé , souvent rougeâtres vers le
pétiole , et de même constamment dépourvues de taches
brunes, à la base du limbe. Sa floraison est plus tardive
d'environ quinze jours.

Erophila Revelieri Jord.

E. floribus majusculis; sepalis ovatis. valde hispidis ; petalis calice plus duplo longioribus, obovatis, usque ad medium fissis, lobis latis obtusissimis ; pedunculis patulis, inferioribus silicula triplo vel subquadruplo longioribus ; siliculis obovatis, apice rotundatis, obtusissimis, stylo plane brevissimo sæpe vix ullo terminatis ; foliis brevibus, ovato-oblongis, obtusis basi breviter angustatis, subintegris, virentibus, pilis brevibus fere omnibus furcatis haud parce obtectis; scapis ascendentibus vel suberectis, flexuosis, hispidulis.

Hab. in locis siccis et apertis Corsicæ australioris; l'*Ospedale* prope *Porto-Vecchio*, ex D. Revelière.

Silicula 4 mill. longa, 3 mill. lata.

Cette espèce, par la forme du fruit, par ses longs pédoncules et ses grappes écourtées, se rapproche évidemment des deux qui précèdent ; mais par ses grandes fleurs, par la forme de ses feuilles et leur pubescence écourtée, elle a aussi beaucoup d'affinité avec les espèces du dernier groupe de ce genre, dont le type est l'*E. majuscula* Jord.

b. siliculæ elliptico-obovatæ vel obverse elliptico-lanceolatæ ; folia subovata vel lanceolata.

Erophila obovata Jord.

E. floribus parvis ; sepalis ovatis. hispidis ; petalis obovatis, calice haud duplo longioribus, circiter ad medium fissis, lobis obtusis discretis ; pedunculis erecto-patulis, inferioribus silicula duplo longioribus; siliculis rotundato vel sub elliptico-obovatis, inferne à tertia parte angustatis, apice stylo brevi apiculatis; foliis ovato-lanceolatis lanceolatisve, subdentatis integrisve, inferne in petiolum attenuatis subcinereo-virentibus, pilis submixt's sed plerisque furcatis haud parce obtectis ; scapis e basi arcuata ascendentibus erectisve, flexuosis, sæpe hispidulis.

Hab. in locis siccis et apertis agri andegavensis ; *Angers (Maine-et-Loire)*, etc. — Flor. primo vere.

Floris diam. 3 1/2—4 mill. ; petala 2 mill. longa, 1 1/2 mill. lata ; silicula 5 mill. longa, 3 mill. lata.

Cette espèce se distingue des *E. brachycarpa* et *decipiens* par son port moins grêle, par ses fruits notablement plus gros et ordinairement un peu moins obtus au sommet, rétrécis inférieurement comme dans l'*E. decipiens*, mais de forme plus élargie. Ses feuilles sont d'un vert grisâtre, plus larges, plus fortement hispides.

Erophila confinis Jord.

E. floribus parvis ; sepalis ovatis, subhispidis ; petalis obovatis, usque ad medium fissis, lobis obtusis discretis ; pedunculis erecto-patulis, inferioribus silicula duplo longioribus ; siliculis subellipticis apice paulisper inferne fere a medio sensim angustatis, stylo breviusculo terminatis; foliis brevibus, obverse ovato-lanceolatis, apice breviter acutis, inferne in petiolum latiusculum sæpe macula subfusca notatum angustatis, breviterdentatis subintegrisve, cinereo-virentibus, pilis submixtis sed furcatis crebrioribus et aperte bifidis dense obtectis; scapis ascendentibus erectisve, flexuosis, pilis mixtis crebris obsitis, apice longe racemosis.

Hab. in locis siccis et apertis agri andegavensis ; *Saint-Christophe* (*Maine-et-Loire*), ex D. Bardin. — Flor. primo vere.

Floris diam. 3 1/2—4 mill.: petala 2 1/2 mill. longa, 1 1/2 mill. lata ; silicula 5 1/2 mill. longa, 2 1/2 mill. lata.

Cette espèce est très voisine de l'*E. obovata* par l'aspect des fleurs. Elle en diffère surtout par la forme de ses silicules qui sont plus étroites, plus elliptiques, moins arrondies vers le haut et à rétrécissement de la base encore plus marqué.

Erophila breviscapa Jord.

E. floribus parvis; sepalis ovatis, subhispidis; petalis obovatis, usque ad medium fissis; lobis obtusis subdiscretis ; pedunculis patentibus, brevibus, inferioribus silicula paulo longioribus; siliculis elliptico-obovatis, stylo breviusculo apiculatis ; foliis brevibus, subovatis, acutis, in petiolum brevemangustatis, sæpe grosse dentatis, læte virentibus vel plerumque colore rubente suffusis, pilis plerisque furcatis crebris longiusculis obtectis ; scapis erectis, vel ascendentibus, abbreviatis, subflexuosis, præsertim inferne longe et dense hispidis.

Hab. in locis siccis et apertis montium graniticorum Occitaniæ ; *Saint-Julien* prope *Mas-Cabardès* (Aude), ex D. Ozanon. — Flor. primo vere.

Floris diam. 3 1/2—4 mill. ; petala 2 mill. longa, 1 1/2 mill. lata ; silicula 4 1/2 mill. longa, 2 1/2 mill. lata.

Cette espèce se reconnaît à ses tiges naines et un peu trapues, à ses feuilles courtes et assez larges, aiguës, dentées, tantôt vertes et un peu tachées à la base, tantôt entièrement d'un brun rougeâtre.

Erophila subintegra Jord.

E. floribus parvis ; sepalis ovalis, sæpe hispidis ; petalis fere usque ad medium fissis, lobis obtusis subcontiguis ; pedunculis patulis, inferioribus silicula subduplo longioribus ; siliculis parvis ellipticis, stylo brevi apiculatis ; foliis elliptico-oblongis, obtusiusculis, integris, plerumque virentibus, petiolo immaculatis, pilis longiusculis densis submixtis sed furcatis crebrioribus et valde apertis obtectis ; scapis ascendentibus erectisve, flexuosis, pilis plerisque simplicibus elongatis crebris obsitis.

Hab. in locis siccis et apertis montium graniticorum Occitaniæ ; *Mas-Cabardès* (Aude), ex D. Ozanon. — Flor. primo vere.

Floris diam. 3 1/2 mill. ; petala 2 1/2 mill. longa, 1 1/4 mill. lata ; silicula 4 1,2—5 mill. longa, 2 1/2 lata.

Ses feuilles sont ordinairement entières ou à dents tout à fait rares et très courtes ; ses silicules sont assez petites, courtes, presque régulièrement elliptiques, comme dans l'*E. medioxima*; ce qui le distingue des autres espèces de ce groupe auquel il me paraît néanmoins appartenir par sa pubescence. Il est remarquable par les poils de la tige qui sont très-nombreux et simples pour la plupart, tandis que ceux des feuilles sont au contraire généralement fourchus et à branches très ouvertes.

Erophila pyrenaica Jord.

E. floribus majusculis ; sepalis ovatis , sæpe hispidis ; petalis usque ad medium fissis, lobis obtusissimis subdiscretis ; pedunculis demum patentibus , inferioribus silicula subquadruplo longioribus ; siliculis subellipticis , superne tantulum inferne a tertia parte angustatis , apice 'stylo brevi terminatis ; foliis brevibus, ovatis vel ovato-oblongis , obtusis, subintegris , in petiolum brevem angustatis, cinerascentibus, pilis densis apertissime bifidis obtectis ; scapis erectis. basi tantum pilis brevibus plerisque bifidis obsitis.

Hab. in locis siccis et apertis Pyrenæorum ; *Gèdre (Hautes-Pyrénées)*, ex D. Bordère. — Flor. martio-aprili (in horto).

Floris diam. 5 1/2 mill. ; petala 3 1/2 mill. longa, 2 1/2 mill. lata ; silicula 5—5 1/2 mill. longa , 2—2 1/2 mill. lata.

Cette espèce est très-rapprochée de l'*E. subintegra* , dont elle diffère par ses fleurs notablement plus grandes , ses pédoncules plus allongés, ses silicules un peu plus étroites et rétrécies davantage vers la base , ses feuilles plus larges, plus cendrées , ses tiges plus relevées , poilues seulement vers la base et à poils plus courts.

Erophila muricola Jord.

E. floribus mediocribus ; sepalis oblongo-ovatis , passim subhispidis ; petalis calice subduplo longioribus , ultra medium bifidis, lobis obtusis subdiscretis ; pedunculis erecto-patentibus , inferioribus silicula duplo longioribus ; siliculis elliptico-obovatis , stylo mediocri apiculatis ; foliis ovatis lanceolatisve , breviter dentatis , passim subintegris, in petiolum longiusculum angustatis, læte virentibus , pilis submixtis sed furcatis crebrioribus obsitis ; scapis ascendentibus vel subdiffusis, flexuosis, inferne tantum hispidulis , apice breviter racemosis.

Hab. in locis siccis et apertis agri andegavensis ; *Angers (Maine et Loire)*. — Flor. primo vere.

Floris diam. 4 1/2—5 mill.; petala 2 1/2—5 mill. longa, 2 mill. lata ; silicula 6 mill. longa , 3—3 1/2 mill. lata.

Cette espèce que j'ai élevée de graines prises sur des échantillons reçus de M. Boreau et recueillis sur les murs de la ville d'Angers, est remarquable par son port étalé et ses grappes courtes. Ses silicules sont assez larges et assez régulièrement obovales-elliptiques ; ses fleurs sont de grandeur moyenne ; ses feuilles sont d'un beau vert, plus ou moins dentées.

Erophila rurivaga Jord.

E. floribus mediocribus ; sepalis oblongo-ovalis, subhispidis ; petalis calice subduplo longioribus, ultra medium fissis, lobis obtusis subdiscretis ; pedunculis erecto-patentibus, inferioribus silicula vix duplo longioribus ; siliculis oblongo vel subobovato-ellipticis, utroque apice sed inferne evidentius angustatis, stylo mediocri apiculatis ; foliis elliptico-lanceolatis, breviter rariterque dentatis subintegrisve, læte virentibus, ad petiolum plerumque immaculatis, pilis apertissime furcatis haud parce obtectis ; scapis ascendentibus, erectisve, flexuosis, sæpe hispidulis.

Hab. in locis siccis et apertis agri andegavensis ; *Baugé* (*Maine-et-Loire*), ex D. Bardin. — Flor. primo vere.

Floris diam. 4—5 mill. ; petala 2 1/2—3 mill. longa, 2 mill. lata ; silicula 7—8 mill. longa, 3 mill. lata.

Cette espèce ressemble beaucoup par l'aspect de ses fleurs et de ses silicules à l'*E. muricola* ; seulement celles-ci sont plus allongées et visiblement plus rétrécies au sommet. Ses feuilles sont beaucoup moins dentées. Mais la pubescence offre une différence plus saillante, qui ne permet pas de les confondre, les poils simples étant dans l'*E. rurivaga* presque nuls et les poils fourchus très-nombreux, à branches allongées, très-étalées.

J'ai reçu de M. Revelière quelques exemplaires recueillis à Bonifacio (Corse) d'une forme assez semblable à l'*E. rurivaga* par ses silicules, mais plus rapprochée par ses feuilles élargies et par ses poils de l'*E. muricola*, qui devra peut-être être distinguée de l'un et de l'autre.

Erophila cabillonensis Jord.

E. floribus minimis; sepalis oblongo-ovatis, subhispidis; petalis calice paulo longioribus, usque ad medium circiter fissis, lobis oblongis discretis ; pedunculis erecto-patulis, valde flexuosis, inferioribus sili-cula subquadruplo longioribus; siliculis subelliptico-obovatis, superne tantulum inferne paulo infra medium eximie angustatis , apice stylo brevissimo terminatis ; foliis lanceolatis, subacutis, inferne attenua-tis, breviter dentatis subintegrisve, læte et pallide virentibus, pilis bre-vibus plerisque aperte bifidis trifidisve crebris obsitis ; scapis erectis, flexuosis, tenuibus . breviter furcato vel substellato-hispidulis.

Hab. in locis siccis et apertis agri cabillonensis; *Châlon (Saône et-Loire)*, ex D. Ozanon. — Flor. primo vere.

Floris diam. 3 mill. ; petala 2 mill. longa, 1 mill. lata ; silicu'a 6 mill. longa, 2 3 4 mill. lata.

Cette espèce se reconnaît à ses très-petites fleurs , à **ses** longs pédoncules, à ses feuilles assez étroites, d'un vert clair. Par la forme de la silicule elle se rapproche un peu de l'*E. muricola*, dont elle diffère totalement par ses petites fleurs, ses longs pédoncules et son port plus dressé.

Erophila lucida Jord.

E. floribus minimis: sepalis ovatis, subglabris ; petalis calice paulo longioribus, petalis usque ad tertiam partem circiter fissis, lobis obtusis discretis ; pedunculis erecto-patulis, inferioribus silicula vix duplo longioribus: siliculis subelliptico-obovatis, superne paululum inferne fere à medio sensim angustatis, apice stylo brevissimo terminatis ; fo-liis brevibus, obverse lanceolatis, acutis, sæpe dentatis, subcrassis , nitidis, virentibus, sæpe inferne macula fuscescente rhombea dentata insignitis, pilis minutis submixtis aliis simplicibus aliis crebrioribus breviter superne bifidis parce obsitis ; scapis erectis flexuosis, tenui-bus, subglabris.

Hab. in locis siccis et apertis Vogesorum ; *Gerardmer* (*Vosges*), ex
D. Martin, — Flor. martio exeunte (in horto).

Floris diam. 3 1/4 mill.; petala 2 mill. longa, 1 mill. lata; silicula
4 1/2 — 5 mill. longa, 2 1/4 mill. lata.

Il est remarquable par l'aspect luisant des feuilles qui sont
un peu épaisses, assez étroites, marquées le plus souvent
d'une tache noirâtre, qui est rétrécie supérieurement de
manière à ne pas occuper toute la largeur du limbe. Ses
poils sont fort courts, clairsemés, à branches plus courtes
et moins ouvertes que dans la plupart des espèces voisines.

Erophila andegavensis JORD.

E. floribus parvis, sepalis ovatis, plerumque hispidis ; petalis
calice subduplo longioribus, usque ad medium circiter fissis, lobis
oblongis discretis; pedunculis præsertim floriferis divaricato-patentibus, inferioribus subhispidis, silicula subduplo longioribus ; siliculis subelliptico-oblongatis, sensim inferne angustatis, apice stylo
brevi terminatis; foliis lato-lanceolatis, apice acutatis, inferne in
petiolum longiusculum angustatis, sæpius grosse et aperte dentatis,
virentibus, pilis plerisque longe et aperte bifidis obtectis ; scapis
plerumque ascendentibus, flexuosis, a basi ad apicem pilis apertissime bifidis simplicibusque obsitis.

Hab. in locis siccis et apertis agri andegavensis ; *Baugé* (*Maine-et-
Loire*), ex D. Bardin. — Flor. primo vere.

Floris diam. 4 1/2 mill.; petala 2 1/2 mill. longa, 1 1/2 mill. lata ;
silicula 6 1/2 mill. longa, 2 1/4 mill. lata.

Cette espèce se rapproche de l'*E. confinis* par l'aspect de
ses fleurs qui sont presque aussi petites; elle s'en éloigne
par ses silicules de forme plus étroite et plus longuement
rétrécies dans le bas, ainsi que par ses feuilles d'un vert
clair, plus rétrécies en pointe au sommet, à dents plus grosses
et plus ouvertes.

Elle se distingue des *E. muricola* et *rurivaga* par ses fleurs
plus petites et par la forme de sa silicule.

Erophila lugdunensis Jord.

E. floribus mediocribus; sepalis ovato-oblongis, hispidis; petalis
calice duplo longioribus, usque ad medium circiter fissis, lobis discretis; pedunculis erecto-patulis, inferioribus silicula vix duplo longioribus; siliculis subelliptico-oblongatis, superne tantulum angustatis, inferne infra medium sensim attenuatis, apice stylo mediocri
terminatis; foliis brevibus, obverse ovato-lanceolatis, apice obtusiusculis, inferne in petiolum angustatis, subdentatis integrisve, cinereo-
virentibus, pilis submixtis plerisque aperte bifidis sat dense obtectis;
scapis erectis, flexuosis, inferne præsertim hispidis.

Hab. in locis siccis et apertis agri lugdunensis; *Rochecardon* prope
Lyon, etc. — Flor. primo vere.

Floris diam. 5—5 1/2 mill.; petala 2 1/2— 3 mill. longa, 2 mill.
lata; silicula 5—6 mill. longa, 2—2 1/4 mill. lata.

Il se distingue de l'*E. andegavensis* par ses fleurs plus
grandes, ses silicules surmontées d'un style plus allongé, ses
feuilles plus courtes et plus grisâtres, à dents bien moins
prononcées et souvent nulles.

Erophila fallacina Jord.

E. floribus parvis, sepalis oblongo-ovatis, subhispidis; petalis
calice haud duplo longioribus, usque ad medium circiter fissis, lobis
obtusis, discretis; pedunculis erecto-patulis, inferioribus silicula vix
duplo longioribus; siliculis subelliptico-oblongis, basi potius angustatis, stylo brevi apiculatis; foliis oblongo-lanceolatis, inferne valde
attenuatis, integris vel leviter dentatis, læte virentibus, ad petiolum
tenuem sæpe rubentibus, etiam macula passim insignitis, pilis furcatis modice apertis crebris obtectis; scapis erectis, subflexuosis,
breviter inferne pubescentibus.

Hab. in locis siccis et apertis agri andegavensis; *Seiches (Maine-et-
Loire)*, ex D. Bardin. — Flor. martio.

Floris diam. 4 mill.; petala 2 1/2 mill. longa. 1 1/4 mill. lata;
silicula 6—6 1/2 mill. longa, 2—2 1/4 mill. lata.

Cette espèce est à fruit plus étroit que la précédente. Ses feuilles étroites, assez rarement dentées, à pétiole fin et rougeâtre, très vertes et très-hispides, la font aisément reconnaître sur le vif. Ses silicules sont portées sur des pédoncules médiocrement étalés. Son port est bien plus relevé que dans l'*E. andegavensis* et dans l'espèce suivante.

Erophila Bardini JORD.

E. floribus mediocribus; sepalis oblongo-ovalis, sæpe hispidis; petalis calice subduplo longioribus, usque ad medium circiter fissis, lobis obtusis haud contiguis; pedunculis patentibus, inferioribus silicula paulo longioribus; siliculis subelliptico-lanceolatis, utroque apice sed inferne præsertim angustatis, stylo longiusculo apiculatis; foliis lanceolatis, inferne valde attenuatis, paucidentatis vel subintegris, intense virentibus, ad petiolum tenuem sæpe rubentibus, etiam submaculatis, pilis plerisque furcatis modice apertis crebris obtectis; scapis ascendentibus erectisve, flexuosis, inferne præsertim dense hispidulis.

Hab. in locis siccis et apertis agri andegavensis; *Baugé* (*Maine-et-Loire*), ex D. Bardin. — Flor. martio-aprili.

Floris diam. 2 mill.; petala 2 1/2 mill. longa. 1 1/2 mill. lata: silicula 7 mill. longa. 2 mill. lata.

Il se distingue de l'*E. andegavensis* ainsi que de l'*E. fallacina* par ses fleurs un peu plus grandes, parfois un peu lavées de rose, et surtout par ses silicules plus allongées et plus étroites. terminées par un style visiblement plus long. Il diffère de l'*E. lugdunensis* par ses fleurs un peu plus petites, par ses silicules rétrécies davantage au sommet, plus étroites et plus longues, par la couleur et l'aspect des feuilles.

Cette espèce. par son fruit plus étroit que dans les précédentes, se rapproche de celles du groupe suivant.

c. Siliculæ oblongatæ vel sublanceolatæ : folia ovata vel sæpe obverse ovato-lanceolata , pilis longiusculis.

Erophila claviformis Jord.

E. floribus majusculis ; sepalis oblongis, hispidis ; petalis angustis usque ad medium circiter fissis , lobis vix contiguis ; pedunculis patentibus, valde flexuosis, inferioribus silicula subduplo longioribus ; siliculis subclavato-oblongatis, apice rotundatis, inferne sensim et longe angustatis , stylo brevissimo terminatis ; foliis brevibus, ovato-lanceolatis, acutis, inferne in petiolum angustatis, superne plerumque grosse et acute dentatis, intense virentibus vel passim colore rubente suffusis , pilis aperte furcatis trifidisve dense obtectis ; scapis ascendentibus erectisve , flexuosis , pilis substellatis haud parce obsitis.

Hab. in locis siccis et apertis agri andegavensis; *Baugé (Maine-et-Loire)* , ex D. Bardin. — Flor. primo vere.

Floris diam. 5 1/2 mill. ; petala 3 mill. longa , 1 1/2 mill. lata ; silicula 7 mill. longa . 2 mill. lata.

Cette espèce est remarquable par ses fleurs assez grandes, à pétales étroits , portées sur des pédoncules très-flexueux et souvent recourbés, par ses silicules étroites, arrondies et obtuses au sommet, subcunéiformes et longuement rétrécies vers la base , par ses feuilles d'un vert foncé, courtes , assez aiguës , fortement dentées et très-hispides. Sa floraison est ordinairement très-précoce et précède d'environ quinze jours celle de l'*E. andegavensis.*

Erophila cuneifolia Jord.

E. floribus majusculis ; sepalis ovato-oblongis , superne hispidis ; petalis calice plus duplo longioribus, ultra medium fissis , lobis discretis ; pedunculis flexuosis, valde patentibus, inferioribus silicula paulo longioribus ; siliculis obverse oblongatis, inferne præsertim angustatis, stylo brevi terminatis ; foliis subcuneiformibus , apice breviter acutatis, inferne longe angusta tis. sæpe dentatis, læte et haud intense virentibus, pilis longiusculis submixtis sed furcatis crebrioribus et modice apertis haud parce obtectis ; scapis ascendentibus vel erecto patulis, flexuosis, inferne præsertim hispidis.

Hab. in locis siccis et apertis montium Occitaniæ ; *Saint-Julien* prope *Mas-Cabardès* (*Aude*), ex D. Ozanon. — Flor. martio-aprili.

Floris diam. 5-6 mill. ; petala 3 1/2 mill. longa, 1 1/2 – 2 mill. lata silicula 7—8 mill. longa, 2 1/2 mill. lata.

Cette espèce est fort distincte. Ses fleurs sont encore plus grandes que dans les deux précédentes, ainsi que ses silicules ; ses feuilles sont plus larges et son port est plus robuste. Elle se rapproche à certains égards de l'*E. majuscula* JORD. et des autres espèces du même groupe ; mais elle en diffère complètement par sa pubescence qui est plus allongée, moins étoilée ; les poils simples sont très-visibles sur la tige ainsi que sur les feuilles, et les poils fourchus sont à branches moins ouvertes.

Erophila Ozanoni JORD.

E. floribus mediocribus ; sepalis ovatis, subhispidis, virentibus ; petalis calice subduplo longioribus, haud usque ad medium fissis, lobis obtusis paululum discretis ; pedunculis demum patentibus, inferioribus silicula subduplo longioribus : siliculis obverse lanceolato-oblongatis, superne paulisper angustatis, inferne a medio sensim attenuatis, apice stylo brevissimo terminatis ; foliis latis, obovatis vel lanceolato-obovatis, breviter apice acutatis, inferne in petiolum angustatis, sæpius crebre dentatis, obscure et pallide virentibus, macula pallida subtruncata et inæqualiter dentata passim notatis, pilis mixtis sed furcatis crebrioribus laxe obsitis ; scapis erectis ascendentibusve, hispidis, sæpe rubentibus.

Hab. in locis siccis et apertis Burgundiæ ; *Châlon* (*Saône-et-Loire*), ex D. Ozanon. — Flor. primo vere.

Floris diam. 4—5 mill. ; petala 3 mill. longa, 2 mill. lata ; silicula 7—8 mill. longa, 2 3/4 mill. lata.

Il diffère de l'*E. cuneifolia* par ses fleurs dont les pétales
sont moins profondément bifides et de forme plus élargie ,
par ses silicules plus atténuées à la base , par ses feuilles
plus larges et beaucoup plus dentées , rétrécies en pétiole à
la base et bien moins cunéiformes, d'un vert différent.

Il rappelle l'*E. majuscula* Jord. par la grandeur et l'aspect
de ses feuilles ; mais il en diffère complètement par sa
pubescence et par ses fleurs beaucoup plus petites.

d. Siliculæ oblongatæ ; folia lanceolata vel lineari-lanceolata.

Erophila dentata Jord.

Œ. floribus majusculis ; sepalis ovato-oblongis , subhispidis ; petalis paulo ultra medium fissis , lobis acutiusculis subpatulis vel
parallelis : pedunculis erecto-patulis, inferioribus silicula subduplo
longioribus ; siliculis elliptico-oblongatis , utroque apice paulisper
sed basi præsertim angustatis , stylo mediocri terminatis ; foliis
lineari-lanceolatis, inferne longe attenuatis', superne grosse et argute
dentatis , læte et haud intense virentibus , basi macula subfusca in
apicem lanceolatum desinente insignitis , pilis sparsis plerisque furcatis parce obsitis ; scapis erectis vel ascendentibus , flexuosis , præsertim inferne hispidulis.

Hab. in locis siccis et apertis agri andegavensis; *Maulevrier* (*Maine-
et-Loire*) , ex D. Genevier. — Flor. martio-aprili.

Floris diam 5—6 mill. ; petala 4 mill. longa, 2 mill. lata ; silicula
6 mill. longa , 2 1/2 mill. lata.

Les pétales dans cette espèce sont à lobes presque aigus ,
souvent parallèles ou presque connivents au sommet, quelquefois étalés. Elle est surtout reconnaissable à ses feuilles
étroites , assez allongées , munies de quelques dents très-
saillantes , faiblement hispides , d'un vert clair , marquées
sur le pétiole d'une tache brune qui se termine en pointe
lancéolée

Erophila forcipila JORD.

E. floribus sat parvis; sepalis ovato-oblongis, subhispidis ; petalis
ad medium circiter fissis, lobis discretis ; pedunculis erecto-patulis,
inferioribus silicula duplo saltem longioribus ; siliculis oblongis ,
utroque apice sed inferne præsertim angustatis, stylo brevi crassiusculo terminatis ; foliis lanceolatis, acutis, sensim inferne angustatis,
superne grosse et subargute dentatis subintegrisve , læte et haud
intense virentibus, basi plane immaculatis. pilis longiusculis plerisque furcatis crebris obtectis; scapis suberectis, tenuibus, flexuosis,
pilis brevibus aperte bifidis substellatisve præsertim inferne obsitis.

Hab. in loc's siccis et apertis præsertim graniticis agri lugdunensis ;
Chaponost prope *Lyon.* — Flor. martio-aprili.

Floris diam. 4 mill. ; petala 3 mill. longa ; 1 1/2 mill. lata ; silicula 5 1/2 – 6 1 2 mill. longa ; 2 mill. lata.

Les fleurs dans cette espèce sont de grandeur médiocre ,
plutôt petites. Ses silicules sont assez étroites. Elle est surtout remarquable par ses feuilles fortement dentées , d'un
vert très-clair, constamment dépourvues de taches sur le
pétiole et très-hispides. Sa floraison est assez tardive.

Erophila serrata JORD.

E. floribus parvis ; sepalis oblongis , subhispidis , virentibus ;
petalis calice subduplo longioribus , usque ad medium circiter fissis ,
lobis oblongis paulo discretis ; pedunculis demum patentibus . inferioribus silicula duplo saltem longioribus ; siliculis lanceolato-
oblongatis , apice paululum, inferne fere a medio sensim angustatis,
apice stylo brevissimo terminatis ; foliis lineari-lanceolatis, inferne
attenuatis, sæpius argute et remote serrato-dentatis, lætissime virentibus etiam nitidulis, basi immaculatis. pilis abbreviatis aperte bifidis
laxe obsitis ; scapis erectis, tenuibus, virentibus , minute hispidis.

Hab. in locis siccis et apertis Burgundiæ : *Chálon (Saóne-et-Loire)* ,
ex D. Ozanon. — Flor. primo vere.

Floris diam. 4 mill. ; petala 2 1/2-3 mill. longa , 1 1/4 mill. lata ;
silicula 7 mill. longa . 2 mill. lata.

Il diffère de l'*E. dentata* par ses fleurs beaucoup plus petites, ses silicules plus étroites, ses feuilles un peu moins atténuées à la base, d'un vert gai et dépourvues de taches.

Il se distingue de l'*E. furcipila* par sa pubescence plus courte et moins fournie. Ses silicules sont un peu plus étroites et plus longuement rétrécies à la base.

Erophila leptophylla Jord.

E. floribus mediocribus; candidis; sepalis ovato-oblongis, rariter subhispidis; petalis usque ad medium circiter fissis, lobis obtusis subdiscretis; pedunculis erecto-patulis, inferioribus silicula duplo longioribus : siliculis oblongatis, utroque apice paululum angustatis, stylo crassiusculo brevi terminatis; foliis sublinearibus vel anguste lineari-lanceolatis, acutis, inferne sensim attenuatis, integris vel rariter subdentatis, læte et subflavescenti-virentibus, passim basi submaculatis, pilis minutis furcatis modice apertis sæpius sparsis rarisve obsitis; scapis erectis, inferne minute hispidis, vel subglabris.

Hab. in locis siccis et apertis Galliæ occidentalis; circa *Guéret* (*Creuse*), ex D. de Cessac. — Flor. martio exeunte vel aprili.

Floris diam. 5 1/2 mill.; petala 3 1/2 mill. longa, 1 1/2 mill. lata; silicula 6 mill. longa, 2 mill. lata.

Cette espèce que j'ai obtenue de graines reçues de M. l'abbé de Cessac, est remarquable par l'étroitesse de ses feuilles qui sont ordinairement très-entières, d'un vert clair, un peu tachées à leur base, plus ou moins pubescentes, souvent presque glabres. Ses fleurs sont d'un blanc pur et de grandeur moyenne; ses silicules sont de forme assez régulièrement oblongue; sa floraison est assez tardive et toujours devancée par celle de la plupart des espèces précédentes.

Erophila sparsipila Jord.

E. floribus mediocribus, candidis; sepalis ovatis, rariter subhispidis; petalis usque ad medium circiter fissis, lobis obtusis vix discretis; pedunculis erecto-patulis; inferioribus silicula subduplo
longioribus; siliculis oblongatis, vix apice tantulum inferne sensim
angustatis, stylo brevi apiculatis; foliis brevibus, lanceolatis sublinearibusve, inferne attenuatis, integris vel breviter subdentatis,
læte et intense virentibus, basi macula fusco-violacea apice dentata
plerumque insignitis, pilis plerisque furcatis sparsis rarisve obsitis;
scapis erectis, glabris vel basi subhispidis.

Hab. in locis siccis et apertis montium Occitaniæ; *Mas-Cabardès*
(*Aude*), ex D. Ozanon. – Flor. martio-aprili.

Floris diam. 5 mill.; petala 3 1/2 mill. longa, 1 1/2 mill. lata;
silicula 1 1/2 mill. longa, 2 mill. lata.

Il est tout-à-fait voisin de l'*E. leptophylla*; sa floraison est
pareillement tardive; ses fleurs sont à peu près de même
grandeur et d'un blanc très-pur; ses feuilles sont souvent
presque glabres et fort étroites. Cependant il s'en distingue
aisément par ses silicules plus fortement rétrécies à la base
et moins au sommet, surmontées d'un style moins épais,
par ses feuilles constamment plus courtes et relativement
plus larges, quoique souvent très-étroites dans les petits
individus, à dents ordinairement plus visibles, d'un vert
plus foncé, à tache brune bien plus marquée.

Erophila vestita Jord.

E. floribus parvis; sepalis ovatis, hispidis, viridibus: petalis usque
ad medium fissis, lobis obtusis subdiscretis; pedunculis patulis, inferioribus silicula duplo saltem longioribus; siliculis oblongatis,
utroque apice sed basi potius angustatis, stylo brevi terminatis,
foliis brevibus, subelliptico-lanceolatis, obtusiusculis inferne angustatis, sæpe integris, haud intense virentibus, basi subimmacu-
latis, pilis brevibus plerisque furcatis etiam trifidis dense obtectis,

scapis suberectis, pilis plerisque simplicibus cum furcatis paucioribus immixtis inferne obsitis subglabrisve.

Hab. in locis siccis et apertis montium Occitaniæ ; *Mas-Cabardès*
(*Aude*), ex D. Ozanon. — Flor. martio-aprili.

Floris diam. 4 mill. ; petala 2 1/2 mill. longa , 1 1/2 mill. lata ;
silicula 5 1/2 – 6 mill. longa , 2 – 2 1/4 mill. lata.

Cette espèce , qui croît pêle-mêle avec la précédente , se
reconnaît aisément à ses fleurs plus petites , à ses feuilles de
forme plus elliptiques , un peu obtuses, d'un vert clair souvent grisâtre , ordinairement dépourvues de tache à leur
base , couvertes d'une pubescence molle et assez dense.

Erophila affinis Jord.

E. floribus mediocribus ; sepalis ovatis , subhispidis, sæpe roseo-
violaceis ; petalis vix usque ad medium fissis, lobis ovato-oblongis parum discretis; pedunculis erecto-patentibus , inferioribus silicula
duplo saltem longioribus ; siliculis oblongatis , fere a medio sensim
inferne angustatis, stylo brevi terminatis ; foliis subelliptico-linea-
ribus, obtusiusculis , lanceolatis , inferne angustatis , integris vel
passim subdentatis, dilute virentibus , sublucidis, basi rariter macula notatis, pilis plerisque furcatis cum nonnullis trifidis aliisque
simplicibus immixtis haud parce obtectis; scapis suberectis, flexuosis , pilis furcatis fere omnibus præsertim inferne obsitis.

Hab. in locis siccis et apertis montium Occitaniæ; *Pradelle* prope
Mas-Cabardès (*Aude*) , ex D. Ozanon. — Flor. martio-aprili.

Floris diam. 5 mill. ; petala obovata, basi abrupte in unguem contracta, 3 mill. longa , 1 1/2 mill. lata ; silicula 6 – 6 1/2 mill. longa ,
2 mill. lata.

Il est très-voisin de l'*E. vestita.* On le reconnaît à ses
calices qui sont ordinairement d'un violet rosé , à ses pétales plus grands et parfois un peu lavés de rose , à ses
feuilles évidemment plus étroites et de forme plus allongée,
d'un vert un peu luisant. La tige est munie de poils bien
plus nombreux, presque tous bifides et non simples pour la
plupart.

Erophila cinerea Jord.

E. floribus candidis ; sepalis ovatis, hispidis ; petalis vix usque ad medium fissis, lobis obtusis subcontiguis ; pedunculis-erecto-patentibus, inferioribus silicula duplo longioribus ; siliculis parvis, turgidulis, subæqualiter oblongatis, utroque apice sed basi præsertim angustatis, stylo brevi terminatis ; foliis brevibus, subelliptico-oblongis, obtusiusculis, inferne angustatis, integriusculis, cinereis, basi immaculatis, pilis brevibus, apertissime furcatis trifidisve dense obtectis ; scapis suberectis, pilis bifidis præsertim inferne obsitis.

Hab. in locis siccis et apertis montium Occitaniæ ; *Pradelle* prope *Mas-Cabardès (Aude)*. ex D. Ozanon. — Flor. aprili-maio.

Floris diam. 4 1/2 mill. ; petala 2 1/2 mill. longa, 1 1/2 mill. lata ; silicula 5 1/2 – 6 mill. longa, 2 mill. lata.

Cette espèce est la plus tardive de toutes celles que j'ai cultivées. Elle ne donne ordinairement ses fleurs qu'en avril, lorsque beaucoup d'autres sont déjà en partie dégrainées. L'aspect des feuilles, qui sont cendrées-blanchâtres, la distingue des deux précédentes, dont elle est d'ailleurs fort rapprochée. En outre, ses fleurs sont un peu plus petites ; ses silicules sont généralement plus petites et un peu plus courtes, souvent un peu renflées ; ses feuilles· sont plus allongées et plus étroites.

e. Siliculæ oblongatæ ; folia brevia, ovata vel ovato-lanceolata, pilis abbreviatis.

Erophila brevipila Jord.

E. floribus minimis ; sepalis ovatis, hispidis ; petalis calice paulo longioribus, vix usque ad medium fissis, lobis obtusis subdiscretis ; pedunculis erecto-patulis, inferioribus silicula subduplo longioribus ; siliculis parvis, subæqualiter oblongatis, apice tantulum basi paulo angustatis, stylo brevissimo et crassiusculo terminatis ; foliis brevibus ovato vel elliptico-lanceolatis, acutiusculis, sensim inferne angustatis, obscure dentatis integrisve, intense vel subgriseo-virentibus, ad petiolum brevem sæpe macula fusco-violacea insignitis, pilis brevis·

simis apertissime furcatis etiam trifidis dense obtectis ; scapis ascendentibus erectisve, flexuosis, pube brevissima substellata obductis.

Hab. in locis siccis et apertis agri andegavensis ; *La Claverie* prope *Angers* (*Maine-et-Loire*), ex D. Bardin. — Flor. primo vere.
Floris diam. 3 mill. ; petala 1 3/4 mill. longa, 1 1/4 mill. lata; silicula 5 mill. longa, 2 mill. lata.

Cette espèce est remarquable par ses fleurs très-petites, ses pédoncules fructifères peu étalés, ses poils très-courts et à branches très-ouvertes. Ses feuilles sont courtes, souvent un peu larges, d'un vert foncé, un peu grisâtre ; la tache du pétiole est rembrunie, souvent tridentée au sommet.

Elle se distingue de l'*E. cinerea* JORD. par ses fleurs encore plus petites, ses silicules plus comprimées, son style plus court, ses feuilles plus courtes et plus larges, tachées à la base, d'un vert grisâtre, mais non cendrées-blanchâtres. Sa floraison est très-précoce et non tardive.

Erophila rigidula JORD.

E. floribus parvis ; sepalis ovatis, hispidis, virentibus ; petalis calice haud duplo longioribus, usque ad medium circiter fissis, lobis oblongis obtusiusculis discretis ; pedunculis flexuosis, erecto-patulis, inferioribus silicula duplo saltem longioribus ; siliculis obverse oblongatis, superne subæqualibus, inferne a tertia parte circiter sensim angustatis, apice stylo brevissimo terminatis ; foliis brevibus, ovatis vel obverse ovato-lanceolatis, apice breviter acutatis, inferne angustatis, sæpius haud parce dentatis, subviridibus, basi passim macula insignitis, pilis minutis bi-trifidis substellatis obtectis ; scapis brevibus, flexuosis, ascendentibus, brevissime furcato-hispidis, subvirentibus.

Hab. in locis siccis et apertis agri andegavensis ; *Écheminé* (*Maine-et-Loire*), ex D. Bardin. — Flor. primo vere.
Floris diam. 4 mill. ; petala 2 1/2 mill. longa, 1 2/3 mill. lata ; silicula 6 1/2 mill. longa 2 1/2 mill. lata.

Il est très-voisin de l'*E. brevipila* par ses feuilles courtes, ses pédoncules fructifères assez relevés et sa pubescence très-courte. Il en diffère par ses fleurs plus grandes, par ses silicules plus grandes et plus égales à leur sommet, par ses feuilles notablement plus larges et plus dentées, d'un vert plus clair.

f. Siliculæ lineari-lanceolatæ, vel obverse lineari-oblongatæ; folia lanceolata vel ovato-lanceolata.

Erophila stenocarpa Jord. Pug. p. 11.

E. floribus minimis; sepalis oblongis, hispidis; petalis calice longioribus, sæpe ultra medium fissis, lobis paulo discretis; pedunculis tenuibus, flexuosis, erecto-patulis, inferioribus silicula duplo longioribus; siliculis lineari-oblongis, utroque apice sed inferne præsertim angustatis, stylo brevi crassiusculo terminatis; foliis anguste lineari-lanceolatis, acutis, inferne in petiolum attenuatis, argute dentatis subintegrisve, læte virentibus, basi immaculatis, pilis brevibus aperte bi-trifidis haud parce obductis; scapis numerosis, tenuibus, erectis, subflexuosis, præsertim inferne furcato-hispidulis.

Hab. in locis siccis et apertis agri lugdunensis: *Villeurbanne* (*Rhône*), etc. — Flor. primo vere.

Floris diam. 3 mill.; petala 1 1/2 mill. longa, 2 3 mill. lata; silicula 7 mill. longa, 1 3/4 mill. lata.

Il se reconnaît à ses fleurs très-petites et à pétales très-étroits, ses feuilles étroites et dentées, très-vertes et constamment dépourvues de tache à leur base, ses tiges fines, relevées et ordinairement très-nombreuses. Sa floraison est très-précoce.

Erophila tenuis Jord.

E. floribus parvis: sepalis oblongo-ovatis, subhispidis; petalis calice paulo longioribus, vix usque ad medium fissis, lobis obtusis paulo discretis: pedunculis erecto-patulis, inferioribus silicula duplo longioribus ; siliculis obverse lineari-oblongatis , breviter inferne longe apice angustatis , stylo brevi terminatis ; foliis lineari-lanceolatis , subacutis , inferne in petiolum attenuatis, sæpe dentatis, virentibus, basi macula obtusa notatis , pilis plerisque furcatis haud densis obsitis ; scapis ascendentibus erectisve , flexuosis , inferne præsertim hispidulis.

Hab. in locis siccis et apertis agri andegavensis ; *Maulevrier* (*Maine et Loire*) , ex D. Génevier. — Flor. martio-aprili.

Floris diam. 4 mill. ; petala 2 1 4 mill. longa , 1 1/2 mill. lata ; silicula 7 mill. longa , 2 mill. lata.

Il diffère de l'*E. stenocarpa* par ses fleurs plus grandes et par ses feuilles plus larges, tachées de brun à leur base. Sa pubescence est moins courte. Sa floraison est plus tardive d'environ quinze jours.

Erophila subtilis Jord.

E. floribus parvis ; sepalis ovatis , hispidis, sæpe rosellis ; petalis calice subduplo longioribus , usque ad medium circiter fissis , lobis oblongis discretis ; pedunculis tenuibus, flexuosis, subdivaricatis, inferioribus silicula subduplo longioribus ; siliculis lanceolato-linearibus , utroque apice sed inferne præsertim longe attenuatis , stylo mediocri terminatis ; foliis brevibus , obverse lanceolatis , apice breviter acutatis, inferne attenuatis , sæpius dentatis , cinerascentibus, basi plerumque macula rubescente insignitis , pilis apertissime bi-trifidis haud parce obtectis ; scapis erectis , flexuosis , pilis minutis furcatis obsitis.

Hab. in locis siccis et apertis agri andegavensis ; *Echeminé* (*Maine-et-Loire*) , ex D. Bardin. — Flor. primo vere.

Floris diam. 3 1/2 mill. ; petala 2 1/2 mill. longa , 1 1 4 mill. lata ; silicula 7 mill. longa , 2 mill. lata.

Il diffère de l'*E. tenuis* , dont il est très-voisin , par ses pédoncules plus divergents , ses silicules plus longuement atténuées aux deux extrémitées , terminées par un style moins court, ses feuilles plus larges, plus cendrées, couverte d'une pubescence plus dense et souvent presque étoilée.

Erophila psilocarpa Jord.

E. floribus minimis; sepalis ovatis, subhispidis, petalis usque ad medium fissis, lobis parum discretis; pedunculis erecto-patentibus, inferioribus silicula duplo vel subtriplo longioribus; siliculis obverse lineari-lanceolatis, apice paululum angustatis, inferne a medio sensim attenuatis, stylo perbrevi crassoque terminatis; foliis lanceolatis, inferne sensim angustatis, plerumque dentatis, pallide virentibus, pilis plerisque furcatis haud parce obtectis; scapis ascendentibus vel subpatulis, flexuosis, hispidulis.

Hab. in locis siccis et apertis montium graniticorum Occitaniæ; *Mas-Cabardès* (*Aude*), ex D. Ozanon. — Flor. martio.

Floris diam. 3 mill.; petala 2 mill. longa, 1 mill. lata; silicula 7—8 mill. longa, 1 1 2 mill.

Il diffère de l'*E. stenocarpa* par ses silicules souvent plus fines et plus longuement atténuées à la base, à style encore plus écourté; par ses feuilles plus larges, plus courtement rétrécies au sommet et plus longuement vers la base, souvent tachées, munies de poils bien plus allongés, dont les branches sont moins ouvertes. Il est très-différent par son port des trois qui précèdent, ses tiges étant ordinairement étalées, ascendantes, peu nombreuses, tandis qu'elles sont dressées et réunies en touffes assez denses dans les autres, surtout dans le *stenocarpa*.

Erophila rubrinæva Jord.

E. floribus mediocribus; sepalis ovato-oblongis, hispidis; petalis usque ad medium circiter fissis, lobis discretis; pedunculis patentibus, inferioribus silicula haud duplo longioribus; siliculis sublinearibus, elongatis, utroque apice sed præsertim inferne angustatis, stylo brevi terminatis; foliis ovato-lanceolatis, acutis, grosse et acute serrato-

16

dentatis, inferne attenuatis, cinerascenti-virentibus, basi macula vio-
laceo-rubra insignitis, pilis plerisque aperte furcatis trifidisque haud
parce obtectis ; scapis erecto-patulis ascendentibusve, flexuosis, furcato-hispidulis.

Hab. in locis siccis et apertis montium Occitaniæ; *Mas-Cabardès*
(*Aude*), ex D. Ozanon. — Flor. martio.

Floris diam. 5 mill. ; petala 3 mill. longa, 1 1/2 mill. lata ; silicula
10 mill. longa, 2 mill. lata.

Les fleurs dans cette espèce sont de grandeur moyenne, et
non très-petites comme dans les *E. stenocarpa* et *psilocarpa*,
Les silicules sont très-étroites comme dans ce dernier, mais
encore plus allongées, plus pointues et à style un peu moins
écourté. Son port est à peu près le même et s'éloigne complètement de celui des *E. stenocarpa, tenuis et subtilis*. Sa
pubescence est bien moins écourtée que dans cette dernière
espèce et la tache des feuilles est bien plus marquée.

g. Siliculæ obverse oblongatæ, apice rotundatæ ; folia sæpius ovata, lata ;
pili abbreviati, bi-trifidi. Stirps *E. majusculæ* JORD.

Erophila curtipes JORD.

E. floribus mediocribus ; sepalis ovatis, breviter hispidis ; petalis
usque ad medium circiter fissis; lobis obtusis subdiscretis pedunculis
erecto-patulis, inferioribus siliculam subæquantibus ; siliculis oblongis, apice subæqualibus, inferne sensim angustatis, stylo perbrevi terminatis; foliis subovatis, obtusis in petiolum inferne angustatis, brevissime dentatis subintegrisve, læte virentibus, pilis brevissimis aperte
bi-trifidis haud parce obsitis; scapis erectis, subflexuosis, hispidulis.

Hab. in locis siccis et apertis montosis Corsicæ australis; *Porto-
Vecchio*, ex D. E. Revelière. Flor. martio.

Floris diam. 4 1/2 mill. ; petala 2 1/2 mill. longa, 1 1/2 mill. lata ;
silicula 5—5 1 2 mill. longa, 2 1/4 mill. lata.

Les pédoncules dans cette espèce sont très-courts et peu

étalés ; ses feuilles sont assez courtes , larges et peu dentées, d'un vert clair.

J'ai reçu des environs de Rome quelques échantillons d'une forme qui me paraît assez semblable à celle de Corse.

Erophila occidentalis Jord.

E. floribus majusculis, sepalis ovatis, hispidis; petalis usque ad medium circiter fissis , lobis latis obtusis parum discretis; pedunculis patentibus , inferioribus silicula duplo saltem longioribus ; siliculis oblongo-obovatis , apice subæqualibus , fere a medio sensim inferne angustatis, stylo brevissimo apiculatis ; foliis brevibus, subovatis, vix acutiusculis , basi in petiolum brevem angustatis , breviter dentatis subintegrisve, læte et haud intense virentibus, basi immaculatis, pilis abbreviatis plerisque bi-trifidis obtectis; scapis erectis , subflexuosis, longe racemosis, pilis furcatis cum simplicibus paucioribus immixtis haud parce obsitis.

Hab. in locis siccis et apertis Galliæ præsertim occidentalis; *Echeminé (Maine-et-Loire)*, ex D. Bardin — Flor. martio-aprili.

Floris diam. 4 1 2 mill ; petala 2 1/2 mill. longa , 1 1/2 mill. lata ; silicula 4 1/2—5 mill. longa.

Il diffère de l'*E curtipes* par ses pédoncules plus allongés et plus étalés, ses silicules bien plus rétrécies inférieurement. Ses feuilles sont moins obtuses et plus visiblement dentées ; elles sont, sur le vif, d'un vert très-clair, à pétiole non taché ni rougeâtre ; cependant quelquefois , selon les saisons , la plante tout entière prend une teinte rembrunie, comme cela se voit chez beaucoup d'autres espèces.

Erophila brevifolia Jord.

E. floribus majusculis ; sepalis ovatis, hispidis ; petalis valde ultra medium fissis , lobis oblongis paulo discretis ; pedunculis erecto-patulis , inferioribus silicula haud duplo longioribus ; siliculis oblongo-obovatis, apice subæqualibus, inferne angustatis, stylo brevi apiculatis; foliis brevibus, ovatis, subacutis, basi in petiolum brevissimum, latiusculum, inferne angustatis, plerumque dentatis, virentibus, basi fusco-maculatis, pilis bi-trifidis obtectis; scapis ascendentibus erectisve, subflexuosis, longe racemosis, pilis plerisque furcatis haud parce obsitis.

Hab. in locis siccis et apertis agri cabillonensis; *Châlon (Saône-et-Loire)*, ex D. Ozanon. — Flor. martio-aprili.

Floris diam. 5 1/2 mill. ; petala basi in unguem breviusculum contracta, 2 1/2—3 mill. longa, 1 1/2—2 mill. lata ; silicula obscurata, 6 mill. longa , 3 mill. lata.

Il se distingue de l'*E. occidentalis* par ses fleurs un peu plus grandes , à pétales plus profondément bifides, ses silicules plus grandes, à rétrécissement de la base moins prononcé, portées sur des pédoncules plus courts. Ses feuilles sont d'un vert plus foncé, à marge ordinairement un peu rembrunie, à base munie d'une tache brune très-prononcée ; elles sont plus largement ovales , à dents plus grosses, à pubescence moins courte.

Erophila majuscula Jord. Pug. pag. 41.

E. floribus grandibus; sepalis breviter ovatis , apice hispidis; petalis calice triplo longioribus, usque ad medium circiter fissis, lobis latiusculis obtusis subcontignis ; pedunculis erecto-patentibus, inferioribus silicula subduplo longioribns; siliculis oblongo-obovatis, majusculis, apice subæqualibus , breviter inferne angustatis , stylo mediocri apiculatis ; foliis latis, ovatis. acutis, basi in petiolum sæpe longiusculum angustatis , grosse dentatis , pallide virentibus , etiam passim cinerascentibus. basi macula fusco-pallida plerumque insignitis, pilis abbreviatis plerisque aperte bi-trifidis etiam substellatis dense obtectis ; scapis erectis ascendentibusve, subflexuosis, sæpe validis , longissime racemosis, pilis plerisque furcatis haud parce obsitis.

Hab. in locis siccis et apertis agri lugdunensis ; *Villeurbanne (Rhône)*. — Flor. martio-aprili.

Floris diam. 6—7 mill. ; petala 3—4 mill. longa, 2 1/2 mill. lata; silicula 7 mill. longa, 2 1/2—3 mill. lata.

Il diffère de l'*E. brevifolia* par ses fleurs notablement plus grandes, ses feuilles d'un vert pâle un peu grisâtre, plus grandes, de forme plus allongée, plus aiguës, plus longuement rétrécies en pétiole à la base.

Il s'éloigne de l'*E occidentalis* par les mêmes caractères et de plus par ses silicules du double plus grandes, à style moins écourté.

Ces trois espèces, qui sont très-voisines et à floraison un peu tardive, sont particulièrement attaquées, chaque année, dans mes cultures, par divers Coléoptères de la tribu des Altises, et il est souvent très-difficile de les préserver de leurs ravages, surtout l'*E. brevifolia*, tandis que plusieurs autres espèces qui croissent à côté sont à peu près épargnées. Ce fait prouverait peut-être qu'il y a des différences dans le suc même de ces plantes, qui tiennent à leur diversité spécifique.

En terminant cette analyse des nombreuses espèces du genre *Erophila*, il me paraît à propos d'appeler d'une manière toute spéciale, sur ce genre, l'attention de ceux qui cherchent à se former une opinion d'après l'étude sérieuse des faits. C'est d'abord un très-bon représentant de ces types multiples, appelés autrefois espèces, que l'emploi rigoureux de la méthode d'analyse expérimentale doit maintenant transformer en groupes, c'est-à-dire en assemblages de formes qui, n'étant elles-mêmes que des assemblages d'individus, deviennent ainsi les vraies espèces, celles auxquelles seules ce nom d'espèce peut être justement appliqué, dans toute la rigueur de l'expression. Ensuite il n'est guère de lieu où plusieurs formes d'*Erophila* ne se rencontrent et ne viennent offrir à l'observateur un sujet intéressant d'études, ainsi que d'expériences très-faciles. Après les avoir observées et distinguées provisoirement sur le terrain, on peut ensuite très-aisément les multiplier de leurs graines, sans pour cela faire de l'horticulture, sans avoir ni jardin ni aides à sa disposition. Il suffit, pour obtenir une réussite complète dans cette sorte d'expérience, de jeter sur un sol nu et découvert, vers la fin d'août ou au commencement de septembre, les graines des diverses formes qu'on a recueillies séparément. Elles se développeront d'abord en belles rosettes, pendant l'automne, et donneront ensuite leurs fleurs, dès les premiers beaux jours du printemps suivant.

Si l'on voulait observer des formes nombreuses avec plus de commodité, il serait convenable de les semer dans des pots que l'on enterre à peu près au niveau du sol et que l'on tient assez éloignés les uns des autres, jusqu'à ce que le semis soit bien levé, pour éviter que les graines ne se mélangent par l'effet d'une forte pluie qui pourrait, à cause de leur ténuité, les jeter à une certaine distance de la place où on les a mises.

N'y a-t-il, comme on l'a cru longtemps et comme sans doute quelques botanistes le croient encore, qu'une seule espèce d'*Erophila* offrant des modifications plus ou moins nombreuses, qui ne doivent être considérées que comme des simples *lusus* accidentels, peu dignes de fixer l'attention, ou bien ces formes qu'un examen attentif fait reconnaître présentent-elles un ensemble de caractères qui permet toujours de les distinguer entre elles et se perpétuent-elles invariablement de leurs graines? Telle est la question qui se pose devant l'observateur sincère : pure question de faits, comme l'on voit, dont la solution doit être demandée uniquement à l'analyse expérimentale, en laissant de côté les hypothèses, les raisonnements, les théories.

Cette solution que j'invite d'autres à chercher, je l'ai déjà cherchée et obtenue moi-même. Parmi les cinquante-trois espèces d'*Erophila* que je viens de signaler, il en est que je cultive et resème constamment, depuis vingt années au moins, que j'ai vues se naturaliser dans le lieu où je les avais d'abord apportées; il en est d'autres que je n'observe vivantes que depuis peu d'années, plusieurs dont je n'ai obtenu que la première génération, deux seulement que je ne connais que d'après des exemplaires d'herbier. Toutes m'ont paru offrir des différences à peu près analogues, et j'ai été ainsi conduit à penser que les formes cultivées par moi depuis peu de temps devront se comporter exactement comme celles que je cultive depuis très-longtemps, c'est-à-dire demeurer invariables comme elles. Je les ai donc admises toutes au rang d'espèce, devant nécessairement appeler de ce nom toute forme considérée comme invariable et héréditaire.

Ces espèces d'*Erophila* sont très-nombreuses sans doute, et il me paraît même probable que lorsque toutes celles qui croissent sur les divers points de la France auront pu être l'objet d'une étude attentive et de comparaisons faites sur le vif, le nombre actuel sera plus que doublé. Mais enfin ce nombre est limité. Il est rare qu'on trouve dans une même localité plus de trois ou quatre espèces croissant pêle-mêle, et il y a beaucoup de lieux où l'on ne trouve qu'une seule forme, pure et sans mélange, représentée par des millions d'individus. Chaque année on revoit dans le même lieu les formes qu'on y a vues précédemment, sans aucune différence dans leurs caractères.

Si j'appelle l'attention des observateurs sur les formes du genre *Erophila,* c'est à cause de leur petitesse, de la promptitude de leur développement, et surtout aussi à cause de leur extrême affinité. On pourra reproduire facilement, dans un petit espace, par milliers d'individus et pendant une suite de générations, plusieurs formes extraordinairement affines,

Ce résultat obtenu permettra de porter un jugement, avec quelque connaissance de cause, sur ces nouvelles espèces, ces espèces affines pour lesquelles plusieurs botanistes ne conservent de répulsion que par suite de leur ignorance des faits.

Il suffit ordinairement d'une seule étude bien approfondie, d'un seul fait bien constaté, d'une seule expérience conduite à bonne fin, pour mettre un esprit sincère sur la voie de la vérité. S'il est en effet démontré que le *Draba verna* de Linné renferme à lui seul une foule d'espèces qui sont tellement semblables entre elles qu'on a pu d'abord ne point apercevoir ou mal juger leurs différences, qu'on a pu les prendre au premier aspect pour une seule et unique espèce, pourquoi n'en serait-il pas de même pour tel ou tel autre type linnéen réputé longtemps polymorphe ou ubiquiste? pourquoi ne verrait-on pas, dans certains genres, le nombre des espèces décuplé, centuplé même? Cette loi de diversité bien constatée sur un point ne pourrait-elle pas être constatée sur d'autres, se retrouver enfin partout? A ce point de vue, les races héréditaires des végétaux cultivés que l'on a supposées créées par l'homme ne seraient-elles pas plutôt de vastes groupes d'espèces affines? Quand l'esprit a été éclairé par les faits, une opinion qui paraissait d'abord tout-à-fait choquante, devient au contraire très-vraisemblable.

Un homme de beaucoup d'esprit, mais d'un esprit sans doute peu réfléchi, a dit quelque part, que multiplier les espèces c'était faire un abus de l'analyse et que cet abus émoussait le tact du botaniste. On n'abuse d'un instrument de connaissance que lorsqu'on en use pour une fin autre que celle à laquelle il doit servir. La méthode d'analyse expérimentale est cet instrument perfectionné qui conduit à la multiplication des espèces. Si on l'emploie uniquement à la constatation des faits, de leurs similitudes et

de leurs différences, on en fait un légitime usage et c'est
bien à tort qu'on prétendrait trouver là un abus. Autant
vaudrait soutenir qu'on a fait abus des instruments perfec-
tionnés d'optique, parce qu'on a pu constater, avec leur se-
cours, l'existence sur divers points du ciel d'une multitude
innombrable d'étoiles que jusque-là on n'avait pu découvrir,
avec la simple vue ou avec des instruments moins parfaits.

Du temps de Voltaire, on riait de ceux qui croyaient,
d'après les Saints Livres, au nombre presque infini des
étoiles du ciel. De nos jours, parmi les botanistes, il en est
qui se moquent agréablement de ceux qui multiplient les
espèces par des travaux d'analyse, il s'en trouve même qui
les blâment avec sévérité. Mais le temps n'est pas éloigné, (il
ne faut pas être grand prophète pour le prédire), où les botanistes réducteurs dont les opinions sont encore bien ap-
puyées, bien autorisées, commenceront à perdre un peu de
leur assurance, se voyant écrasés par la masse des faits et
des témoignages. Vainement ils feront appel aux théories
d'hybridité et mettront en avant tous les faits obscurs ou
équivoques que peuvent offrir les annales de la science hor-
ticole ; ils seront bientôt forcés de reconnaître, pour la plupart, que persister dans leurs voies c'est soutenir une ga-
geure impossible. On doit donc s'attendre à voir les plus pru-
dents faire peu à peu une retraite honorable, afin d'éviter
tout simplement le ridicule qui s'attache d'ordinaire à des
opinions très-improbables, lorsqu'elles sont soutenues avec
opiniâtreté et sans preuves à l'appui.

(Species 2 sequentes ex *T. perfoliati* L. typo.)

Thlaspi improperum Jord.

T. posteriflorum Jord. ined. ad amicos.

T. racemis initio subcorymbosis, postea elongatis; sepalis oblongo-ovalis; petalis obovato-oblongis, basi attenuatis, calice duplo longioribus; antheris ovatis, flavis, corolla brevioribus; siliculis pedunculo patenti subæqualibus, rotundato-obcordatis, margine alatis, alis valvarum latitudinem apice superantibus sensim inferne angustatis, emarginaturæ lobis late ovatis obtusis sinum apertum efficientibus tertiam totius siliculæ partem haud æquantibus stylo perbrevi multoties longioribus; seminibus subrotundo-ovalis, 3-4 circiter in loculo; foliis leviter glaucescentibus, radicalibus suborbiculatis vel late ovatis obtusis dentatis in petiolum limbo sæpe breviorem contractis vel subcordatis, caulinis ovato-oblongis lanceolatisve subacutis basi cordato-auriculata sessilibus; caulibus uni-pluribus, basi ascendentibus vel suberectis, simplicibus vel subramosis, e caudice simplici bienni prodeuntibus.

Hab. in sylvulis et arvis Galliæ australis. Loci oblitus sum.—Flor. aprili (in horto).

Cette espèce est remarquable par ses feuilles larges, ordinairement assez dentées, ses silicules assez grandes et largement ailées, ses grappes fructifères médiocrement allongées, ses tiges assez basses et souvent un peu diffuses. Elle rentre, ainsi que l'espèce suivante et le *T. erraticum* Jord., dans le *T. perfoliatum* des auteurs, qui comprend sans doute plusieurs autres espèces négligées.

Le *T. Revelieri* Bon. Flor. d. cent. éd· 3, p. 60, qui est, d'après la description, à silicules petites et étroitement ailées, à anthères blanchâtres un peu saillantes, à feuilles radicales obovales et caulinaires oblongues, à floraison estivale, me paraît s'éloigner notablement du *T. improperum*.

Thlaspi martiale Jord.

T. perfoliatum Jord. Pug. p. 12.

T. racemis initio subcorymbosis, postea valde elongatis ; sepalis oblongo-ovatis ; petalis obovato-oblongis, basi attenuatis, calice duplo longioribus ; antheris ovatis, flavis, corolla brevioribus ; siliculis pedunculo patenti subæqualibus, rotundato-obcordatis, margine alatis, alis valvarum latitudinem apice superantibus sensim inferne angustatis, emarginaturæ lobis late ovatis obtusis sinum apertum efficientibus quartam totius siliculæ partem subæquantibus stylo perbrevi multoties longioribus ; seminibus ovoideis, 4-5 in loculo ; foliis glaucescentibus, radicalibus suborbiculatis vel ovatis obtusis parce denfatis in petiolum limbo sæpe longiorem contractis, caulinis lanceolatis acutis breviter dentatis vel subintegris basi cordato-auriculata sessilibus; caulibus uni-pluribus, erectis, simplicibus vel passim subramosis, e caudice simplici subbienni prodeuntibus.

Hab. in sylvulis et arvis Galliæ passim ; circa *Lyon* haud infrequens. — Flor. primo vere, sæpe martio ineunte (in horto).

Il se distingue du *T. improperum* par son port plus dressé, plus effilé, ses grappes fructifères plus allongées, ses silicules plus petites, ses feuilles généralement moins larges et un peu moins dentées, les radicales plus longuement pétiolées. Ses graines sont de forme plutôt ovales et un peu plus grosses. Sa floraison est constamment plus précoce d'environ trois semaines, dans un même lieu.

Le *T. erraticum* Jord. Pug. p. 12 est presque aussi tardif que le *T. improperum*. Il est dressé et assez effilé comme le *T. martiale ;* mais cependant la grappe fructifère est moins longue. Ses silicules sont de forme notablement plus étroite, un peu moins larges que longues, à ailes moins larges, à échancrure plus courte et plus obtuse : ses graines sont plus petites ; ses feuilles sont moins glauques, généralement plus petites, et fort peu dentées.

(Species 16 sequentes ex *T. alpestris* L. typo.)

a. Siliculæ elliptico-obcordatæ, subcuneatæ, brevi-alatæ; caudex biennis.
—Species humiles properæ. Stirps *T. rivalis* Presl.

Thlaspi pygmæum (Viv.).

Hutchinsia pygmœa Viv. Flor. Corsic. app. 1, p. 3.
H. brevistyla Duby Bot. Gall. 1, p. 39. — Jord. Obs. fr. 3, p. 27, pl. 1 bis,
fig. II, non DC. Syst. 2, p. 387.
   Thlaspi rivale Gren. et God. Flor. de Fr. 1, p. 146, non Presl.

T. racemis initio subcorymbosis, postea elongatis; floribus minutis; sepalis ovatis; petalis obverse oblongis, basi attenuatis, calice
subduplo longioribus; antheris subrotundo-ovatis, flavescentibus,
corolla brevioribus, calicem paululum excedentibus; siliculis pedunculo patente paulo longioribus, oblongo vel subcuneato-obcordatis, superne breviter alatis, alis valvarum latitudinem apice haud
æquantibus infra medium evanidis, emarginaturæ lobis ovatis
intus subrectis sinum apertum efficientibus septimam totius siliculæ partem subæquantibus stylo perbrevi multo longioribus; seminibus oblongo-ovatis, pallide rufo-subfuscis, 3-4 in loculo; foliis
parvis, leviter glaucescentibus, subintegris, radicalibus subrotundis
vel obovatis in petiolum longiusculum basi contractis, caulinis
ovatis oblongisve basi cordato-auriculata sessilibus; caulibus tenuibus, erectis vel ascendentibus, flexuosis, simplicibus, e caudice abbreviato bienni vel trienni prodeuntibus.

Hab. in montibus Corsicæ editioribus; *Coscione*, etc. — Flor. martio-aprili (in horto).

Cette espèce me paraît s'éloigner de l'*Hutchinsia brevistyla*
DC., plante de Syrie à souche vivace, à feuilles radicales obovales-oblongues, très denses, de consistance épaisse. Elle est
très-distincte du *Thlaspi rivale* Presl., de Sicile, auquel elle
a été rapportée par M. Godron, dans la Flore de France.
J'ai cultivé les deux plantes, et elles n'ont par leur port et
tout leur aspect qu'une ressemblance très-éloignée, quoi-

qu'elles aient de l'affinité par la forme des silicules. Le *T. rivale* est d'un port plus robuste et est plus grand dans toutes ses parties ; ses tiges sont diffuses, très-flexueuses, un peu ascendantes, la centrale seulement un peu relevée ; ses feuilles radicales sont ovales et non orbiculaires ; ses fleurs sont bien plus grandes ; ses graines sont rouges, ovales-arrondies et non presque oblongues. D'après M. Godron, le *T. rivale* serait à silicules dépourvues d'ailes au sommet des valves. Or, dans la plante de Corse qu'il a citée, les valves sont très-visiblement ailées ; elles le sont pareillement dans le *T. rivale* de Sicile, que j'ai cultivé et qui est décrit par les auteurs.

J'ai signalé dans mes Observ. fr. 3, p. 30, sous le nom de *T. græcum*, un *Thlaspi* que j'ai reçu de Grèce, de M. de Heldreich, étiqueté *T. rivale?* Je n'en ai pas vu des exemplaires bien fructifiés. Il est fort distinct, selon moi, du *T. rivale* PRESL. Ses fleurs sont notablement plus grandes et ses feuilles très-visiblement dentées. J'incline maintenant à penser qu'il doit être rapproché plutôt du *T. præcox* WULF, dont il est d'ailleurs certainement distinct comme espèce.

b. Siliculæ obcordatæ vel oblongo-obcordatæ basi cuneatæ ; caudex simplex, biennis.—Species proceriores, minutifloræ, improperæ. Stirps *T. brachypetali* JORD.

Thlaspi brachypetaium JORD. Obs. fr. 3, p. 5, pl. 1, fig. A, 1 à 11.

T. racemo densifloro, initio subcorymboso, mox elongato, tandem longissimo ; sepalis ovato-oblongis ; petalis minimis obverse oblongis, sensim inferne attenuatis, calice paulo longioribus (in floribus primariis) ; antheris subellipticis, supra sordide lilacino-flavescentibus, corollam superantibus ; siliculis pedunculo patente fere longioribus, oblongo-obcordatis, inferne valde attenuatis, margine alatis, alis valvarum latitudinem apice æquantibus inferne sensim angustatis, emarginaturæ lobis ovatis sæpe inflexis et intus subrectis sinum obtusum efficientibus quintam totius siliculæ partem subæquanti

bus stylo conspicue longioribus ; seminibus subovatis, rufo-fuscis,
4-6 in loculo ; foliis glaucescentibus, integris vel passim subcrenatis,
radicalibus subellipticis in petiolum limbo sæpe breviorem angustatis, caulinis oblongis basi sagittata amplexicaulibus ; caulibus uni-
pluribus, erectis, virgatis, simplicibus vel subramosis, e caudice
bienni simplici prodeuntibus.

Hab. in sylvaticis montium Delphinatus ; *Rabou* prope *Gap*
(*Hautes-Alpes*), etc. — Flor. aprili-maio (in horto).

Depuis la publication de cette espèce que MM. Grenier et
Godron ont décrite postérieurement, dans leur *Prospectus
de la Flore de France*, sous le nom de T. *virgatum*, je me
suis convaincu, par une étude attentive des diverses formes
de *Thlaspi* dont ma collection s'est enrichie et que j'ai pu
soumettre à la culture, qu'elle pouvait être prise elle-même
pour le type d'un groupe assez nombreux d'espèce affines.
Je vais donner la description de plusieurs de celles qui me
sont le mieux connues ; de ce nombre se trouve le T. *alpestre*
de Suède, que d'abord je n'avais pas su distinguer de mon
T. *brachypetalum* et qui m'avait paru même identique avec
lui, d'après l'examen de quelques échantillons d'herbier.

Thlaspi succicum Jord.

T. *alpestre* Fries Mantiss. tertia p. 75 (ex specim. e Succia acceptis).

T. racemo initio subcorymboso, tandem longissimo ; sepalis ovatis ;
petalis parvis, obovato-oblongis, sensim inferne attenuatis, calice haud
duplo longioribus ; antheris ovatis, supra pallide flavo-rubescentibus,
corollam subæquantibus ; siliculis pedunculo patente fere longioribus,
anguste oblongo-obcordatis, inferne valde attenuatis, margine alatis,
alis valvarum latitudinem apice superantibus inferne sensim angustatis, emarginaturæ lobis ovatis haud inflexis intus subrectis sinum
apertum efficientibus quintam totius siliculæ partem subæquantibus ;
stylo conspicue longioribus ; seminibus subovatis, rufo-fuscis, 4-6 in
loculo ; foliis leviter glaucescentibus, sæpe breviter crenato-dentatis,
radicalibus elliptico-obovatis in petiolum limbo sæpe breviorem an-

gustatis, caulinis oblongis lanceolatisve infra medium dentatis basi
cordato-auriculata sessilibus; caulibus uni-pluribus, erectis, virgatis, simplicibus vel subramosis, e caudice simplici bienni prodeuntibus.

Hab. in sylvaticis Ostrogothiæ suecicæ. — Flor. aprili (in horto).

Il ressemble beaucoup au *T. brachypetalum*, dont il se
distingue à ses pétales bien plus longs que le calice, à ses
anthères très-peu ou pas saillantes, à ses silicules de forme
notablement plus étroites, à ailes dépassant la largeur des
valves au sommet, à lobes de l'échancrure dressés et non
fléchis en dedans, formant un sinus plus ouvert. Ses feuilles
sont bien plus visiblement dentées; sa floraison est plus précoce de huit à dix jours.

Thlaspi salticolum Jord. in Cat. jard. bot. de Grenoble 1856.

T. racemo densifloro, initio subcorymboso, tandem valde elongato;
sepalis ovatis, obtusis; petalis parvis, obovato-oblongis, basi attenuatis, calice subduplo longioribus; antheris ovato-oblongis, supra purpureo-violaceis, corollam subæquantibus; siliculis pedunculo patente
vix longioribus, obcordatis, inferne angustatis, margine alatis, alis
valvarum latitudinem apice saltem æquantibus inferne sensim angustatis, emarginaturæ lobis ovatis sæpe paulo inflexis sinum intus rotundatum efficientibus quartam totius siliculæ partem saltem æquantibus
stylum valde superantibus; seminibus ovatis, rufo-fuscis, 4-6 in loculo;
foliis glaucescentibus, subcrenulatis integrisve, radicalibus oblongis
vel oblongo-obovatis in petiolum limbo sæpe breviorem attenuatis,
caulinis ovato-lanceolatis infra medium sæpe crenulatis basi cordato-
auriculata sessilibus; caulibus uni-pluribus, erectis, simplicibus vel
subramosis, e caudice simplici bienni prodeuntibus.

Hab. in sylvaticis et subherbosis montium Delphinatus; *Col du
Lautaret (Hautes-Alpes)*, etc. — Flor. aprili (in horto).

Il se distingue du *T. brachypetalum* par la forme de la
silicule qui est constamment plus ventrue et plus courte
relativement à sa largeur, bien moins fortement retrécie à la

base, à lobes de l'échancrure plus larges et un peu moins
courbés en dedans. Ses fleurs sont visiblement plus grandes,
à sépales plus élargis et plus longuement dépassés par les
pétales ; ses anthères sont de forme plus oblongue, de couleur violacée et non presque jaunâtre, bien moins saillantes
pendant l'anthèse ; son style est à peine plus long, n'égalant
pas l'ovaire, mais non de moitié plus court ; ses feuilles caulinaires sont plus larges et bien plus manifestement crénelées
dans leur moitié inférieure. Enfin, sa floraison est constamment plus précoce de huit à dix jours environ, dans un
même lieu.

Thlaspi Verloti Jord.

T. racemo initio subcorymboso, tandem elongato ; sepalis oblongo-
ovatis ; petalis oblongo-obovatis, basi attenuatis, calice duplo longioribus ; antheris ovatis, supra leviter purpureo-violaceis, corollam
haud æquantibus ; siliculis pedunculo patente paulo longioribus,
obcordatis, inferne angustatis, margine alatis, alis valvarum latitudinem apice circiter æquantibus inferne sensim angustatis, emarginaturæ lobis ovatis sæpe inflexis quartam totius siliculæ partem
subæquantibus stylum brevissimum duplo vel triplo superantibus ;
seminibus ovatis, 4 in loculo ; foliis plerumque virentibus, integrius.
culis, radicalibus oblongis vel oblongo-obovatis in petiolum sæpe
limbo breviorem attenuatis, caulinis lanceolatis infra medium rariter et obscure crenulatis ; caulibus uni-pluribus, erectis, subflexuosis,
simplicibus vel parce ramosis. e caudice simplici bienni prodeuntibus.

Hab. in subherbosis montium graniticorum Delphinatus : *Col de
la Coche* (*Isère*), ex clar. Verlot. — Flor. aprili (in horto).

Cette espèce est remarquable par la brièveté du style qui
est de moitié plus court que dans le *T. salticolum*, dont elle
se distingue en outre par ses anthères de forme moins
allongée, par la forme de l'ovaire qui est bien plus rétréci
au sommet, à l'état jeune, et présente une échancrure plus

visible, vers la base du style, par ses feuilles plus vertes, plus étroites et moins dentées. Elle s'éloigne du *T. brachypetalum* notamment par la forme plus élargie de sa silicule et par ses anthères purpurines, non saillantes dans les premières fleurs.

Thlaspi nemoricolum Jord.

T. racemo densifloro, initio subcorymboso, tandem longissimo ; sepalis ovatis ; petalis parvis, oblongo-cuneatis, calice duplo longioribus ; antheris ovato-oblongis, supra rubello-violaceis, corollam paulo superantibus, siliculis pedunculo patente vix longioribus, oblongo-obcordatis, inferne angustatis, margine alatis, alis valvarum latitudinem apice subæquantibus sensim inferne angustatis, emarginaturæ lobis ovatis haud inflexis sinum obtusum efficientibus quartan totius siliculæ partem subæquantibus stylumque paulo excedentibus ; seminibus ovatis, 4-6 in loculo ; foliis glaucescentibus, subdentatis, radicalibus oblongis vel oblongo-obovatis in petiolum sæpe limbo breviorem angustatis, caulinis lanceolatis infra medium plerumque crenulatis, basi cordato-auriculata sessilibus ; caulibus uni-pluribus, erectis, simplicibus vel subramosis, e caudice simplici bienni prodeuntibus.

Hab. in sylvaticis montium Arverniæ ; *Mont-Cantal*, etc.— Flor. aprili (in horto).

Il a le port du *T. brachypetalum*, dont il diffère par ses fleurs plus grandes, à pétales dépassant plus longuement le calice, ses anthères violacées, son style presque égal au sinus de l'échancrure, ses feuilles plus dentées, sa floraison plus précoce de quinze jours.

Il se distingue du *T. suecicum* par sa silicule de forme moins étroite et bien moins longuement atténuée à la base.

Il est très-voisin du *T. Vulcanorum* LAMOTTE, mais différent. Ce dernier, que j'ai cultivé de graines reçues de son auteur, fleurit plus tardivement ; son style est un peu plus long, à peu près égal aux lobes de l'échancrure qui forment un angle moins ouvert et sont souvent un peu fléchis en dedans; ses feuilles sont assez vertes et ordinairement presque entières.

Thlaspi Arnaudiæ Jorp. ap. Boreau. Flor. du centr. éd 3, p. 60.

T. racemo densifloro, initio subcorymboso, demum valde elongato; sepalis ovatis, obtusis; petalis obovato-oblongis, in unguem attenuatis, calice haud duplo longioribus; antheris ovatis, supra leviter rubellis, corollam subæquantibus ; siliculis pedunculo patente paulo longioribus, oblongo-obcordatis, inferne angustatis, margine alatis, alis valvarum latitudinem apice saltem æquantibus inferne sensim angustatis, emarginaturæ lobis brevibus ovato-subrotundis sinum obtusum efficientibus sextam totius siliculæ partem subæquantibus stylumque haud excedentibus; seminibus ovato-oblongis, parvis, 5-6 in loculo ; foliis glaucis, radicalibus oblongis in petiolum limbo breviorem angustatis integris vel breviter subdentatis, caulinis lanceolatis subintegerrimis basi cordato-auriculata sessilibus ; caulibus uni-pluribus, erectis, subflexuosis, simplicibus vel parce ramosis, e caudice simplici bienni prodeuntibus.

Hab. in sylvaticis et subherbosis graniticis; *Vals* prope *Le Puy* (*Haute-Loire*), ex D'. Arnaud. — Flor. initio aprilis (in horto).

Il est fort distinct des précédents par ses silicules à échancrure bien plus courte et plus ouverte, à lobes plus arrondis. Ses feuilles sont ordinairement assez glauques ; les caulinaires sont étroites, lancéolées, très-entières. L'ovaire, avant la fécondation, présente toujours une trace d'échancrure près de la base du style, tandis que dans le *T· nemoricolum* il est nettement tronqué au sommet et sans échancrure visible. Il fleurit à peu près en même temps que ce dernier et environ quinze jours avant les *T. brachypetalum* et *Vulcanorum*.

Cette espèce et la suivante forment le passage de ce groupe à celui qui a pour type le *T. sylvestre* JORD.

Thlaspi rhæticum Jord.

T. racemo densifloro, initio subcorymboso, demum valde elongato; sepalis ovatis, obtusis; petalis obovato-cuneatis, calice subduplo longioribus; antheris ovatis, supra sordide lutescentibus, corollam subæquantibus; ovario stylo duplo longiore; siliculis pedunculo patente paulo longioribus, oblongo-obcordatis, inferne angustatis, margine alatis, alis valvarum latitudinem apice subæquantibus inferne sensim angustatis, emarginaturæ lobis brevibus ovato-subrotundis sinum vix obtusum stylo passim paululum exserto plerumque subæqualem efficientibus, septimam totius siliculæ partem subæquantibus; seminibus ovatis, in loculo 4-5; foliis breviter glaucescentibus, radicalibus oblongis vel oblongo-obovatis in petiolum limbo breviorem attenuatis subintegris, caulinis lanceolatis sæpe remote et minute crenulatis basi cordato-auriculata sessilibus; caulibus uni-pluribus, erectis, simplicibus vel parce ramosis, e caudice simplici bienni prodeuntibus.

Hab. in sylvaticis Alpium rhæticarum; valle *Engadine*, ex D. Muret. — Flor. aprili (in horto).

Les fleurs, dans cette espèce, sont plus grandes que dans les précédentes et à pétales plus élargis. Ses silicules plus petites, à échancrure plus courte, dont les lobes arrondis sont à peine égaux au style, la distinguent parfaitement.

Elle diffère du *T. Arnaudiæ*, par la couleur de ses anthères qui sont jaunâtres en dessus, par la forme des silicules qui sont visiblement rétrécies vers le haut, dont les ailes sont moins larges et dont l'échancrure est plus courte et moins ouverte, par ses graines un peu plus grosses et moins nombreuses dans chaque valve, enfin par ses feuilles caulinaires souvent un peu crénelées et non très-entières.

Le *T. Lereschi* Reut. qui croît en Suisse, à Château-d'Oex, etc., me paraît différer du *T. rhæticum*, par ses anthères purpurines, ainsi que par ses silicules plus grandes, à lobes de l'échancrure plus allongés, bien moins arrondis et dont le bord interne est souvent presque droit.

c. Siliculæ obcordatæ, late alatæ ; caudex simplex , biennis.—Species haud virgatæ , sat humiles , ad *T. perfoliati* L. gregem transitum præbentes.

Thlaspi occitanicum Jord. Obs. frag. 3, p. 12, pl. 1 bis, fig. A, 1 à 11.

T. racemo valde densifloro, initio subcorymboso, demum modice elongato ; sepalis ovato-ellipticis; petalis obovatis, apice subtruncatis, basi in unguem subcontractis, calice plus duplo longioribus ; anthe ris oblongo-ovalis, supra lilacino-purpureis, corollam superantibus ; siliculis inferioribus pedunculo patente longioribus, obcordatis, inferne angustatis , margine alatis , alis valvarum latitudinem apice valde superantibus sensim inferne angustatis, emarginaturæ lobis ovatis intus subrectis sinum fundo sæpe acutum efficientibus quintam totius siliculæ partem subæquantibus stylumque sæpe paulo excedentibus ; seminibus ovatis , 4 in loculo ; foliis glaucis, radicalibus obovatis sæpius grosse crenato-dentatis in petiolum limbo longiorem angustatis, caulinis ovato-lanceolatis minute dentatis basi cordato-auriculata sessilibus ; caulibus uni-pluribus, erectis, implicibus vel sæpe ramosis, e caudice simplicissimo bienni prodeuntibus.

Hab. in sylvaticis et subherbosis calcareis Occitaniæ; *La Séranne* prope *Ganges* (*Hérault*). — Flor, aprili (in horto) .

Il s'éloigne complètement des espèces qui précèdent par son port assez bas, ses grappes fructifères denses, ses feuilles assez glauques et bien plus dentées, ses silicules obovales largement ailées. Les fleurs sont un peu lavées de rose. Le style n'est un peu saillant que sur les pieds maigres, comme dans la figure citée ; ordinairement il n'atteint pas les lobes de l'échancrure.

Thlaspi arenarium Jord. in Schultz et Billot . Arch. de la Flore de France et d'Allemagne, p. 162.

T. racemo densifloro , initio subcorymboso , demum elongato ; sepalis ellipticis; petalis parvis, obverse oblongis, apice subtruncatis, basi sensim attenuatis, calice haud duplo longioribus ; antheris oblon-

gis, supra purpureo-violaceis, corollam haud penitus æquantibus ;
siliculis pedunculo patente fere brevioribus , oblongo-obcordatis ,
margine alatis , alis valvarum latitudinem apice contractam valde
superantibus sensim inferne angustatis , emarginaturæ lobis ovato.
subrotundis sinum apertum efficientibus quintam totius siliculæ
partem subæquantibus stylo tenui sæpe longioribus ; seminibus
ovatis, 3 in loculo ; foliis subviridibus , subdentatis , radicalibus subelliptico-obovatis in petiolum limbo sæpe longiorem attenuatis contractisve , caulinis ovato-oblongis basi cordato-auriculata sessilibus.
auriculis subacutis; caulibus uni-pluribus , erectis , flexuosis , simplicibus vel ramosis , e caudice bienni plerumque simplici prodeuntibus.

Hab. in subherbosis et sylvaticis arenosis Aquitaniæ ; *Mont-de-Mar-*
san (*Landes*), ex cl. E. Perris. — Flor. ineunte aprili (in horto).

Il est voisin du *T. occitanicum* , mais fort distinct. Ses
grappes fructifères sont plus allongées et moins denses ; ses
fleurs sont plus petites , à pétales plus étroits , non dépassés
par les anthères qui sont oblongues et portées sur des filets
plus courts ; son ovaire est de forme plus égale , bien moins
rétréci aux deux extrémités et à style plus court. Ses silicules
sont plus petites , plus étroites , subcunéiformes ; ses feuilles
sont très-peu ou point glauques.

Il se distingue des espèces du groupe suivant par ses silicules dont les valves sont rétrécies d'avantage à leur sommet
et ne contiennent que trois graines.

d. Siliculæ obcordatæ; caudex subcæspitosus, sæpe triennis. — Species præcoces. Stirps *T. sylvestris* Jord.

Thlaspi sylvestre Jord. Obs. fr. 3, p. 9, pl. 1 , fig. B. 1 à 11.

T. racemo densifloro, initio subcorymboso, demum valde elongato
sepalis ovato-ellipticis; petalis obovato-oblongis , in unguem attenua
tis, calice duplo longioribus; antheris ovatis, supra purpureo-violaceis
corollam haud æquantibus; siliculis pedunculo patenti subæqualibus,
ovato-obcordatis, margine alatis, alis valvis latitudinem apice æquan-

tibus sensim inferne angustatis etiam basi evanidis, emarginaturæ lobis ovato-subrotundis sinum apertum efficientibus stylo subæqualibus ; seminibus elliptico-ovatis, 4-6 in loculo ; foliis leviter glaucescentibus, crassiusculis, radicalibus subelliptico-obovatis in petiolum limbo sæpe longiorem attenuatis contractisve integerrimis, caulinis ovato-oblongis subintegris basi cordato-auriculata sessilibus, auriculis obtusis ; caulibus uni-pluribus, erectis, subflexuosis, simplicibus vel passim subramosis, e caudice bienni vel trienni sæpe ramoso cespitoso prodeuntibus,

Hab. in sylvaticis et subherbosis graniticis agri lugdunensis ; *Soucieux*, etc. (*Rhône*). — Flor. martio-aprili.

Il diffère, au premier aspect, des *T. occitanicum* et *arenarium*, par ses feuilles généralement très-entières, surtout les radicales. Sa floraison est plus précoce d'environ quinze jours. Ses fleurs sont ordinairement blanches ; on les voit rarement un peu lavées de rose. Sa souche est souvent cespiteuse ; ce qui lui donne l'aspect d'une plante vivace ; mais il est ordinairement bisannuel et ne vit jamais au-delà de trois années.

Thlaspi vogesiacum Jord. ! in Schultz et Billot, Arch. de la Flore de France et d'Allemagne, p. 159.

T. racemo densifloro, initio subcorymboso, demum valde elongato ; sepalis ovato-oblongis, obtusis ; petalis oblongo-obovatis, in unguem attenuatis, calice duplo longioribus ; antheris oblongis, supra læte purpureis, corollam vix æquantibus ; siliculis pedunculo patente longioribus, oblongo-obcordatis, margine alatis, alis valvarum latitudinem apice paulo superantibus sensim inferne angustatis, emarginaturæ lobis ovato-subrotundis sinum parvum intus subacutum efficientibus octavam totius siliculæ partem circiter æquantibus stylo paulisper exserto plerumque superatis ; seminibus ovatis, 4-6 in loculo ; foliis viridibus, subintegris, radicalibus subelliptico-obovatis in petiolum limbo longiorem attenuatis contractisve, caulinis ovato-oblongis lanceolatisve basi cordato auriculata sessilibus, auriculis obtusis : caulibus uni-pluribus, erectis, subflexuosis, simplicibus vel subramosis, e caudice bienni vel passim trienni subcæspitoso prodeuntibus.

Hab. in sylvaticis et subherbosis argillosis Vogesorum ; *Bussang* (*Vosges*), etc. — Flor. martio-aprili (in horto).

Il est tout-à-fait voisin du *T. sylvestre*, dont il diffère par ses fleurs ordinairement lavées de rose, à anthères plus grandes et de forme oblongue, par ses pédoncules plus courts, par la forme plus allongée et relativement plus étroite de ses silicules, lesquelles présentent un léger rétrécissement vers le haut, qu'on ne voit pas dans le *T. sylvestre*, et dont l'échancrure est bien plus petite. Sa floraison est pareillement très-précoce.

Thlaspi ambiguum Jord! in Schultz et Billot. Arch. de la Flore de France et d'Allemagne, p. 159.

T. racemo initio subcorymboso, demum elongato ; sepalis ovalis, obtusis ; petalis obovatis, in unguem attenuatis, calice duplo longioribus ; antheris ovatis, supra rubello-violaceis, corolla brevioribus : siliculis pedunculo patente fere longioribus, ovato-obcordatis, margine alatis, alis valvarum latitudinem apice vix æquantibus sensim inferne angustatis, emarginaturæ lobis ovato-subrotundis sinum apertum efficientibus octavam totius siliculæ partem sæpe haud æquantibus stylo plerumque exserto paulo brevioribus ; seminibus ovatis, 4-6 in loculo ; foliis subviridibus, subdentatis vel passim integris, radicalibus subelliptico-obovatis in petiolum limbo sæpe longiorem attenuatis contractisve, caulinis ovato-oblongis sæpius dentatis basi cordato-auriculata sessilibus ; caulibus uni-pluribus, erectis, flexuosis, plerumque simplicibus, e caudice trienni ramoso cespitose prodeuntibus.

Hab. in sylvaticis et subherbosis graniticis Vogesorum ; *Hout-Hohneck* (*Vosges*), etc. — Flor. martio-aprili (in horto).

Il se distingue des *T. sylvestre et vogesiacum*, dont il est très-rapproché, par ses fleurs notablement plus grandes, ses silicules à ailes un peu moins larges, ses feuilles ordinairement plus dentées, sa souche plus évidemment cespiteuse, offrant l'aspect d'une souche vivace. Ses fleurs sont blanches comme dans le *T. sylvestre*, mais en corymbe bien moins dense. Ses anthères sont pareillement ovales, de couleur rougeâtre en dessus. Ses silicules présentent à peu près la même forme que dans le *T. sylvestre*, mais l'échancrure est plus courte et presque toujours dépassée par le style.

Les *T. sylvestre*, *vogesiacum* et *ambiguum*, fleurissent à peu près à la même époque; ils se ressemblent plus entre eux qu'ils ne ressemblent aux autres, mais ils sont certainement distincts.

Thlaspi gaudinianum Jord! Obs. fr. 3. p. 14, pl. 1 bis, fig. B. 1 à 11.

T. racemo densifloro, demum valde clóngato; sepalis ovato-ellipticis: petalis obovato-oblongis, sensim inferne attenuatis, calice duplo saltem longioribus; antheris oblongis, supra purpureis, corollam æquantibus vel paulo exsertis; siliculis pedunculo patente passim fere brevioribus, oblongo-obcordatis, subcuneatis, margine alatis, alis valvarum latitudinem apice haud æquantibus sensim inferne angustatis, emarginaturæ lobis brevibus subrotundis sinum apertum efficientibus octavam vel decimam totius siliculæ partem subæquantibus stylo superatis; seminibus elliptico-ovatis, 5-6 in loculo; foliis subviridibus, obscure dentatis integrisve, radicalibus elliptico-obovatis in petiolum sæpe limbo vix æqualem angustatis contractisve, caulinis ovato vel oblongo-ellipticis basi cordato-auriculata sessilibus; caulibus uni-pluribus, erectis, flexuosis, simplicibus, e caudice bienni vel passim trienni subcespitoso prodeuntibus.

Hab. in sylvaticis et subherbosis Jurassi: *Les Rousses* (*Jura*), etc. — Flor. martio-aprili (in horto).

Cette espèce est à fleurs d'un blanc lavé de rose, bien plus petites que dans le *T. ambiguum*, à anthères purpurines égalant ou dépassant un peu les pétales. Elle se distingue aisément des trois espèces précédentes par ses silicules plus petites, bien plus étroitement ailées, à échancrure plus courte, obtuse, presque constamment dépassée par le style qui est court et assez fin. Ses feuilles sont bien moins dentées que dans le *T. ambiguum*, et à dents plus courtes, souvent visibles sur les feuilles radicales.

e. Siliculæ obcordatæ ; caudex cespitosus, perennis. — Species præcoces , humiles. Stirps *T. virentis* Jord.

Thlaspi arvernense Jord ! ap. Boreau, Fl. du cent. éd. 3, p. 60.

T. racemo densifloro, inilio subcorymboso, demum modice elongato ; sepalis rotundato-ovatis ; petalis subrotundo-obovatis, inferne in unguem subcontractis, calice vix duplo longioribus ; antheris ovatis, purpureis, petala subæquantibus ; siliculis pedunculo demum patenti subæqualibus, obcordatis, margine alatis , alis valvarum latitudinem apice subæquantibus inferne sensim angustatis, emarginaturæ lobis rotundatis sinum intus subacutum efficientibus sextam totius siliculæ partem circiter æquantibus stylo mediocri superatis ; seminibus ovatis, 4 in loculo ; foliis læte virentibus , breviter et obscure dentatis subintegrisve, radicalibus oblongo vel elliptico-obovatis in petiolum sæpe limbo breviorem angustatis, caulinis brevibus lanceolatis basi cordato-auriculata sessilibus ; caulibus erectis, subflexuosis, simplicissimis, e caudice perenni multicipite prodeuntibus.

Hab. in pascuis subalpinis montium graniticorum Arverniæ ; *Mont-Cantal*, etc. — Flor. martio-aprili (in horto).

Cette espèce est basse, à tiges simples plus ou moins nombreuses. Ses fleurs sont blanches, plus grandes que dans le *T. Gaudinianum*, à anthères non saillantes. Ses silicules sont bien plus petites que dans le *T. ambiguum* et en grappes plus courtes ; l'échancrure est peu ouverte, constamment dépassée par le style.

Thlaspi virens Jord ! Obs. fr. 3. p. 17. pl. 1 bis. fig. C. 1 à 11.

T. racemo densifloro, initio subcorymboso, demum modice elongato ; sepalis rotundato-ovatis ; petalis subrotundo-obovatis, inferne

in unguem subcontractis, calice vix duplo longioribus; **antheris**
ovatis, purpureis, petala subæquantibus ; siliculis subascendentibus,
pedunculo demum patenti subæqualibus, obcordatis, margine alatis,
alis valvarum latitudinem apice subduplo angustioribus sensim
inferne angustatis, emarginaturæ passim subnullæ lobis rotundatis
abbreviatis sinum valde apertum efficientibus decimam totius siliculæ partem haud æquantibus stylo longiusculo valde superatis ; seminibus elliptico-ovatis, 4-5 in loculo: foliis læte virentibus, subintegris,
radicalibus oblongo vel elliptico-obovatis in petiolum limbo subæqualem vel eo longiorem angustatis, caulinis ovato-oblongis basi
cordato-auriculata sessilibus, auriculis subadpressis : caulibus **erectis**,
subflexuosis, simplicissimis, e caudice perenni multicipite prodeuntibus.

Hab. in pascuis subalpinis montium graniticorum Galliæ centralis ;
Mont-Pilat prope *Lyon*, etc. — Flor. martio (in horto).

Cette espèce est fort semblable à la précédente dont elle
se distingue surtout à son style manifestement plus long, et
ses silicules plus étroitement ailées, offrant au sommet une
échancrure très-courte et très-obtuse. Ses pétales sont à limbe
un peu moins arrondi et moins brusquement rétréci en
onglet; ses anthères sont de forme plus oblongue. La floraison de cette espèce est une des plus précoces.

(Species 5 sequentes ex *T. montani* L. typo)

Thlaspi Villarsianum Jord! Obs. fr. 3, p. 26.

T. racemo initio subcorymboso, tandem elongato; sepalis ovatis,
obtusis; petalis obovatis, apice rotundatis, inferne in unguem angustatis, calice subtriplo longioribus; antheris ovatis, luteis, corolla multo brevioribus; siliculis pedunculo demum patenti subæqualibus,
anguste obcordatis, inferne subcuneatis, margine alatis, alis valvarum
latitudinem apice vix æquantibus sensim inferne angustatis, emarginaturæ obtusæ lobis subrotundis stylo valde superatis ; seminibus
ovatis, 2-4 in loculo; foliis læte et haud intense virentibus, integris vel
passim subdentatis, radicalibus elliptico-obovatis oblongisve in petiolum angustatis, caulinis oblongis obtusis basi cordato-auriculata

sessilibus; caulibus erectis, subflexuosis, simplicibus; caudice perenni, ramoso, cespitoso, surculis breviusculis aucto.

Hab. in pascuis et lapidosis excelsis montium calcareorum Delphinatus; *La Moucherolle* (*Isère*), etc. — Flor. aprili (in horto).

Cette espèce est assez rapprochée du *T. sylvium* GAUD. des Alpes granitiques, et marque le passage de ce dernier au *T. montanum* des auteurs. Elle diffère du *T. sylvium* surtout par ses silicules plus largement ailées et par la forme de ses feuilles caulinaires qui sont oblongues, dressées et non largement ovales, étalées.

M. Godron, dans la Flore de France, paraît avoir confondu le *T. Villarsianum* avec le *T. virens;* car la plante du col de l'Arc (Isère) citée par lui, que j'ai reçue également de M. Verlot, est la même que celle de la Moucherolle et diffère complètement du *T. virens*.

Thlaspi beugesiacum JORD.

T. racemo initio subcorymboso, tandem elongato : sepalis oblongo-ovalis; petalis anguste obovatis, apice truncatis subemarginatisve, in unguem brevem inferne subcontractis, calice subtriplo longioribus; antheris ovato-oblongis, luteis, corolla multo brevioribus; siliculis obcordatis, paululum inferne angustatis, margine alatis, alis valvarum latitudinem apice saltem æquantibus sensim inferne angustatis, emarginaturæ obtusissimæ lobis rotundatis abbreviatis stylo valde superatis; seminibus ovatis, 2-4 in loculo.; foliis intense et obscure virentibus, crassiusculis, integris vel passim subdentatis, radicalibus elliptico-obovatis oblongisve in petiolum tenuem angustatis, caulinis erectis oblongis lanceolatisve subacutis basi cordato-auriculata sessilibus, auriculis brevibus haud adpressis; caulibus numerosis, erectis, flexuosis, tenuibus, apice subnudis, simplicibus; caudice perenni, ramoso, cespitoso, surculis sæpe longiusculis aucto.

Hab. in pascuis et lapidosis calcareis Beugesi; *Tenay* (*Ain*), etc. — Flor. aprili (in horto).

Les fleurs dans cette espèce sont assez petites et à peine un peu plus grandes que dans le *T. Villarsianum* dont elle diffère par ses sépales plus allongés, ses pétales à limbe plus long que large, souvent un peu échancré au sommet, ses étamines à filets plus courts, ses silicules plus courtes, bien moins rétrécies à la base et plus largement ailées, ses feuilles d'un vert foncé et non très-clair, ses tiges plus grêles, munies de feuilles plus étroites et presque aiguës.

Thlaspi lotharingum Jord.

T. montanum Godron Flor. de Lorraine, éd. 1, p. 70.—Gren. et God. Flor. de Fr. vol. 1, p. 143, pro parte.

T. racemo initio subcorymboso, demum elongato; sepalis ovatis, obtusis; petalis obovatis, apice rotundatis vel passim obscure emarginatis, basi in unguem angustatis, calice triplo saltem longioribus; antheris ovatis, luteis, corolla multo brevioribus, calicem paulo excedentibus; siliculis pedunculo patenti subæqualibus, subrotundo-obcordatis, inferne vix angustioribus, basi rotundatis, margine alatis, alis valvarum latitudinem apice subæquantibus paululum inferne angustatis, emarginaturæ haud obtusissimæ lobis rotundatis stylo superatis; seminibus ovatis, 2-4 in loculo; foliis virentibus, subdentatis integrisve, radicalibus subelliptico-obovatis in petiolum angustatis, caulinis ovato-oblongis vel lanceolatis basi cordato-auriculata sessilibus; caulibus erectis, flexuosis, simplicibus; caudice perenni, ramoso, laxe cespitoso, surculis sæpe elongatis apice rosulatis aucto.

Hab. in sylvaticis calcareis Lotharingiæ; *Nancy (Meurthe)*, etc. — Flor. exeunte martio (in horto).

Il diffère du *T. beugesiacum* par ses fleurs du double plus grandes, ses silicules plus grandes, de forme presque ronde, ses graines notablement plus grosses, ses feuilles plus dentées. Sa floraison est constamment plus précoce d'environ quinze jours, dans un même lieu.

Il existe probablement plusieurs autres espèces confondues par les auteurs sous le nom de *Thlaspi montanum* L. Mais l'étude des *Thlaspi* est très-difficile dans les herbiers, à cause des variations que présentent parfois, selon les saisons et les inégalités de développement des individus, les caractères tirés de la silicule, notamment la longueur et l'écartement des lobes de l'échancrure, ainsi que la longueur du style qui devient aussi plus ou moins saillant selon l'état de l'échancrure. Ne pas tenir compte de ces caractères dans ce genre, ainsi que dans le genre *Iberis* et dans la plupart des Crucifères, serait s'ôter la possibilité d'établir des distinctions spécifiques, là où il est certain qu'il y a des espèces à distinguer. Ces caractères varient sans doute dans une certaine limite et d'après une certaine loi, chez toutes les espèces ; mais lorsqu'on observe ces espèces dans des états parfaitement analogues et dans des conditions de développement absolument identiques, on peut constater que les silicules présentent dans leur forme ou leur grandeur des différences très-nettes et parfaitement appréciables, qui ont une valeur très-positive. La difficulté de l'étude de ces plantes dans les herbiers vient de ce qu'on ne peut être toujours certain de les comparer dans des états parfaitement analogues.

Species 18 sequentes ex *I. umbellata* L. grege. Plantæ biennes, etiam triennes, rarius annuæ, floribus lilacino-purpureis, racemis fructiferis plus minusve abbreviatis.

a. Racemi fructiferi contracti ; folia obtusa ; caules humiles, flexuosi, ascendentes ; radix biennis.—Stirps. *I. nanæ* Au.

Iberis candolleana. Jord. Obs. fr. 6, p. 37.—*I. nana* D. C. Syst. 2. p. 403, ex parte, non All. — I. aurosica Vill. Dauph. 3. p. 289. ex parte, non Chaix.

I. racemis fructiferis contractis abbreviatis ; sepalis rotundatis. exterioribus dorso alato-carinatis ; petalis obovatis, roseis ; siliculis ovato-ellipticis, ad valvas minute scabridis, alis valvarum latitudinem apice fere superantibus infra medium siliculæ subevanescentibus, emarginaturæ lobis ovatis breviter acuminatis subinflexis sinum fundo rotundatum efficientibus, stylum vix æquantibus ; foliis læte virentibus, crassis, planiusculis, integris, glabris, radicalibus oblongo-obovatis subspathulatis in petiolum attenuatis, caulinis oblongis vel lineari-spathulatis, omnibus obtusis ; caule sæpissime a basi in ramos plurimos simplicissimos ascendentes flexuosos fastigiatos diviso ; radice bienni.

Hab. in lapidosis calcareis montium Delphinatus et Galloprovinciæ ; *Mont-Glandas* prope *Die* (Drôme), *Mont-Ventoux* prope *Avignon* (Vaucluse). — Flor. ineunte maio (in horto).

Corymbi floriferi juniores densi, rotundato-convexi, diam. circiter 23 mill. metientes ; ala dorsalis sepalorum exteriorum præsertim in alabastris corymbi centralibus conspicua ; planta nana, etiam culta vix ultra 10 centim. alta.

J'ai recueilli cette espèce en grande quantité sur le Mont-Glandas et aussi sur le Mont-Ventoux. C'est la plante du Glandas que j'ai cultivée et particulièrement observée.

Elle diffère de l'*I. nana* ALL. des Alpes de Tende par ses fleurs plus petites, d'un beau rose et non blanchâtres ; par ses silicules ovales-elliptiques et non presque orbiculaires, à sinus de l'échancrure plus élargi, à ailes des valves rétrécies davantage vers la base ; par ses feuilles bien plus étroites, les caulinaires oblongues-linéaires et non obovales-spatulées, entières et non munies de quelques dents obtuses, enfin par sa tige ordinairement très-divisée dès la base.

L'*I. spathulata* BERG., plante des Pyrénées très-connue et très-répandue dans les herbiers, ne peut être confondue avec l'*I. Candolleana*, dont il se distingue surtout par son port très-différent ainsi que par la forme orbiculaire et bien plus ventrues de ses silicules qui sont hispides sur les deux faces. Il est beaucoup plus rapproché de l'*I. nana* ALL. dont il offre le port et les principaux caractères. J'ai indiqué, dans le sixième fragment de mes Observations sur plusieurs plantes nouvelles, etc., les différences qui séparent ces deux espèces très-affines. N'ayant pas encore eu, depuis cette époque, l'occasion de les comparer sur le vif, je n'ai rien à ajouter à ce que j'en ai dit, si ce n'est que les valves de la silicule sont visiblement hispides dans la plante des Pyrénées.

L'*I. carnosa* W. et KIT, est à fleurs blanchâtres et à silicules orbiculaires; il se reconnait à son style non saillant hors de l'échancrure et à ses feuilles toutes obovales-spatulées, un peu échancrées à leur sommet.

L'*I. carnosa* décrit par Visiani, dans son Flora dalmatica, vol. 3, p. 112, qui est à fleurs violettes fort petites, à feuilles caulinaires linéaires ou oblongues-spatulées, à silicules arrondies-elliptiques, appartient probablement à une espèce distincte du vrai *carnosa* de Hongrie.

L'*I. aurosica* CHAIX n'a, selon moi, qu'un rapport très-éloigné avec ces diverses espèces, quoiqu'il ait été indiqué par Villars au Glandas, par confusion sans doute avec l'*I. Candolleana*. C'est une plante bien plus élevée que cette dernière, lorsqu'elle est développée normalement, et d'un aspect complètement différent. Ses tiges sont très-rameuses et non toujours simples dans le haut; ses feuilles sont linéaires-aiguës et n'ont rien de spatulé. Sa place est plutôt dans un autre groupe, à côté de l'*I. maialis* JORD.

Iberis attica JORD. Obs. fr. 6. p. 42.

I. racemis fructiferis sub contractis, brevibus; sepalis subrotundo-obovalis, exterioribus haud alatis; petalis oblongo-obovalis, albo-lilacinis; siliculis ovato-ellipticis, alis valvarum latitudinem apice superantibus inferne sensim attenuatis, lobis emarginaturæ ovatis obtusis approximatis stylum fere excedentibus; foliis intense virentibus, ciliolatis vel subglabris, plerumque integris, inferioribus obovato-spathulatis in petiolum attenuatis, caulinis oblongo-linearibus obtusis, superioribus tantum acutiusculis ; caule basi ascendente, inferne in ramos plures sæpe bifidos diviso, radice bienni.

Hab in Græcia ; *Monte Hymetto.* — Flor. exeunte aprili (in horto).

Corymbi floriferi 3 1/2 centim. lati, floribus valde radiantibus; rami breviter et parce hispiduli.

Cette espèce est fort distincte de l'*I. nana* ALL. par son port, par la forme de la silicule, par ses feuilles bien plus allongées, un peu ciliées et non très-glabres. Elle offre plus d'affinité par son port avec l'*I. Tenoreana* D. C., dont elle diffère par ses fleurs bien plus grandes, ses silicules à ailes de valves plus élargies et à style non saillant, ses feuilles bien moins ciliées, la plupart très-entières et non visiblement dentées.

J'ai désigné, dans le sixième fragment de mes observations, p. 43, sous le nom d'*I. Sprunneri,* une autre forme d'*Iberis* du Mont-Hymette, qui diffère de l'*I. attica* surtout par son style bien plus saillant, mais dont je n'ai vu que très-peu d'exemplaires. Elle me paraît peu ou pas différente d'une plante d'Espagne qui a été décrite depuis sous le nom d'*I. rhodocarpa,* par M. Willkomm, et plus tard sous le nom d'*I. granatensis,* par MM. Boissier et Reuter.

L'*I. Lagascana* DC., à feuilles pubescentes et dentées, ne me paraît pas distinct de l'*I. Tenoreana* DC. qui est pareillement bisannuel et non vivace comme le dit de Candolle.

J'ai signalé, dans le sixième fragment de mes Observations, p. 71, sous le nom d'*I. Pinardi,* une espèce de Caric à feuilles entières et hispides, dont je n'ai pas encore vu d'exemplaires bien fructifiés. Elle me paraît voisine de l'*I. Tenoreana* DC. , et surtout de l'*I. taurica* DC., mais bien distincte de l'une et de l'autre.

Les *Iberis Bernardiana* GREN. et GODR., *Benthamiana* BOISS. et REUT., et *Bubanii* DEVILLE, des Pyrénées, appartiennent à ce groupe. Je ne sais pas encore positivement si ces trois plantes sont trois espèces très-affines ou de simples états d'un même type. D'après la description que MM. Grenier et Godron ont donné de l'*I. Bernardiana*, dans leur Flore de France, ce serait une plante des Eaux-Bonnes, très-rapprochée des *Iberis ciliata* ALL., et *pinnata* L., voisine en même temps de l'*I. pectinata* BOISS., dont elle aurait le port.

Je possède quelques exemplaires récoltés aux Eaux-Bonnes, auxquels cette observation peut s'appliquer. D'autres, provenant de la même localité, qui ont un port différent, plus nain, des silicules plus petites, à valves visiblement pubescentes, me paraissent cadrer assez bien avec la description de l'*I. Benthamiana* BOISS. et REUTER, Pug. plant. nov. p. 12.

L'*I. Bubanii* DEVILLE, d'*Arrens* (Hautes-Pyrénées), est à silicules arrondies, petites et hispidules comme dans l'*I. Benthamiana;* mais les feuilles sont moins longuement atténuées à la base, le style est plus court, les tiges sont plus raides et moins hispides.

Enfin, la plante du pic de Monné qui paraît être l'*Iberis nana* LAPEYR., Abr. Pyr., p. 370, non All., serait peut-être encore différente. Elle est fort naine, ramifiée dès la base, à tiges ascendantes ou diffuses, flexueuses, simples et non ombellées au sommet. Elle rappelle par son port et ses feuilles en spatule l'*I. spathulata* BERG., dont elle se distingue par ses feuilles dentées ainsi que par ses silicules beaucoup plus petites, brièvement hispides et non très-glabres.

La culture, dans des conditions identiques de ces quatre formes très-rapprochées, ou tout au moins la comparaison de très-bons et très-nombreux exemplaires permettrait de porter sur elles un jugement bien assuré.

18

b. racemi fructiferi contracti ; caules sæpe humiles, ascendentes ; folia obtusa ; radix saltem triennis. — Stirps *I. Pruiti* Tin.

Iberis petræa Jord. Obs. fr. 6, p. 1.

I. racemis fructiferis contractis, abbreviatis ; sepalis rotundatis, exterioribus dorso haud alatis ; petalis oblongo-obovatis, lilacino-albidis ; siliculis ovato-orbicularibus, alis valvarum latitudinem apice subæquantibus inferne sensim angustatis et usque ad basin conspicuis, emarginaturæ lobis ovatis vix acutis angulum modice apertum efficientibus stylo plerumque superatis ; foliis viridibus, crassis, dentatis subintegrisve, subciliatis, rosularum oblongis obtusis in petiolum attenuatis, caulinis oblongo vel lineari-spathulatis ; caulibus pluribus, nanis, simplicibus, basi ascendentibus, erectis, flexuosis, breviter ciliato-puberulis ; caudice abbreviato, perennante, saltem trienni.

Hab. in rupestribus calcareis Pyrenæorum occidentalium ; *Pic d'Anie*, etc. (*Basses-Pyrénées*). — Flor. julio (in loco natali).

Cette espèce, qui est fort naine, se distingue aisément de celles du groupe précédent par sa souche qui émet constamment des rosettes des feuilles après la première floraison. Elle s'éloigne de l'*I. Pruiti* Tin. par ses silicules de moitié plus petites et de forme plus arrondie, par les feuilles des rosettes à limbe bien plus étroit et moins finement pétiolé.

Iberis Balansæ Jord.

I. Pruiti Balansa . pl. d'Alger. exsicc. n° 889 ; non Tineo.

I. racemis fructiferis contractis, abbreviatis ; sepalis ovatis, margine erosulis, exterioribus dorso carinatis ; petalis oblongo-obovatis, violaceo-lilacinis ; siliculis orbicularibus, parvis, alis valvarum latitudinem apice longitudine sua subæquantibus inferne sensim attenuatis usque ad basim conspicuis, emarginaturæ lobis ovatis sub acutis angulum acutum efficientibus stylo plerumque superatis ; foliis viridibus, integris vel rariter subdentatis. g'abris vel rariter ciliolatis,rosularum subspathulatis oblongisve in petiolum attenuatis, caulinis sublinearibus basi angustatis apice obtusiusculis ; caulibus pluribus, sæpe elongatis, simplicibus vel apice subcorymbosis, basi ascendentibus erectisve, brevissime ciliato-puberulis; caudice brevissimo perennante, saltem trienni.

Hab. in montosis agri algeriensis ; *Batna*. — Flor. junio (in loco natali).

L'*I. Pruiti* Tin., de Sicile, est complètement distinct de cette espèce par la forme subelliptique de ses silicules qui sont bien plus grandes et à échancrure plus courte, par ses feuilles radicales de forme bien plus élargie, spatulées et dentées, par ses feuilles caulinaires plus courtes, plus obtuses, visiblement ciliées, par ses tiges naines, plus flexueuses.

J'ai reçu de Batna des exemplaires d'une forme très-élancée, atteignant cinq ou six décimètres, divisée bien au-dessus de la base en tiges nombreuses dressées et corymbiformes à leur sommet. Je pense que ce n'est qu'un état luxuriant de l'*I. Balansæ*, sans cependant avoir de certitude à ce sujet.

c. Racemi fructiferi contracti ; caules substricti, proceriores ; folia lanceolato-linearia, acuta ; radix annua vel biennis. —Stirps *I. umbellatæ* L.

Iberis Bourgæi Jord.

I. contracta Coss. in Bourgeau pl. d'Espagne. exsicc. n° 2099, non Pers.

I. racemis fructiferis contractis ; sepalis ovatis, margine erosulis, exterioribus dorso subcarinatis; petalis oblongo-obovatis, roseo lilacinis ; siliculis ovatis, alis valvarum latitudinem apice longitudine sua valde superantibus inferne angustatis et usque ad basim conspicuis, emarginaturæ lobis ovatis acutis angulum modice apertum efficientibus stylo longe superatis, foliis viridibus, radicalibus. . . . . caulinis linearibus elongatis utraque apice basi præsertim angustatis acutis breviter ciliolatis; caulibus pluribus, erectis, subflexuosis, apice corymbosis, minute puberulis ; radice bienni.

Hab. in Hispania; *cerro de Guttaron*, prope *Aranjuez*. — Flor. junio (in loco natali).

Cette espèce diffère complètement de l'*I.contracta* PERS. qui est une plante vivace, à tiges très-glabres à peine ramifiées au sommet, à feuilles subcunéiformes dentées. Celle-ci a les tiges finement pubescentes et les feuilles un peu ciliées; ses grappes fructifères sont faiblement contractées; ses silicules sont teintées de violet à la marge, surtout à la face supérieure.

Iberis lusitanica JORD.

I. contracta Coss. in Bourgeau, pl. d'Espagne et de Portugal exsicc. n° 2077, non Pers. nec Boissier Voy. suppl.

I. racemis fructiferis contractis; sepalis ovatis, exterioribus dorso subcarinatis; petalis oblongo-obovatis, roseis; siliculis fere obovatis, alis valvarum latitudinem apice longitudine sua valde superantibus sensim inferne angustatis et usque ad basin conspicuis, emarginaturæ lobis rotundatis obtusissimis sinu perangusto sejunctis stylo superatis; foliis virentibus, brevibus, inferioribus lanceolatis sæpe dentatis, caulinis lanceolato-linearibus acutis sub glabris; caulibus strictis, inferne subfrutescentibus, apice sæpe corymbosis, glabris; radice bienni.

Hab. in arvis sabulosis Lusitaniæ; *Faro* (*Algarve*). — Flor. jul. (in loco natali).

Cette espèce est remarquable par la forme arrondie et très-obtuse des lobes de l'échancrure des silicules, qui égalent, en longueur deux ou trois fois la largeur de la cloison, et qui sont très-rapprochés. Ses tiges sont raides et ses feuilles sont bien plus courtes que dans l'*I. Bourgœi*.

Iberis amœna JORD. Obs. fr. 6, p. 46.—*I. umbellata* Savi Bot. etrusc. 2. p. 185.

I. racemis fructiferis contractis; sepalis ovatis, exterioribus dorso vix carinatis; petalis oblongo-obovatis, roseis; siliculis subovatis, alis valvarum latitudinem apice longitudine sua valde superantibus

sensim inferne angustatis basi vix conspicuis, emarginaturæ lobis
ovato-acuminatis angulum acutum efficientibus stylo superatis et
cum eo basi conjunctis; foliis virentibus, glabris, inferioribus lanceolatis breviter dentatis, superioribus lanceolato-linearibus sublinearibus ve utroque apice attenuatis acutis subintegris; caule erecto,
simplici vel a basi ramoso, superne corymboso, glabro; radice
bienni.

Hab. in montosis calcareis Etruriæ; *Monte-Pisano*, etc. — Flor.
junio (in loco natali).

Il diffère de l'espèce la plus répandue dans les cultures
sous le nom d'*I. umbellata*, par sa racine bisannuelle, ses
silicules plus petites et à style plus saillant. Celle-ci, lorsqu'on la sème au printemps, donne ses fleurs en juillet et
août de la même année; elle est à fleurs plus grandes et à
feuilles ordinairement plus larges. Elle est probablement
originaire de l'île de Crète. Si ce fait est constaté, elle pourra
prendre un nom nouveau.

d. racemi fructiferi contracti; caules virgati vel stricti; folia linearia;
radix biennis; floritio autumnalis. —Stirps *I. linifoliæ* L.

Iberis leptophylla Jord.

I. linifolia Jord! Obs. fr. 6, p. 48, excl. syn. cit.

I. racemis fructiferis valde contractis, parvis; sepalis elliptico-
obovatis, exterioribus dorso alato-carinatis; petalis oblongo-obovatis,
albido-lilacinis, valde radiantibus; siliculis parvis, ovato-orbicularibus, basi eximie rotundatis superne vix paululum angustatis, alis
valvarum latitudinem apice haud æquantibus deinceps valde angustatis et infra siliculæ medium haud perspiciendis, emarginaturæ
semi-lunatæ lobis ovato-linearibus acuminatis basi valde divergenti-
tibus leviter stylo superatis; foliis atro-virentibus, crassiusculis, fere
canaliculatis, apice callo obtusiusculo mucronatis, glaberrimis, omnibus integerrimis, radicalibus angustissime oblongo-linearibus longe
basi attenuatis, caulinis exacte linearibus valde elongatis et perangustis, primum erectis deinde patulis et exterius curvatis, ramealibus

brevibus obtusis, caule erecto, glabro, basi sæpius simplici, superne ramosissimo subcorymboso, ramis gracilibus elongatis, erecto-palulis apice valde divisis et intertextis ; radice bienni.

Hab. in lapidosis calcareis Galloprovinciæ australis ; *Toulon* , etc. (*Var*). — Flor. octobri-novembri et etiam hieme.

L'*I. linifolia* de Linné, a été établi sur une plante de Portugal, qui est le *Thlaspi lusitanicum umbellatum, gramineo folio, flore purpurascente* Tournef. instit. 213.

La figure de Garidel, Hist. des plant. d'Aix, p. 469, t. 10, qui est citée par Linné, ne convient certainement pas, d'après la forme des feuilles, à la plante de Toulon que je viens de décrire. Elle représente une plante très-probablement différente aussi de l'espèce de Portugal. Elle pourrait aussi se rapporter peut-être à l'*Iberis Villarsii* Jord. , ou à quelque autre espèce affine ; ce qui reste à vérifier en explorant les localités citées par Garidel.

Dans l'*I. linifolia* de Linné les feuilles inférieures sont un peu dentées en scie et les fleurs sont purpurines , tandis que dans l'*I. leptophylla* les feuilles sont toutes très-entières et les fleurs sont blanchâtres ou un peu lilacées.

Iberis stricta Jord. Obs. fr. 6, p. 50, et Pug pl. nov. p. 147.

I. racemis fructiferis valde contractis abbreviatis ; sepalis subrotundo-obovatis, exterioribus dorso alato carinatis; petalis obovatis, pallide roseo-lilacinis; siliculis ovato-orbicularibus, apice paululum constrictis, alis valvarum latitudinem apice æquantibus infra siliculæ medium vix conspicuis, emarginaturæ fere semi-lunatæ lobis brevibus ovatis acutis angulum obtusissimum efficientibus stylo que superatis ; foliis pallide virentibus, subcanaliculatis, glabris , inferioribus oblongis paulisper dentatis, cæteris linearibus utroque apice eximie angustatis apice callo acuto præditis sæpissime deflexis subcontortisve ; caule erecto, stricto , superne ramosissimo, glabro, ramis erecto-patulis subcorymbosis brevibus; radice bienni.

Hab. in lapidosis calcareis Delphinatus ; *Serres (Hautes-Alpes)*. — Fl. septembri.

Il se distingue de l'*I. leptophylla* par la forme et l'aspect des feuilles caulinaires qui sont d'un vert très-différent, bien moins longues, atténuées au sommet et terminées par un mucron aigu, rétrécies à la base et non, comme dans ce dernier, très-égales très-exactement linéaires et un peu obtuses. Ses fleurs sont moins pâles et celles de la circonférence des ombelles moins amples. Ses silicules sont plus grandes, à ailes plus larges. Sa tige est plus raide, à branches plus courtes et moins étalées.

Iberis Villarsii Jord! Adnot. in cat. de graines du jard. bot· de Grenoble, 1849, p. 22.

I. linifolia Vill.. Hist. des plant. du Dauph. 3, p. 289.

I. racemis fructiferis apice sub contractis; sepalis obovatis, exterioribus dorso alato-carinatis; petalis oblongo-obovatis, purpureo-lilacinis; siliculis ovato-ellipticis, utroque apice paululum angustatis, alis valvarum latitudinem apice longitudine sua vix æquantibus infra siliculæ medium vix conspicuis, emarginaturæ lobis ovatis lanceolatisve acutis angulum apertum efficientibus stylum haud superantibus; foliis intense viridibus, crassiusculis, leviter canaliculatis glabris, radicalibus caulinis que inferioribus sublinearibus haud angustissimis basi angustatis apice subobtusis utrinque 1-3 dentatis vel rarius integris, superioribus ramealibus que linearibus sub-acutis integris; caule erecto, glabro, sæpe basi simplici, infra medium vel superne ramosissimo, ramis patulo-erectis virgatis elongatis sæpe apice corymbulosis, corymbum amplum efficientibus; radice bienni.

Hab. in collibus apricis Delphinatus inferioris et Gallo-provinciæ; *Nyons (Drôme)*, etc. — Flor. septembri.

Il se distingue des *I. leptophylla* et *stricta*, par ses grappes fructifères constamment moins écourtées, dont les pédoncules inférieures se terminent par des silicules avortées, et par ses silicules de forme moins orbiculaires. Son port n'est point raide comme dans l'*I. stricta*, et ses feuilles sont d'un vert plus foncé et moins aiguës. Sa floraison est plus précoce d'environ un mois que celle de l'*I. leptophylla*, dont elle diffère complètement par la forme des feuilles, par ses fleurs plus petites et moins pâles, par ses capitules fructifères bien plus grands et moins écourtés.

f. racemi fructiferi leviter elongati; folia lanceolato-linearia, acuta; caulis erectus; radix biennis. — Stirps. *I. intermediæ* GUERS.

Iberis Timeroyi JORD. Obs. fr. 6, p. 54.

I. racemis fructiferis paulisper elongatis; sepalis obovatis, exterioribus dorso haud alatis; petalis oblongo-ellipticis, lilacino purpureis; siliculis ovatis, basi rotundatis, apice angustatis, alis valvarum latitudinem apice haud æquantibus latere valde angustatis inferne fere nullis, emarginaturæ lobis lanceolatis acuminatis divergentibus angulum apertissimum efficientibus stylo superatis; foliis lætissime virentibus, haud crassis, planis, glaberrimis, radicalibus caulinis que inferioribus lanceolatis etiam ovato-lanceolatis breviter ad marginem utrumque 3-4 dentatis, caulinis mediis superioribus que longioribus lineari-lanceolatis paulo acuminatis integerrimis patulo-erectis; caule firmo, præalto, basi plerumque simplici, supra mediam partem ramoso, ramis simplicibus vel apice bifidis erecto-patentibus, corymbum sat amplum efficientibus; radice bienni.

Hab. in sylvaticis petrosis collium calcareorum Delphinatus borealis; *Crémieu (Isère)*. — Flor. augusto.

Planta 5-10 dec. alta; siliculæ grandes; semina haud parva.

Cette espèce est plus robuste dans toutes ses parties que l'*I. Prostii* SOY-WILLEM. Ses fleurs sont plus grandes, d'une belle couleur purpurine; ses silicules sont de moitié plus grandes, à lobes de l'échancrure bien plus ouverts, à graines bien plus grosses. Ses feuilles sont d'un très-beau vert et non d'un vert pâle. Sa floraison est plus précoce d'environ quatre à cinq semaines, dans un même lieu.

L'*I. deflexifolia* JORD. Pug. pl. nov. p. 13, qui est très-rapproché de l'*I. Prostii* Soy-Willem., dont il diffère surtout par ses feuilles plus étroites et par ses silicules arrondies, à échancrure très-ouverte et à style très-saillant, s'éloigne encore davantage de l'*I. Timeroyi*. La floraison normale de ce dernier a lieu, dans la plaine, au commencement d'août, celle des *I. Prostii* et *deflexifolia* au commencement de septembre. Après le 15 août, l'*I. Timeroyi* n'est ordinairement plus en bon état de floraison, ainsi que je l'observe depuis plus de vingt années.

Iberis boppardiensis Jord. Obs. fr. 6, p. 62.

I. racemis fructiferis elongatis; sepalis obovatis, exterioribus præsertim dorso alato-appendiculatis; petalis oblongo-obovatis dilute lilacinis vel albidis; siliculis ovato-subellipticis, apice angustatis, alis valvarum latitudinem apice vix æquantibus infra mediam siliculæ partem fere nullis, emarginaturæ lobis ovato-lanceolatis acutis angulum apertum efficientibus, stylum subæquantibus; foliis pallide virentibus, crassiusculis, patentibus aut deflexis, lineari-lanceolatis linearibus ve, utroque apice angustatis, inferioribus breviter et obscure dentatis, mediis superioribus que integerrimis et angustioribus; caule erecto, basi sæpe simplici, superne ramosissimo, ramis patulis apice ascendentibus corymbum irregularem efficientibus; radice bienni.

Hab. in collibus rhenanis circa *Boppard*. — Flor. jul. (in horto).

Il diffère des *I. Timeroyi* et *Prostii*, par ses fleurs très-pâles, ses sépales fortement ailées-carénées sur le dos, ses grappes fructifères plus allongées et sa floraison plus précoce.

L'*I. Durandii* Lor. et Dur., est à fleurs purpurines, à grappes fructifères plus écourtées, à sépales moins fortement ailés, à lobes de l'échancrure de la silicule plus ouverts, un peu dépassés par le style. Son port est plus rigide et ses

feuilles sont coriaces, un peu luisantes, à pointe calleuse
plus marquée. Il fleurit quelques jours plus tard.

L'*I. divaricata* Tausch, fleurit plus tard que l'*I. boppardiensis*, et à peu près en même temps que les *I. Timeroyi*
et *Durandii*. Il est à fleurs purpurines et à rameaux divariqués. Ses grappes fructifères sont allongées comme dans
l'*I. boppardiensis* et ses sépales extérieurs sont ailés; mais
ses silicules sont de forme plus arrondie, à lobes moins
écartés et dépassant le style; ses feuilles sont plus larges et
d'un vert plus foncé.

L'*I. Lamottii* Jord. Pug. pl. nov. p. 13, s'éloigne des *I. boppardiensis*, *Durandii* et *divaricata*, par ses sépales à dos non
ailé. Il se rapproche de l'*I. Timeroyi* par la couleur des
fleurs, le vert des feuilles et l'époque de floraison; mais il est
plus petit dans toutes ses parties, notamment dans ses fleurs
et ses silicules.

Iberis Contejeani Billot. flor. Gall. et Germ. exsicc. n° 919 bis et
Annotat. p. 95. — Jord. in Billot, Annotat. p. 131.

I. racemis fructiferis paulisper elongatis, sepalis subrotundis, exterioribus duobus dorso alato-appendiculatis; petalis obovatis margine
crispulis, pallide lilacino-roseis, etiam subalbidis; siliculis subrotundo-ovatis, apice haud angustatis, alis valvarum latitudinem apice
superantibus infra medium siliculæ partem perangustis, emarginaturæ lobis ovatis acutis angulum valde apertum efficientibus stylum
subæquantibus; foliis breviusculis, læte virentibus, sæpe nitidulis,
planiusculis, glabris, erecto-patulis, lineari-lanceolatis, basi et apice
angustatis, sæpe leviter subarcuatis et apice sursum curvatis, radicalibus caulinisque inferioribus breviter rariterque dentatis, mediis superioribusque integerrimis; caule erecto, plerumque basi
simplici, superne ramoso, ramis erecto-patulis corymbosis; radice
bienni.

Hab. in sylvaticis et petrosis calcareis Galliæ orientalis: *Mandeure*
(*Doubs*). — Flor. julio (in horto).

Cette espèce se reconnait à ses fleurs formant de petites ombelles, très-denses, très-arrondies presque aplanies en dessus, à pétales d'un rose très-pâle, crispés-ondulés sur les bords, de forme obovale, à sépales munis sur le dos d'une aile assez large et dentelée. Ses feuilles sont généralement un peu arquées avec l'extrémité du limbe relevée en dessus. Cette disposition remarquable, que j'ai observée chez tous les individus de plusieurs générations que j'ai cultivées, est particulière à cette espèce.

Elle se distingue de l'*I. intermedia* GUERS, qui est aussi à fleurs presque blanches, surtout par ses silicules dont les lobes de l'échancrure sont simplement aigus et non fortement acuminés, par ses graines plus petites et d'un brun plus clair. Ses feuilles sont d'un vert plus gai ; sa floraison est plus tardive d'environ trois semaines dans un même lieu.

Elle diffère de l'*I. boppardiensis* par la forme plus écourtée et plus arrondie de ses silicules , ainsi que par l'aspect des fleurs et des feuilles.

Iberis polita JORD. Obs. fr. 6, p. 51.

I. racemis fructiferis brevibus , densis; sepalis oblongo-obovalis, exterioribus dorso convexis ecarinatis ; petalis oblongis, obtusis. purpureo-lilacinis ; siliculis parvis, ovato-orbicularibus, basi eximie rotundatis, apice constrictis, alis angustis valvarum latitudinem apice haud æquantibus inferne vix conspicuis, emarginaturæ lobis lanceolatis acutissimis divergentibus angulum apertissimum efficientibus stylo superatis ; foliis læte virentibus, planis, tenuibus, glabris, radicalibus oblongo-lanceolatis basi in petiolum attenuatis parce breviter que dentatis, caulinis oblongo-linearibus subacuminatis patentibus deflexisve, ramealibus brevibus ; caule gracili, erecto, flexuoso, glabro, simplici aut basi diviso, superne ramoso. ramis erecto-patulis flexuosis corymbosis ; radice bienni.

Hab. in lapidosis montium agri vivariensis ; *Montpezat (Ardèche)*. — Flor. julio (in horto).

Cette espèce est remarquable par son port assez grêle et surtout par ses silicules fort petites, plus petites que dans toutes les autres espèces de ce groupe et à échancrure très-ouverte.

L'*I. Violleti* Soy-Will., de Lorraine, est une plante basse, fort distincte de l'*I. polita* par ses feuilles charnues, bien plus rapprochées et laissant sur la tige, après leur chûte, des cicatrices saillantes; ce qui ne se voit pas dans l'autre.

Elle est remarquable aussi par ses sépales fortement ailés sur le dos, à aile prolongée en pointe au sommet et denticulée. Sa floraison a lieu en juillet.

Iberis collina Jord. Obs. fr. 6, p. 57.

I. racemis fructiferis modice elongatis; sepalis obovatis, exterioribus duobus dorso convexis, haud alatis; petalis oblongis vel obovato-oblongis, obtusis, purpureo-lilacinis; siliculis ovato-ellipticis, basi rotundatis, apice tantulum angustatis vel subæqualibus; alis vaivarum latitudinem apice saltem æquantibus sensim inferne attenuatis basi vix conspicuis, emarginaturæ lobis lanceolatis acuminatis angulum modice apertum efficientibus stylum subæquantibus; foliis læte virentibus, subplanis parum crassis, glabris, radicalibus caulinisque inferioribus elongatis oblongis sub acutis utroque margine sat argute tridentatis, mediis superioribus que lineari-oblongis acutis subintegerrimis erecto patulis passim subdeflexis; caule erecto simplici vel a basi diviso, superne ramoso, ramis simplicibus subfastigiatis corymbum modice apertum efficientibus; radice bienni.

Hab. in sylvaticis et petrosis calcareis Beugesi; *Serrières-sur-Rhône* (*Ain*). — Flor. ineunte junio.

Sa taille est assez basse comme dans l'*I. polita*; mais son port est très-différent. Les rameaux du corymbe sont bien moins ouverts, ses silicules sont de moitié plus grandes; ses feuilles sont plus grandes et de forme plus allongée.

Sa floraison précoce et son port l'éloigne des espèces précé-

dentes, notamment de l'*I. Timeroyi*, qui croît à quelques
lieues de distance, dans une station tout-à-fait analogue et
donne cependant ses fleurs deux mois plus tard.

L'hypothèse de certains botanistes, qui ne voient dans les
diverses formes d'*Iberis* que des variétés stationnelles d'un
même type, est une hypothèse de pure fantaisie qui tombe
devant le plus léger examen des faits. En présence des faits
bien constatés il faut, de toute nécessité, reconnaître la
diversité spécifique originelle de certaines formes affines , si
l'on ne veut se résoudre à admettre des effets sans cause,
c'est à dire l'impossible ou l'absurde.

Iberis maialis Jord. Obs. fr. 6, p. 52.

I. racemis fructiferis modice elongatis ; sepalis subrotundo-ovatis,
exterioribus duobus dorso subalato-carinatis; petalis oblongo-obovatis,
apice rotundatis, pallide roseis vel subalbidis; siliculis rotundato-
ovatis, sub apice paulo constrictis, alis valvarum latitudinem apice
saltem æquantibus sensim inferne attenuatis , emarginaturæ lobis
lanceolatis acuminatis angulum valde apertum efficientibus stylo
superatis; foliis pallide virentibus, crassiusculis, glabris, radicalibus
caulinis que inferioribus breviusculis ovato-oblongis obtusis crenato-
dentatis, mediis superioribus que oblongis linearibus .ve acutis sub
integris patentibus; caule erecto, simplici vel a basi diviso, superne
aperte ramoso ; radice bienni.

Hab. in sylvaticis et petrosis calcareis Occitaniæ ; *La Séranne*,
(*Hérault*). — Flor. maio (in horto).

Cette espèce est fort voisine de l'*I. collina* et s'éloigne
davantage de l'*I. polita* dont je l'avais d'abord rapprochée,
avant de connaître le fruit qui est plus gros de moitié et au-
delà. Elle se distingue de l' *I. collina* par ses fleurs plus pâles,
à sépales extérieurs bien plus relevés sur le dos dans le
bouton, par ses silicules de forme plus arrondie et à lobes
de l'échancrure plus divergents, dépassés par le style qui

est plus long et plus épais, par ses feuilles plus courtes, d'un vert très-différent, plus foncé et parfois subglaucescent, par sa tige plus basse, à rameaux bien plus étalés et plus nombreux.

Elle diffère de l'*I. polita* surtout par son port plus trapu, ses silicules et ses graines de moitié plus grosses, sa floraison plus précoce de six semaines dans un même lieu.

Iberis delphinensis Jord.

I. racemis fructiferis modice elongatis ; sepalis subrotundo-ovatis, exterioribus duobus dorso convexo subcarinatis ; petalis parvis, obovatis, purpureo-lilacinis ; siliculis subæqualiter ovatis, alis valvarum latitudinem apice saltem æquantibus sensim inferne attenuatis, emarginaturæ lobis lanceolatis acuminatis angulum apertum efficientibus stylo paulisper superatis ; foliis intense virentibus, crassiusculis, glabris, radicalibus caulinisque inferioribus lanceolato-oblongis breviter et parce dentatis, mediis superioribusque sublinearibus utroque apice acutatis subintegerrimis densis patulis deflexisve ; caule erecto, simplici vel a basi diviso, superne aperte ramoso ; radice bienni.

Hab. in sylvaticis et petrosis calcareis Delphinatus ; *Die (Drôme)*. — Flor. exeunte maio.

Il a beaucoup d'affinité avec les *I. collina* et *maialis ;* il se distingue de l'un et de l'autre par ses corymbes de fleurs bien plus petits, ses fleurs et ses fruits plus petits. Les pétales sont de forme plus élargie et plus courte que dans l'*I collina ;* les feuilles sont bien plus rapprochées sur la tige et plus étalées, d'un vert plus foncé ; les rameaux sont plus ouverts. L'aspect des fleurs et des feuilles l'éloigne davantage de l'*I. maialis.*

Iberis aurosica Chaix in Villars Hist. d. pl. du Dauph. 4 , p. 349.

I. racemis fructiferis brevibus subcontractis ; sepalis obovatis, exterioribus dorso carinatis ; petalis oblongis, obtusis, purpureo-lilacinis; siliculis ovato-ellipticis, alis valvarum latitudinem apice superantibus infra medium siliculæ subnullis, emarginaturæ lobis ovato-acuminatis apice divergentibus et angulum apertissimum efficientibus stylo valde superatis; foliis læte virentibus, parum crassis, planiusculis, glabris, radicalibus caulinisque inferioribus lanceolatis obtusis utrinque parce et subargute dentatis, mediis superioribusque oblongo-l incaribu s acutis subintegerrimis; caule erecto simplici vel a basi div iso sup erne aperte ramoso, ramis plerisque bifidis patulis sæpe intertextis; radice bienni.

Hab. in petrosis calcareis Delphinatus; *Mont-Aurouse* prope *Gap* (*Hautes-Alpes*). — Flor. maio-junio (in horto).

Les petits individus de cette espèce sont quelquefois à tiges naines et simples, comm e dans l'*I. Candolleana* Jord. , tandis que les grands sont ramifiés comme dans l'*I. maialis.* La forme écourtée des grappes fructifères l'éloigne de cette dernière espèce avec laquelle elle offre a ssez d'affinité sous d'autres rapports.

Species sequentes ex *I. amaræ* L. grege. Plantæ annuæ, rarius biennes, floribus albidis, racemis fructiferis elongatis.

Iberis Forestieri Jord. Adnotat. in Catal. de Graines du jard. de Grenoble, 1849, p. 24.

I. racemis fructiferis elongatis; sepalis ovatis, basi cuneata haud æqualibus; petalis oblongis, obtusis; siliculis late ovato-orbicularibus, apice subæqualibus, alis valvarum latitudinem apice superantibus siliculam totam margine latiusculo cingentibus, emarginaturæ lobis ovatis acuminatis angul um acutum efficientibus basi in stylum non coeuntibus eo que longioribus; foliis viridibus, tenuibus, planis, spa rsim ciliato-puberulis, inferioribus imis ovato-oblongis obtusiusculis in petiolum inferne attenuatis, cæteris oblongis ac utis basi angustatis breviter et acute dentatis erecto-patulis ; caule erecto, striato, puberulo, sæpe basi simplici, superne ramis brevibus modice patulis aucto; radice annua.

Hab. in arvis Pyrenæorum; *Eaux-Bonnes* (*Basses-Pyrénées*), etc. (de Forestier). — Flor maio (in horto).

Cette espèce qui est très-voisine de l'*I. amara* en diffère par ses fleurs plus petites, par ses silicules orbiculaires plus largement ailées, à échancrure plus ouverte, dont les lobes dépassent un peu le style, lequel est au contraire saillant dans l'*amara*, par ses feuilles plus minces à dents plus courtes et plus aiguës, par son port plus grêle et sa floraison constamment plus précoce de près d'un mois, dans un même lieu.

Iberis arvatica Jord.

I. amara auct. ex parte.

I. racemis fructiferis elongatis; sepalis ovatis, sæpe violaceis; petalis obverse oblongatis, sæpius albidis; siliculis suborbicularibus, superne angustatis, alis valvarum latitudinem apice subæquantibus, siliculam totam margine latiusculo cingentibus, emarginaturæ lobis brevibus ovatis acutis angulum acutum efficientibus stylo valde superatis; foliis viridibus, planis, sparsim ciliatis, erecto-patulis, inferioribus imis ovatis vel oblongo-ovatis obtusis, cæteris oblongis breviter crenato-dentatis; caule erecto, puberulo, basi simplici, vel diviso, sæpe ramosissimo, ramis successivis patentibus flexuosis apice corymbosis; radice annua.

Hab. in arvis Galliæ præsertim boreali-orientalis; *Pont-à-Mousson* (*Meurthe*), etc. —Flor. junio - julio.

Cette plante me paraît distincte de la forme généralement connue et cultivée sous le nom d'*I. amara*. Elle se reconnaît à ses fleurs plus petites, dont les sépales sont souvent violacés, à ses silicules plus petites, toujours un peu rétrécies au sommet et non exactement orbiculaires, à style plus saillant. Ses feuilles sont moins grandes à dents plus nombreuses; son port est bien plus grêle et les ramifications de la tige sont plus étalées et plus flexueuses.

Iberis decipiens Jord.

I. racemis fructiferis modice elongatis; sepalis ovatis, sæpe violaceis; petalis oblongo-obovatis, albidis; siliculis suborbiculatis. superne vix angustioribus, alis valvarum latitudinem apice saltem æquantibus siliculam totam margine latiusculo cingentibus, emarginaturæ
lobis ovatis subacutis angulum acutum efficientibus stylo que superatis; foliis viridibus, concaviusculis, ciliato-hispidis, patentibus,
inferioribus imis ovato-oblongis in petiolum angustatis, cæteris
omnibus oblongo-lanceolatis obtusis basi attenuatis eximie crenato-
dentatis, dentibus utrinque 3-4 ovatis oblongisve obtusis porrectis;
caulibus uni-pluribus, stricte erectis, apice ramosis, ramis simplicibus erectis corymboso-fastigiatis; radice bienni.

Hab. in collibus apricis et arvis incultis Beugesi; Nantua (Ain). —
Flor. junio (in horto).

Il se distingue des *I. arvatica* et *Forestieri* par sa racine
bisannuelle, son port rigide, ses fleurs plus petites, ses feuilles
moins planes et plus étroites, à crénelures plus nombreuses.

Il diffère complètement de l'*I. amara* par ses petites fleurs,
ses grappes fructifères assez courtes, ainsi que par ses feuilles
bien plus petites.

Iberis affinis Jord. Adnotat. in cat. de graines du jard. bot. de Dijon.
1848, p. 25.

I. racemis fructiferis modice elongatis; sepalis ovatis, sæpe violaceis; petalis obovato-oblongis, albidis; siliculis subrotundo-ovatis,
superne vix tantulum angustatis. alis valvarum latitudinem apice
æquantibus sensim ad latera angustatis usque ad basin siliculæ conspicuis, emarginaturæ lobis ovatis acutis angulum modice apertum
efficientibus stylum vix æquantibus: foliis intense virentibus, leviter
canaliculatis, sparsim breviter que ciliatis vel subglabris, inferioribus
imis oblongis obtusis, cæteris lineari-oblongis, omnibus in petiolum
basi sensim attenuatis lobato-pinnatifidis, lobis utrinque 2 rarius 3
subporrectis ovato-oblongis sublinearibus ve obtusiusculis; caulibus
uni-pluribus, ima basi subarcuatis statim erectis, strictis, apice ramosis,

ramis simplicibus erectis corymboso-fastigiatis; radice annua vel sub bienni.

Hab. in collibus apricis et in arvis incultis agri lugdunensis; *Caluire* (*Rhône*). — Flor. maio—junio.

Cette espèce paraît tenir le milieu entre l'*I. amara* et l'*I. pinnata*. Ses feuilles lobées et assez étroites lui donnent quelque ressemblance avec le *pinnata*; mais elle est en réalité plus éloignée de cette espèce, surtout à cause de ses grappes fructifères non contractées, de son port plus relevé, des lobes des feuilles qui sont bien moins fins et nullement atténués à la base.

Elle diffère de l'*I. decipiens*, dont elle est très-voisine et dont elle a le port, par ses fleurs plus grandes, ses silicules de forme plus ovale, ses feuilles à lobes moins nombreux et bien plus allongés.

L'*Iberis pinnata* des auteurs comprend aussi plusieurs espèces affines, qui devront être distinguées ultérieurement et dont quelques-unes paraissent marquer le passage de ce type à celui de l'*I. amara*. L'*I. ceratophylla* du Jura déjà signalé par M. Reuter est du nombre de ces dernières. Son port l'éloigne beaucoup de l'*I. affinis* et le rapproche davantage des autres formes de l'*I. pinnata*.

(Species sequens ex *I. pectinata* Boiss. typo.)

Iberis numidica Jord. — I. parviflora Munby ? Bull. de la soc. bot. de France , vol. 2, p. 282.

I. racemis fructiferis contractis, abbreviatis ; sepalis ovato-oblongis, sæpe violaceis, exterioribus duobus gibbo dorsali acuto appendiculatis ; petalis parvis, oblongo-obovatis, albidis ; siliculis subæqualiter ovato-orbiculatis, alis valvarum latitudinem apice superantibus, siliculam totam margine latiusculo cingentibus , emarginaturæ lobis ovatis breviter acuminatis angulum apertum efficientibus, basi intus cum stylo fere coalitis eoque valde longioribus ; seminibus ala brevi cinctis; foliis intense virentibus, planis, tenuibus, ciliato-hispidis, inferioribus mediisque lineari-oblongis, inferne valde attenuatis, superne lobato-dentatis, dentibus utrinque 2 porrectis lanceolatis acutiusculis, superioribus ramealibusque præsertim subintegris basi parum angustatis; caulibus uni-pluribus, erectis vel subpatulis, superne ramoso-corymbosis, ramis usque ad apicem foliosis, lateralibus centrali longioribus; radice annua.

Hab. in arvis incultis agri Algeriensis; *Guelmak*, *Batna*, etc. — Flor. maio (in horto).

Floris diam. vix 4 millim.; petalorum limbus 2—2 1/2 mill. long., 1 1/2 mill. latus, calicem subduplo superans; antheræ ovatæ, pulchre flavæ, vix tantulum exsertæ; stylus crassus, ovario subduplo brevior.

Il diffère complètement de l'*I. pectinata* Boiss., d'Espagne, que j'ai cultivé et observé en même temps, par ses fleurs trois fois plus petites, par ses silicules de forme moins évasée du haut et plus régulièrement arrondie, à échancrure moins ouverte, par ses feuilles d'un vert plus foncé bien plus courtes et moins étroites, à dents moins nombreuses, seulement deux et non de trois à cinq de chaque côté du limbe, porrigées et non étalées, enfin par ses rameaux florifères feuillés jusqu'au sommet et non dénudés à leur partie supérieure. Ce dernier caractère est tout-à-fait remarquable.

Je ne connais pas l'*I. parviflora* décrit par M. Munby et indiqué par lui à Oran. Il est probablement distinct de l'espèce que je viens de décrire; car il est indiqué comme étant à feuilles glabrescentes, fortement dentées et subpectinées. D'après M. Cosson, la plante de M. Munby n'est pas distincte de *I. pectinata* Boiss. et serait répandue dans toute l'Algérie. La plante que je viens de décrire appartiendrait donc, selon lui, à l'*I. pectinata*. Cette opinion, inadmissible selon moi, n'a pour appui qu'une certaine manière de considérer l'espèce, qui permet au botaniste descripteur d'englober à volonté dans un même type les choses les plus disparates, sans tenir nul compte de l'expérience.

(Species 18 sequentes ex *B. lævigatæ* L. grege. Plantæ perennes, petalis basi
supra unguem bi-auriculatis, siliculis margine angustissimo cinctis.)

a. Folia parce dentata vel subsinuata; caulis substrictus; panicula subcon-
ferta. Plantæ alpium vel montium inferiorum incolæ. — Stirps *B. lævigata
genuina* auctor.

Biscutella alpicola Jord.

B. floribus in anthesi breviter corymbosis sub confertis, corymbis
per maturationem parum elongatis; siliculæ valvis subæqualiter orbiculatis, glabris lævibusque, nervulis quasi reticulatis, superne a
stylo discretis et emarginaturam brevem modice apertam cum margine interiori recto utroque apice dente parvo insignito efficientibus; foliis virentibus, pilis brevibus dense obductis, radicalibus
cespitosis erectis, imis ovato-oblongis in petiolum attenuatis, cæteris
oblongis parum obtusis rarius integris plerumque breviter et remote
dentatis, caulinis paucis dissitis angustatis basi adpressa sessilibus,
summis linearibus integerrimis, caulibus uni-pluribus, erectis, inferne præsertim pilosis, apice ramoso-paniculatis, ramis brevibus
subfastigiatis densis; caudice breviter ramoso.

Hab. in pratis et apricis asperis alpium Delphinatus; *Col du Lautaret* (*Hautes Alpes*), etc. — Flor. exeunte aprili vel ineunte maio (in
horto).

Flores pallide flavi; sepala oblonga, 2 1/2 mill. longa; petala
elliptico-obovata, 6 mill. longa, 3 1/2 mill. lata; stylus 3 1/2—4 mill.
longus; silicula vix apice depressa, 10—11 mill. lata, 6 1/2 mill.
alta. Planta 2—3 decim. alta.

La plupart des auteurs, depuis Linné, ayant confondu sous
le nom de *B. lævigata* plusieurs plantes distinctes, il est assez
difficile d'indiquer avec précision quelle forme chaque auteur a eu en vue soit comme type, soit comme variété. On ne
peut arriver, à cet égard, qu'à une sorte d'approximation, en
se guidant surtout d'après les figures ou les localités citées.
La figure du *B. lævigata* donnée par Jacquin dans son Flora
austriaca vol. 4, t. 339, s'éloigne complètement de la plante

que je viens de décrire sous le nom de *B. alpicola*, tandisque celle de De Candolle, Icon. Gall. t. 38, ne la représente point mal.

Le *B. lœvigata*, de Reichenbach, Ic. pl. rar. 7, t. 616, nº **837** correspond à une plante assez semblable à celle qu'a figurée Jacquin et que l'on peut nommer *B. austriaca*. Le *B. obcordata* Rchb. du même ouvrage, cent. 7, t. 615, nº 836, qui habite les Alpes, se rapproche du *B. alpicola* par ses fleurs disposées en corymbe écourté et assez dense ; mais il en diffère certainement par ses feuilles plus courtes et plus larges, ainsi que par la forme de la silicule qui est bien plus déprimée au sommet et dont l'échancrure est presque nulle.

Le *B. lœvigata* Schrank, Flor. monac, 1 t. 94, me paraît voisin des *B. lœvigata* et *obcordata*, mais différent. Le *B. alpestris* Waldst. et Kit. Pl. rar. hung. t. 228 est aussi autre chose.

Je n'ai pas l'intention de décrire ici toutes les formes douteuses de ce genre si embrouillé dans les livres et dans les herbiers, je veux seulement appeler l'attention sur les espèces que j'ai observées dans leur lieu natal ou dans mes cultures, et sur quelques autres qui me paraissent remarquables.

J'ai recueilli, sur le Lautaret, dans les Alpes du Dauphiné, une forme à silicules bien plus grosses que celles du *B. alpicola*, à échancrure encore plus étroite et à feuilles fortement sinuées-lobées, qui en est probablement distincte.

J'ai reçu du Col de Tende un B. *lœvigata* également à silicules très-grosses, mais de forme différente, étant plus hautes et moins élargies transversalement que dans la plante du Lautaret ; son style est plus allongé ; ses feuilles sont presque entières.

Le *B. megacarpa* Boiss. et Reut., de Gibraltar, est au contraire à silicules élargies et à style court ; ses feuilles sont fort larges, toutes dentées, à dents nombreuses et assez courtes.

Biscutella orcites Jord.

B. floribus in anthesi laxe corymbosis, corymbis per maturationem elongatis ; siliculæ valvis altioribus quam latis , ad paginam utramque punctato-muricatis, superne a stylo vix discretis, cum margine interiori utroque apice anguloso emarginaturam brevem et angustissimam efficientibus ; foliis læte et flavescenti-virentibus etiam nitidulis, pilis obductis, radicalibus ovatis vel oblongo-ovatis parum obtusis basi attenuatis plerumque grosse dentatis , caulinis paucissimis sessilibus , summis valde abbreviatis; caulibus uni-pluribus , erectis vel ascendentibus, inferne hispidulis, superne laxe ramosis ; caudice breviter ramoso.

Hab. in asperis et apricis petrosis Alpium Delphinatus ; *Monétier-de-Briançon (Hautes Alpes)*. — Flor. maio (in horto).

Flores pallide flavi; sepala oblonga, petala elliptico-obovata, 6 mill. longa, 3 mill. lata ; antheræ ovatæ ; stylus 3 mill. longus, apice paulo incrassatus ; glandulæ tori circiter 6 , sublineares, lutescentes, patentissimæ ; silicula 12 mill. lata, 7 – 7 1/2 mill. alta. Planta 3 decim. alta.

Cette espèce est fort distincte du *B. alpicola* par sa panicule bien plus lâche, par ses silicules de forme plus haute à échancrure presque nulle , à disque ordinairement parsemé sur les deux faces de papilles blanchâtres subclaviformes, par ses feuilles radicales bien plus larges et plus dentées, par ses feuilles caulinaires plus rares et plus écourtées.

Le *B. saxatilis* Schleich. du Valais, qui est pareillement à silicules rudes, toutes couvertes d'aspérités claviformes, en diffère par l'échancrure de la silicule qui est très-nette et et assez ouverte, terminée de chaque côté par une dent assez pointue ; sa panicule est en corymbe assez dense ; les nervures de la silicule sont moins marquées et la marge blanchâtre du pourtour est moins étroite. Comme dans le *B. alpicola*, ses feuilles sont lancéolées-oblongues, bien plus étroites que celles du *B. orcites*.

Le *B. saxatilis* du Monte Spaccato, près Trieste, figuré par Reichenbach, dans ses Ic. pl. rar. 7, 619, est, selon moi, une plante différente de celle du Valais. Ses feuilles sont pareillement étroites et brièvement dentées ; mais sa panicule est plus lâche et à grappes fructifères plus allongées ; ses silicules sont plus veinées, à marge plus étroite, à échancrure du haut plus profonde et moins ouverte. J'en ai reçu des exemplaires de M. Tommasini et l'ai désigné sous le nom de *B. tergestina*.

Je possède, de diverses parties des Pyrénées, une forme à fruits scabres, voisine du *B. saxatilis* par son port, qui devra être l'objet d'une étude ultérieure. Une autre forme qui croît à Vénasque, dans les Pyrénées, souvent mêlée avec la précédente, est remarquable par ses silicules bien plus petites, à échancrure du sommet presque nulle. J'ai recueilli aussi à Luz, dans les Hautes-Pyrénées, une troisième forme d'un port plus effilé, dont les silicules offrent des papilles claviformes, du double plus allongées que dans les précédentes.

Le *B. Pyrenaica* HUET du PAVILL., de la vallée d'Eyne, dans les Pyrénées-Orientales, est une plante naine, à tiges filiformes, à silicules rudes, profondément échancrées au sommet.

Le *B. longifolia* VILL., Hist. d. pl. dauph. 3, p. 305, est généralement rapporté en synonyme au *B. saxatilis* SCHL.. Je crois que c'est à tort. La plante que Villars a voulu désigner est bien une sorte de *lævigata* à fleurs en ombelle écourtée, dont les fruits sont rudes ; mais il dit les feuilles radicales très-entières ; ce qui ne peut s'appliquer au *B. saxatilis*. Elle sera donc à rechercher dans les localités qu'il indique.

On a prétendu que le caractère tiré de la présence des aspérités papilleuses sur le fruit des *Biscutella* était un caractère variable et tout-à-fait sans importance : cette opinion est à mes yeux une erreur. Il y a sans doute certaines formes chez lesquelles ce caractère peut varier ; ce que déjà j'ai pu constater ; mais chez d'autres il est très-constant. Gaudin avait déjà remarqué, dans son Flora helvetica, que le *Biscutella saxatilis* Schl., étant soumis à la culture, conservait toujours ses fruits scabres. J'ai semé et resemé pendant un grand nombre d'années des espèces à fruits lisses et d'autres à fruits rudes, qui ont conservé ce caractère sans aucune modification, aussi bien que leurs autres différences.

M. R. Caspary a publié dans le Flora od. bot. zeit. quelques observations sur les espèces de *Biscutella* du groupe *lyrata* L. et sur celles de la section *Jondraba*. D'après lui il ne faudrait tenir aucun compte de ce caractère ni de celui de la grandeur des silicules. Ayant fait semer en 1854, au jardin botanique de Berlin, plusieurs formes de ces deux groupes, il aurait obtenu, dans chaque semis séparé, des individus à fruits glabres ou hispides, ou ciliés, à fruits gros ou petits, et il conclut de ce résultat qu'il convient de rapporter aux types Linnéens des *B. auriculata*, *lyrata* et *apula* la plupart des espèces établies par De Candolle et par d'autres, qui s'en rapprochent.

Dans une observation de ce genre, pour avoir soi-même une conviction bien solide et surtout pour la faire partager aux autres, il ne faut pas se contenter d'un premier résultat, il faut renouveller l'expérience, multiplier les semis, en prenant chaque fois toutes les précautions nécessaires pour éviter toute chance d'erreurs. La nature n'a pas de caprices ; elle est constante et invariable dans ses lois. Ce qui a été observé sur un point pourra l'être sur un autre, dans les mêmes conditions. S'il suffit de semer des graines du *B. auriculata* à fruits scabres pour avoir des individus à fruits lisses et réciproquement, il est clair qu'on peut observer cela partout, aussi bien à Lyon qu'à Berlin, et qu'on doit le constater encore mieux dans le lieu natal de l'espèce. Or j'ai cultivé, et beaucoup d'autres ont cultivé comme moi le *B. auriculata* d'Espagne à fruit lisse et ne l'ont jamais vu à fruit scabre, comme est celui d'Afrique ou celui d'Italie. Quand un caractère se montre variable, ce qui peut toujours arriver, il faut voir si ceux qui l'accompagnent ont varié également ; car une forme ne doit être jugée que d'après l'ensemble de ses caractères. Hors le cas d'une simple variation, d'un *lusus* accidentel qui ne peut être un objet de litige, un caractère n'est jamais isolé et en suppose d'autres. Lorsqu'on dit d'une espèce qu'elle n'est pas bonne, parce que son caractère le plus saillant n'est pas constant, on raisonne mal ou l'on montre peu d'habitude d'observer les plantes. En général, ce ne sont pas des caractères tranchés qui distinguent les vraies espèces, mais tout un ensemble de légères différences. Quand un caractère est très-tranché, il doit plutôt être regardé comme suspect. En effet, ou c'est un caractère de groupe et alors il n'est pas spécifique, ou ce n'est qu'un accident et, dans ce cas, il a moins de valeur réelle que la plus légère différence constante.

L'observation de M. Caspary, on le voit, a été faite trop légèrement et il ne paraît pas opportun d'en tenir compte. D'abord, comme fait matériel elle est insuffisante pour servir de base à une conviction raisonnée, chez l'expérimentateur lui-même ; ensuite, les conséquences tirées du fait signalé, en supposant qu'il soit certain, sont exagérées ou fausses.

Biscutella minor Jord.

B. floribus in anthesi dense corymbosis, corymbis per maturationem parum elongatis ; siliculæ valvis subæqualiter-orbiculatis, glabris lævibusque, tenuiter nervoso-reticulatis, margine interiori vix apice anguloso a stylo tantulum sejuncto emarginaturam brevissimam efficientibus ; foliis parvis, virentibus, pilis dense obductis, radicalibus cespitosis, imis obovatis in petiolum attenuatis, cæteris oblongatis parum obtusis plerumque breviter et remote dentatis, caulinis paucissimis angustatis sessilibus, summis linearibus integerrimis; caulibus uni-pluribus, tenuibus, erectis, inferne præsertim pilosis, a medio circiter paniculato-ramosis, ramis erecto-patulis subfastigiatis ; caudice breviter subramoso.

Hab. in apricis alpium Sabaudiæ. — Flor. aprili (in horto).

Sepala rariter pilosa, flavescentia; petala obverse-oblonga, 6—7 mill. longa, 2 1/2 mill. lata; stylus in anthesi antheras superans, 3 1/2 mill. longus; antheræ luteæ, ovato-oblongæ, basi profunde cordato-auriculatæ; silicula 10 mill. lata, 6 mill. alta; caulis sæpe fuscorubens. Planta 6 —12 cent. alta.

Cette espèce que j'ai cultivée de graines reçues du jardin botanique de Genève est beaucoup plus petite et plus grêle que le *B. alpicola*. Sa floraison est plus précoce d'environ quinze jours, dans un même lieu. L'échancrure de la silicule est bien plus courte, souvent peu visible.

J'ai récolté à la Grande-Chartreuse (Isère), une forme voisine du *B. minor*, mais très-probablement distincte. Ses feuilles sont bien plus fortement dentées; les rameaux supérieurs de la panicule sont plus étalés; les silicules offrent au sommet une dépression plus marquée; leur marge interne est arrondie près du style et non anguleuse.

Je possède de diverses localités des Alpes du Dauphiné des exemplaires incomplets, qui se rapprochent plus ou moins du *B. minor* et qui devront être l'objet d'un examen ultérieur.

Biscutella arvernensis Jord.

B. lævigata var. *b. montana* Lecoq et Lamotte, Cat. plat. cent. p. 71.

B. floribus in anthesi dense corymbosis, corymbis per maturationem parum elongatis; siliculæ valvis rotundatis, paulo altioribus quam latis, glabris lævibusque, tenuiter nervosis, margine interiori apice subanguloso a stylo sejuncto emarginaturam brevem fundo rotundatam efficientibus; foliis sat breviter molliter que pilosis, radicalibus obovatis oblongisve obtusis in petiolum angustatis aperte inciso-dentatis sublobatisve, caulinis angustioribus basi sessilibus dentatis, summis sublinearibus integris; caulibus uni-pluribus, erectis, inferne pilosis, a medio vel superne ramoso-paniculatis, ramis erecto-patulis superioribus abbreviatis corymbosis; caudice breviter subramoso.

Hab. in saxosis et apricis montium Arverniæ; *Pic de Sancy*, etc. — Flor. julio (in loco natali).

Petala obovata, 5—6 mill. longa, 3 miil. lata; stylus 3 mill. longus; silicula 9 mill. lata, 5 mill. alta. Planta 2 decim. alta.

Cette espèce est facile à reconnaître à ses feuilles plus obtuses que dans les précédentes, couvertes d'une pubescence assez courte, un peu molle; les caulinaires sont plus nombreuses et moins étroites. Le sinus de l'échancrure est court, mais assez élargi dans le fond et peu évasé au sommet.

Biscutella collina JORD.

B. corymbulis terminalibus remotis, sub densis, fructiferis etiam abbreviatis; siliculæ valvis subrectis, subovato-rotundis, glabris lævibusque, nervulis quasi reticulatis, margine interiori fere rotundato a stylo sejuncto emarginaturam profundam et modice apertam efficientibus; foliis virentibus, pube brevi obductis, radicalibus lanceolato-oblongis subacutis in petiolum attenuatis-dentatis, dentibus mediocribus utrinque 3-4, caulinis lanceolato-linearibus linearibus ve subintegris basi arcte adpressa vix cordata sessilibus, caulibus uni-pluribus, erectis, substrictis, inferne breviter pubescentibus, a medio circiter ramosis, ramis successivis erecto-patulis apice corymbulosis paniculam ampliatam efficientibus; caudice breviter subramoso.

Hab. in saxosis apricis calcareis collium Delphinatus borealis; *Crémieu* (*Isère*). — Flor. maio (in horto).

Sepala oblonga, 2 1/2 mill. longa; petala oblongo-obovata, 4—5 mill. longa, 2 mill. lata; stylus 4 mill. longus; silicula 11—12 mill. lata, 7 mill. alta. Planta 3—4 decim. alta.

Il diffère du *B. alpicola* par sa panicule bien plus ample

et plus lâche, formée de branches nombreuses plus allongées
et plus écartées, qui se terminent par de petits corymbes assez
écourtés. Ses silicules offrent au sommet une échancrure plus
profonde, dont les bords sont presque arrondis et sans angle.
Ses feuilles radicales sont à dents plus nombreuses, ordinaire_
ment assez courtes.

Le *B. lævigata* de Strasbourg, qui a été publié au n° 510
du Flor. Gall. et Germ. exsicc. de M. Billot, se rapproche
du *B. collina* par sa pubescence courte et fine ; mais je le
crois distinct par les branches de la panicule plus rapprochées, par ses grappes fructifères bien plus allongées, par ses
silicules à échancrure moins profonde et plus ouverte, dont
les bords sont un peu anguleux. Les dents des feuilles sont
plus grosses. Je le désigne sous le nom de *B. alsatica.*

M. Schultz a publié, au n° 17 de son Flor. Gall. et Germ.
exsicc., une sorte de *B. lævigata* à fruits rudes, provenant
également de Strasbourg, qui me paraît différer très-peu de
celle des centuries de M. Billot. La forme de la panicule est
assez semblable ; les feuilles sont seulement moins dentées et
leur aspect est différent ; les silicules offrent une échancrure
un peu plus profonde.

Biscutella flexuosa Jord.

B. corymbis floriferis parvis, per maturationem in racemum brevem mutatis, siliculæ valvis subrectis, subovato-rotundis, glabris
lævibus que, quasi reticulato-nervosis, margine interiori a stylo vix
sejuncto recto et apice anguloso emarginaturam profundam et
angustissimam efficientibus ; foliis virentibus, pilosis, grosse et inæqualiter dentatis, radicalibus oblongo-obovatis in petiolum attenuatis,
caulinis pluribus oblongis basi cordata sessilibus, summis lanceolatis
brevibus ; caulibus uni-pluribus, hispidis, erectis, valde flexuosis,
superne ramosis, ramis brevibus erecto-patulis corymbum laxum
efficientibus ; caudice breviter ramoso.

Hab. in siccis et apricis calcareis Pyrenæorum ; *Bagnères-de-Bigorre* (*Hautes-Pyrénées*).

Sepala ovata ; petala oblongo-obovata, 5—6 mill. longa ; stylus 2 1/2—3 mill. longus ; silicula 11—12 mill. lata, 6—7 mill. alta.

Cette espèce se reconnaît à ses feuilles larges et assez dentées, et à sa tige flexueuse et feuillée. Les silicules, assez grandes, offrent une échancrure très-étroite au sommet et cependant très-profonde ; le style est court.

Le *B. lævigata* Lecoq et Lamotte, Cat. des pl. du plat. centr. p. 74, des rochers d'Enval, près Riom (Puy-de-Dôme), que j'ai reçu de M. Lamotte, me paraît voisin de cette espèce par son port ; mais il en diffère par ses feuilles sinuées subpinnatifides, par sa tige pubescente presque jusqu'au sommet, peu ou point rude. Ses silicules sont scabres et non lisses, à échancrure courte ; le style est plus long et atteint 4 mill. Je le désigne sous le nom de *B. sinuata*.

Le *B. controversa* Boreau, des environs de Chinon (Indre-et-Loire), que j'ai reçu de son auteur, est à feuilles radicales sinuées-dentées ou subpinnatifides, comme la plante d'Enval ; mais elles sont plus fortement hispides et atténuées à la base en pétiole bien plus fin ; la tige est plus effilée, scabre et hispide vers la base, lisse et glabre dans le reste de sa longueur, ramifiée vers le haut et à branches courtes peu étalées, formant un corymbe moins ouvert ; ses silicules sont lisses, à lobes un peu divergents, à échancrure fort courte et assez ouverte, larges de 10 mill. sur 5 1/2 mill. de hauteur.

J'ai, de Luz (Hautes-Pyrénées), une forme à feuilles lancéolées, dentées ou sinuées, à dents aiguës, dont le port est effilé comme dans le *B. controversa* Bor., mais qui en diffère par ses silicules scabres, à valves non divergentes. Je crois que la plante de Mont-Lucon (Allier), que M. Boreau, dans sa Flore du centre, a rapportée à son *B. mollis*, et dont je n'ai vu que des exemplaires imparfaits, n'est pas différente de celle de Luz, et pourra être établie comme espèce.

J'ai reçu, de M. Guillon, une forme remarquable, récoltée à Paizay (Deux-Sèvres), que je désigne sous le nom de *B. Guilloni*. La tige est plus élancée que dans la plante d'Enval, bien moins pubescente et à branches plus étalées ; les feuilles sont dentées ou sinuées, mais plus petites et fort courtes. Les silicules sont lisses, à échancrure courte et assez ouverte ; le style ne dépasse pas 3 millimètres.

Biscutella Lamottii Jord.

B. coronopifolia Lecoq et Lamotte, Cat. des plant. vasc. du plat. centr. p. 74.

B. corymbis floriferis parvis, per maturationem parum elongatis ; siliculæ valvis subrectis, subobovato-rotundis, papillis minutis disco obsitis vel glabris, margine interiori a stylo vix sejuncto emarginaturam parvulam et perangustam efficientibus ; foliis parvis, virentibus, hispidis, radicalibus oblongis vel lineari-oblongis inferne attenuatis utrinque 3-4 dentatis, caulinis paucis sublinearibus dentatis, inferne attenuatis basi autem subdilatata cordata sessilibus ; caulibus tenuibus brevibusque, inferne hispidis, erectis, superne ramosis, ramis paucis erecto-patulis subcorymbosis, caudice abbreviato, subramoso.

Hab. in arenosis volcanicis Arverniæ ; *Randanne (Puy-de-Dôme)*, ex. cl. Lamotte.

Petala 4 mill. longa ; stylus 2 1/2—3 mill. longus ; silicula 6—7 mill. lata, 4 mill. alta. Planta 10—12 centim. alta.

Cette espèce, que j'ai reçue de M. Lamotte, est fort grêle et très-distincte de celles qui précèdent ; mais je crois cependant qu'elle en est plus voisine, d'après son port et l'aspect de sa panicule, que de celles du groupe suivant.

δ. folia grosse dentata vel pinnati-lobata; caules flexuosi sæpe humiles, ascendentes; panicula laxata. Plantæ alpium vel montium inferiorum incolæ. — Stirps *B. coronopifoliæ* L.

Biscutella brevicaulis Jord.

B. floribus initio laxe corymbosis, mox racemum longiusculum efficientibus; siliculæ valvis obliquis, ovato-rotundatis, glabris, lævibus vel rarius scabridis, subreticulato-nervosis, margine interiori vix apice anguloso a stylo superne paulo sejuncto emarginaturam apertam brevissimam efficientibus; foliis brevibus, virentibus, pilosis, radicalibus oblongis basi attenuatis subpinnati-lobatis, lobis ovatis patulis utrinque 2-3, caulinis paucis lanceolatis basi cordata ampliata sessilibus subintegris, summis abbreviatis; caulibus pluribus, brevibus, inferne pilosis, erectis vel ascendentibus, a medio circiter plerumque bifidis, ramis erecto-patulis indivisis; caudice breviter ramoso.

Hab. in petrosis apicis montium calcareorum Galloprovinciæ superioris; *Mont-de-Lure (Basses-Alpes)*. — Flor. aprili exeunte (in horto).

Sepala oblonga; petala pallide flava, 5 1/2 mill. longa, 2 1/2 mill. lata; antheræ ovato-oblongæ, basi profunde auriculatæ; stylus 3 1/2 mill. longus, subanthesi antheras haud æquans; silicula 9—10 mill. lata, 5—6 mill. alta. Planta florifera 10—12 cent. alta.

Cette espèce est surtout remarquable par son port. Ses tiges sont nombreuses et ascendantes, divisées en deux ou trois branches simples, terminées par une grappe assez allongée. Sa taille est constamment naine; mais elle m'a paru varier à fruits légèrement scabres. Je l'ai apportée vivante de son lieu natal dans mes cultures et j'en ai fait de nombreux semis.

J'ai recueilli sur le Mont-Ventoux une forme pareillement naine, dont le fruit est scabre, qui est peut-être distincte du *B. brevicaulis*. Ses fleurs sont plus grandes et disposées en corymbes pauciflores, qui restent assez écourtés à la maturité.

Une autre forme du Mont-Ventoux est remarquable par ses silicules lisses, à valves moins obliques que dans le *brevicaulis* et à échancrure du sommet tout-à-fait nulle, le bord interne de la valve étant soudé au style jusqu'au sommet.

J'ai récolté à Cervières, près de Briançon, dans les Hautes-Alpes, une troisième forme, très-probablement distincte aussi du *B. brevicaulis*, dont les feuilles sont pinnatifides et les tiges également courtes, mais bien plus fines, à branches plus étalées et pauciflores ; ses silicules sont lisses, plus petites, à échancrure bien plus profonde et plus étroite, surmontées d'un style plus court, long à peine de 2 mill.

Biscutella glareosa Jonn.

B. corymbis per maturationem paulisper elongatis ; siliculæ valvis obliquis, rotundato-ovatis, glabris lævibusque vel rarissime scabridis, obscure nervosis, margine interiori vix apice anguloso à stylo sejuncto emarginaturam apertam efficientibus ; foliis elongatis, virentibus, pilosis, radicalibus lineari-lanceolatis longe inferne attenuatis profunde et remote pinnati-lobatis, lobis utrinque 3-4 lanceolatis acutis patentibus, caulinis paucis angustis dentatis basi subcordata sessilibus, summis tenuibus abbreviatis ; caulibus sat tenuibus, numerosis, sæpe densis. ascendentibus, flexuosis valde ramosis, ramis patulis sæpe divisis ; caudice denso, e radice sub fusiformi longissima prodeunte.

Hab. in glareosis apricis montium calcareorum Galloprovinciæ superioris ; *Méronne*, etc. (*Basses-Alpes*). — Flor. aprili (in horto).

Sepala oblonga, flavo-viridia ; petala oblongo-obovata, 5 mill. longa, 5 mill. lata ; stamina petalis stylo que subæqualia, antheris oblongis ; stylus 3 1/2 mill. longus ; silicula 10—11 mill. lata, 6—7 mill. alta, valvis latioribus quam altis. Planta 2—3 decim. alta.

Cette espèce a beaucoup d'analogie avec le *B. brevicaulis* ; mais ses tiges sont bien plus allongées et plus rameuses ; ses feuilles sont plus longues, à lobes plus fins et plus aigus ; ses fleurs sont bien moins lâches et forment de petits corymbes qui ne s'allongent pas autant; l'échancrure de la silicule est plus profonde et plus ouverte.

J'ai longtemps pris cette espèce pour le *B. coronopifolia* des auteurs. Elle correspond en effet à l'idée qu'on peut s'en faire, par la forme de ses feuilles et par son port qui est totalement différent de celui des espèces du groupe précédent. Mais je crois qu'il n'est pas à propos de conserver le nom de *coronopifolia*, pour en faire arbitrairement l'application à l'une des nombreuses formes auxquelles il peut également convenir. Linné indique sa plante en Espagne et en Italie, où il y a d'autres espèces analogues, qui ont été confondues comme appartenant au type linnéen. Allioni, dans le Flora pedemontana, ne dit presque rien de son *B. coronopifolia*, si ce n'est qu'il le croit une simple variété due à l'aridité du sol, du *B. didyma* (*lævigata* L.)

Le *B. coronopifolia* figuré par De Candolle, dans les Annales du Muséum, vol. 18, t. 14, est à feuilles assez courtes, munies de chaque côté de deux dents porrigées. Les valves des silicules sont lisses et point divergentes. J'ai reçu du Mont-Ventoux une forme qui me paraît se rapporter à la figure de De Candolle. Celle qui croît à la Moucherolle (Isère), me paraît appartenir à cette même espèce, qui devra être l'objet d'une étude ultérieure.

Biscutella divionensis JORD.

B. ambigua LOREY et DURET, Flore de la Côte-d'Or, p. 72. — *B. coronopifolia* BOREAU, Flore du centre, éd. 3, p. 57.

B. floribus initio corymbosis, laxiusculis; racemis fructiferis flexuosis, parum elongatis; siliculæ valvis subrectis, subovato-rotundatis, glabris lævibusque, tenuiter nervosis, margine interiori a stylo sejuncto et apice subanguloso emarginaturam modice apertam fundo subacutam efficientibus; foliis virentibus, breviter pilosis, radicalibus obverse lanceolatis basi attenuatis grosse dentatis vel subpinnati-lobatis, dentibus utrinque 2-3 ovatis lanceolatisve apertis, caulinis paucis oblongis basi subcordata adpressa sessilibus pariter dentatis, summis linearibus subintegris; caulibus uni-pluribus, inferne breviter hisutis, erectis vel ascendentibus, flexuosis, a medio vel superne ramosis, ramis modice apertis valde flexuosis apice subcorymbosis paniculam sub confertam efficientibus; caudice subramoso.

Hab. in saxosis et apricis collium calcareorum agri divionensis; *Gevrey* (*Côte-d'Or*). — Flor. aprili (in horto).

Flores pallide flavi; petala obovata, 6—7,mill. longa, 3—4 mill. lata; stylus 3—4 mill. longus; silicula 10—11 mill. lata, 7 mill. alta; Planta 2—3 decim. alta.

Cette espèce est remarquable par ses feuilles presque toutes radicales, subpinnatifides, à lobes écartés, très-peu nombreux, ordinairement deux de chaque côté. Ses rameaux sont redressés et très-flexueux; ses silicules sont assez grandes. Elle se rapproche des deux qui précèdent par ses feuilles et de celles du premier groupe par l'aspect de la panicule.

Le *B. varia* Dumort., Flor. belg., p. 118, qui croît dans les Ardennes, me paraît différer du *B. divionensis* par ses feuilles à dents moins profondes et par ses silicules à valves divergentes.

Biscutella petræa Jord.

B. corymbis laxis, fructiferis paulisper elongatis; siliculæ valvis parum obliquis, subæqualiter rotundatis, papillis obovatis sparsis et etiam sublente pube perminuta obductis, obscurrissime nervosis, margine interiori fere rotundato a stylo sejuncto emarginaturam profundam et angustam efficientibus; foliis virentibus, pilosis, radicalibus lanceolato-oblongis inferne attenuatis pinnati-lobatis, lobis utrinque 3-7 valde inæqualibus lanceolatis parum acutis patulis, caulinis sub conformibus basi subcordata fere æquali sessilibus, summis abbreviatis vix integris; caulibus inferne hirsutis, numerosis.

densis, erectis, valde ramosis, ramis erecto-patulis successivis plerumque simplicibus ; caudice breviter ramoso, denso.

Hab. in saxosis apricis calcareis Galloprovinciæ superioris ; *Digne,* etc. (*Basses-Alpes*). — Flor. aprili (in horto).

Sepala ovato-oblonga, 2 1/2 mill. longa ; petala pallide flava, anguste oblongo-obovata, 5—6 mill. longa, 2 mill. lata ; antheræ ovatæ; stylus 3 1/2 mill. longus, antheras sub anthesi haud penitus æquans; siliculæ 10 mill. lata, 5 1/2 mill. alta. Planta 2—3 dec. alta.

Il s'éloigne des *B. brevicaulis* et *glareosa* par son port plus dressé, par ses tiges plus nombreuses et ordinairement plus feuillées, à rameaux moins étalés, par la forme de ses silicules dont les valves sont moins obliques et offrent au sommet une échancrure plus étroite et plus profonde.

J'ai apporté dans mes cultures des pieds spontanés de ces trois espèces que j'ai ensuite multipliées de graines. Elles sont faciles à distinguer , au premier aspect.

Biscutella apricorum Jonp.

B. corymbis floriferis sat densis, per maturationem modice elongatis ; siliculæ valvis obliquis, ovato-rotundis, disco papillis sparsis obovatis et etiam (sub lente) pube perminuta obductis, papilloso-scabridis, obscurissime nervosis, margine interiori vix apice anguloso a stylo sejuncto emarginaturam apertam fundo acutam efficientibus ; foliis læte virentibus etiam nitidulis , laxe hispidis, radicalibus oblongis paulisper inferne attenuatis pinnati-lobatis, lobis utrinque 3-5 lanceolatis acutis patulis, caulinis paucis subconformibus basi vix cordata sessilibus, summis linearibus subintegris ; caulibus unipluribus, inferne scabro-hispidis, erectis, substrictis, fere a basi ramosis, ramis successivis erecto-patulis apice aperte corymbulosis ; caudice valde ramoso, cespitem denique amplissimum efficiente.

Hab. in apricis graniticis et arenosis Galloprovinciæ australis ; *Collobrières* (*Var*). — Flor. aprili (in horto).

Sepala oblonga, 2 1/2 mill. longa ; petala læte flava, oblongo-obovata, 6 mill. longa, 3 mill. lata; antheræ oblongæ; stylus 3 mill. longus, antheras subanthesi haud æquans; siliculæ 8—9 mill lata, 5 mill. alta. Planta 2—3 decim. alta.

Il s'éloigne des trois qui précèdent par ses fleurs d'un jaune moins pâle, en corymbes plus fournis, et par ses pédoncules fructifères plus étalés, souvent un peu déjetés. Ses tiges sont dressées comme dans le *B. petræa*, mais moins nombreuses et bien plus rudes, à branches plus étalées. Ses feuilles sont un peu luisantes et d'un aspect bien différent. Sa souche est moins compacte ; elle forme en s'élargissant des touffes très-grosses, mais bien moins denses. Ses silicules sont plus petites, à valves plus obliques ; elles offrent de même, indépendamment des papilles principales, qui sont éparses et subarrondies, d'autres poils ou papilles bien plus fines, qui sont plus denses et visibles seulement à une forte loupe.

Biscutella intricata Jord.

B. corymbis floriferis sat densis, per maturationem modice elongatis; siliculæ valvis subrectis, papillis subclavatis obsitis, obscurrissime nervosis, margine interiori apice subanguloso superne a stylo sejuncto emarginaturam modice apertam breviusculam efficientibus; foliis virentibus, pilosis, radicalibus oblongis inferne attenuatis pinnati-lobatis, lobis utrinque 3-5 ovatis parum acutis, caulinis paucis dentatis lobatisve basi cordata paulisper ampliata sessilibus, summis linearibus abbreviatis; caulibus uni-pluribus, inferne hirsutis, fere a basi ramosis, ramis successivis patulis superioribus aperte corymbosis sæpe intricatis; caudice ramoso.

Hab. in saxosis apricis agri Vivariensis; *Tournon* (*Ardèche*). — Flor. aprili.

Sepala ovato-oblonga ; petala oblongo obovata, 4 1/2 mill. longa, 2 mill. lata ; stylus 3 mill. longus ; silicula 9 mill. lata, 5 mill. alta. Planta 2—3 decim. alta.

Cette espèce a été semée, il y a quelques années, par un botaniste lyonnais, à Villeurbanne près de Lyon, dans une localité où elle s'est ensuite propagée d'elle-même en grande quantité et s'est complètement naturalisée. Elle se distingue du *B. apricorum* par ses fleurs plus petites et par la forme de ses silicules dont les valves sont dressées et non obliques, à échancrure plus courte et moins ouverte. Ses pédoncules fructifères sont de même très-étalés; mais ils sont visiblement plus courts et les grappes fructifères sont plus denses.

Le *B. lima* Rchb. Flor. germ. exc. p. 661 — *coronopifolia* Rchb. Ic. pl. rar. t. 617, n° 838, qui a été établi par l'auteur sur une plante trouvée à Loriol (Drôme) par M. de Charpentier, se rapproche du *B. intricata* par la forme des silicules dont les valves sont pareillement scabres; mais ses feuilles sont plus longues, plus étroites, plus pointues et à lobes plus fins; il ne parait pas ramifié dès le bas des tiges qui sont plus feuillées; ses pédoncules fructifères sont dressés et non étalés presque à angle droit. Il appartient au groupe suivant.

Plusieurs plantes d'Espagne fort distinctes ont été rapportées, soit au *B. saxatilis*, soit au *B. coronopifolia* des auteurs. Parmi les plus remarquables, je signalerai ici une espèce de la *Sierra d'Alcaraz* qui m'a été envoyée par M. Funk sous le nom de *B. saxatilis* et que je nomme *B. virgata*. Elle est à feuilles toutes linéaires, très-hispides, paraissant très-entières; à tiges grèles effilées, très-nombreuses, toutes simples à partir de la souche, sans ramifications au sommet et terminées par des grappes fructifères assez courtes. Les silicules sont larges de 11 mill., hautes de 6 mill., à valves dressées, formant au sommet une échancrure assez courte, parsemées sur le disque de papilles peu nombreuses et

assez allongées. La plante est haute de trois à quatre décimètres.

Une autre plante provenant de *Sierra Elvira*, que j'ai reçue de M. J. Lange et que je désigne sous le nom de **B.** *te-
nuicaulis*, est à feuilles radicales très-petites, oblongues,
un peu obtuses, fortement sinuées-lobées ou pinnatifides.
Ses tiges sont nombreuses, très-fines et flexueuses, munies
de petites feuilles éparses courtes et peu dentées, simples ou
un peu branchues au sommet; ses fleurs sont lâches peu
nombreuses; ses silicules sont assez petites, brièvement
échancrées au sommet, à valves papilleuses sur le disque. La
plante est haute de deux décimètres à peine.

Une troisième espèce, provenant de la *Sierra-Nevada*, distribuée par M. Bourgeau, dans ses *exsiccata* de plantes d'Espagne, au n° 1070, sous le nom de **B.** *saxatilis* SCHL. var. *glacialis*, et que je nomme **B.** *secunda*, est très-distincte des deux
dont je viens de parler ainsi que des autres espèces françaises.
Elle est surtout remarquable par ses silicules très-petites,
portées sur des pédoncules dirigés du même côté et formant
des grappes unilatérales assez denses; elles sont larges de
6 mill., hautes de 3 à 3 1/2 mill., à valves papilleuses sur le
disque, offrant au sommet une échancrure assez courte,
dont les bords sont arrondis. Ses feuilles radicales sont très-
petites, sinuées-lobées, un peu obtuses, couvertes de longs
poils assez denses. Ses tiges sont dressées, très-fines, simples ou un peu branchues. Sa taille n'est que de dix centimètres.

Une quatrième espèce, provenant comme la précédente
de la région alpine de la *Sierra-Nevada*, m'a été envoyée
par M. Boissier sous le nom de *B. lima* REUB., var. *glacialis*
BOISS., et devient pour moi *B. glacialis*. Elle est grêle et
à tiges très-fines, comme la précédente à laquelle elle ressemble beaucoup par ses feuilles radicales, qui paraissent

seulement plus étroites et moins sinuées. Elle en diffère surtout par ses silicules encore bien plus petites, larges de 5 mill., hautes de 2 1/2 à 3 mill., à valves orbiculaires très-glabres et très-lisses, formant au sommet une échancrure courte et large, dont les bords sont un peu anguleux. Ses grappes fructifères sont plus courtes, plus denses et point unilatérales. Le style est plus allongé ; les tiges sont arquées, ascendantes à la base et non dressées.

c. folia crebre dentata, lobata vel pinnatifida ; caulis sæpe procerus, strictus, foliatus ; panicula ampliata, laxata. Plantæ regionum calidiorum incolæ. — Stirps *B. ambiguæ* DC.

Biscutella pinnatifida Jord.

B. floribus sat densis, racemis fructiferis, modice elongatis ; siliculæ valvis obliquis, subovato-rotundis, papilloso-scabridis, vel rarius glabris, tenuiter nervosis, margine interiori apice subanguloso emarginaturam brevissimam et valde apertam efficientibus ; foliis virentibus, hispidis, radicalibus oblongis basi attenuatis pinnatifidis, lobis utrinque 5-7 valde inæqualibus oblongis patentibus cum lobulis passim interjectis, caulinis subconformibus sessilibus, summis etiam basi sublobatis abbreviatis ; caule erecto-ramoso, ramis erecto-patulis, paniculam laxe corymbosam efficientibus ; caudice breviter ramoso.

Hab. in saxosis et apricis graniticis Occitaniæ ; *Mas-Cabardès (Aude)*, ex. D. Ozanon. — Flor. exeunte aprili (in horto).

Petala obovato-oblonga, 5 mill. longa, 2—3 mill. lata ; filamenta staminum eximie scabrida ; stylus 3 mill. longus ; silicula 7 1/2 mill. lata 4 1/2 mill. alta. Planta 2—3 decim. alta.

Il se reconnaît à ses feuilles toutes pinnatifides, à lobes assez nombreux et inégaux. Ses silicules sont petites, de forme inégale, étant plus étroites à la base qu'au sommet, et à lobes assez divergents, quoique séparées par une faible échancrure, vers la base du style ; elles sont portées sur des pédoncules dressés-étalés, disposés en grappes peu lâches.

Le *B. lima* Rchb. diffère de cette espèce par ses feuilles plus allongées et plus étroites, à lobes plus courts et moins nombreux, par les rameaux de la panicule plus étalés et surtout par la forme plus égale de ses silicules, qui sont aussi larges à la base qu'au sommet.

Biscutella polyclada Jord.

B. floribus haud densis, racemis fructiferis modice elongatis; siliculæ valvis suberectis, subæqualiter rotundatis, papilloso-scabridis, margine interiori subanguloso paulisper a stylo sejuncto emarginaturam angustam brevissimam efficientibus; foliis virentibus, hispidis, radicalibus obovato-oblongis basi attenuatis oblongisve subpinnatilobatis, lobis utrinque 3–5 apertis ovato-oblongis parum acutis, caulinis sat numerosis subconformibus basi subæquali cordata sessilibus, caule inferne præsertim hirsuto, erecto a basi ramoso, ramis successivis modice patulis, sæpe apice divisis, paniculam laxam ampliatam inæqualem efficientibus; caudice breviter ramoso.

Hab. in saxosis et apricis Delphinatus inferioris; *Nyons (Drôme).* — Flor. ineunte maio (in horto).

Floris diam. 9 mill; petala oblongo-obovata, 5—6 mill. longa, 2 1/2 —3 mill. lata; stylus 4 mill. longus; silicula 9 mill. lata, 5 1/2 mill. alta. Planta 3—4 decim. alta.

Il diffère du *B. pinnatifida* par ses feuilles plus larges, moins profondément lobées, à lobes peu nombreux et moins inégaux; ses tiges se ramifient davantage et forment une panicule plus grande et plus irrégulière; les silicules sont plus grosses, de forme plus régulière et à peu près aussi larges à la base qu'au sommet. Les pédoncules fructifères sont de mêmes dressés-étalés.

Biscutella stricta Jord.

B. corymbulis floriferis parvis, sat densis, per maturationem in racemum modice elongatum subdensum mutatis; siliculæ valvis rectis, sub æqualiter rotundatis, disco papilloso-scabridis et etiam pube perminuta laxa obductis, margine interiori a stylo sejuncto recto et apice anguloso emarginaturam profundam angustam fundo acutissimam efficientibus ; foliis virentibus , hispidis , radicalibus lineari-oblongis basi attenuatis dentato-lobatis pinnatifidisve, lobis utrinque 4-7 ovatis linearibus ve patentibus cum dentibus lobulisve passim interjectis, caulinis subconformibus basi cordata sessilibus, summis linearibus abbreviatis; caule stricto, erecto, procero, a medio circiter ramoso, ramis tenuibus erecto-patulis sæpe bifidis paniculam ampliatam apice subfastigiatam efficientibus; caudice breviter sub. ramoso.

Hab. in apricis calcareis Galliæ australis; *Marseille*, etc. — Flor. maio (in horto).

Sepala ovata, 2 mill. longa ; petala oblongo-obovata, 4 mill. longa ; filamenta staminum stylus scabrida, 2 mill. longus; silicula 11 mill. lata, 6 mill. alta. Planta 4 — 6 decim. alta.

Cette espèce est remarquable par sa taille assez haute, par son port raide et ses feuilles étroites, à lobes nombreux et inégaux. Ses silicules sont plus brièvement stipitées et le style est plus court que dans les autres espèces.

Le *B. lima* Rchb., paraît différer par ses silicules moins larges , quoique aussi hautes, et par le style qui est plus allongé.

Biscutella mediterrannea Jord.

B. corymbis floriferis parvis, sublaxis , per maturationem in race- mum modice elongatum mutatis ; siliculæ valvis paulo obliquis, sub- ovato-rotundatis, papillis subclavatis longiusculis disco obsitis vel pas- sim glabris, margine interiori superne a stylo sejuncto recto et apice subanguloso emarginaturam profundam satisque apertam efficienti- bus ; foliis virentibus, hispidis, oblongis, apice obtusiusculis, profunde lobato-pinnatis, lobis utrinque 3-7 ovatis vel lanceolatis patulis sub- porrectisve, radicalibus inferne in petiolum attenuatis, caulinis basi cordata adpressa sessilibus, summis abbreviatis rarius integris ; caule inferne hispido, erecto, substricto, a medio circiter vel inferius in paniculam laxam ampliatam solutis, ramis erecto-patulis simplicibus vel superne divisis parum fastigiatis; caudice breviter ramoso, denso.

Hab. in siccis et apricis calcareis Galliæ australis; *Nismes (Gard).* — Flor. maio (in horto).

Sepala oblonga, laxa, subpatula, 2 1/2 mill. longa; petala 5 mill. longa, 2 mill. lata; antheræ oblongæ; stylus sub anthesi antheras breviores haud æquans, 4 mill. longus; silicula 10—11 mill. lata, 6 mill. alta. Planta 4—6 decim. alta.

Il diffère du *B. stricta*, dont il a le port dressé, par ses silicules à valves un peu obliques et à échancrure plus ouverte, par les filets des étamines lisses et non très-rudes, par le style plus long, par ses feuilles plus courtes, d'un vert plus clair, à dents moins irrégulières.

Le *B. mollis* Lois., Notice, p. 168, établi sur une plante de Toscane, est pareillement à silicules rudes; mais ses feuilles sont molles et douces au toucher. J'ai observé, aux environs de Nismes, une forme qui me paraît s'y rapporter.

Je rapporte au *B. ambigua* DC., figuré dans les Annales du Muséum, t. 18, pl. 15, une plante voisine de la précédente, qui croît près d'Avignon et ailleurs, dont les feuilles caulinaires sont peu nombreuses et les silicules ordinairement lisses, à échancrure très-courte.

B. niczæensis Jord.

B. corymbis subdensis, per maturationem modice elongatis; siliculæ valvis subrectis, subæqualiter rotundatis, papillis minutis subrotundis disco obsitis, margine interiori superne a stylo sejuncto recto et apice anguloso emarginaturam modice apertam efficientibus; foliis virentibus, hispidis, scabris, lanceolatis, acutis, breviter utrinque 4-6 dentatis, radicalibus inferne in petiolum angustatis, caulinis plurimis basi rotundata adpressa sessilibus, summis lanceolato-linearibus abbreviatis; caule inferne hirsuto, aspero, erecto, substricto, superne ramoso, ramis erecto-patulis paniculam subcorymbosam efficientibus; caudice brevi, denso.

Hab. in rupestribus maritimis agri nicæensis; *Villefranche (Alpes-Maritimes)*. — Flor. aprili in loco natali.

Petala obovata, 6 mill. longa, 3 mill. lata; stylus 4 mill. longus; silicula 11 mill. lata, 6—7 mill. alta. Planta 4—5 decim. alta.

Cette espèce se rapproche de celles du premier groupe par ses feuilles lancéolées, à dents courtes; mais, je crois qu'elle doit en être séparée à cause de sa tige plus haute et plus feuillée et de son *habitat* méridional.

J'ai récolté, près de Lussan (Gard), des exemplaires fructifiés d'une plante à tige très-haute et très-feuillée, qui rappelle celle de Nice par son port, mais qui en diffère certainement par ses feuilles toutes fortement dentées, même les bractéales, à dents aiguës, nombreuses et très-inégales. Les rameaux de la panicule sont allongés, dressés, peu étalés et subfastigiés; les silicules sont de forme moins haute que dans celle de Nice; elles atteignent 11 ou 12 mill. en largeur, et seulement 5 ou 5 1/2 mill. en hauteur; leur échancrure du sommet est bien plus ouverte et à bords presque arrondis. Je désigne cette espèce sous le nom de *B. picroides*.

Le *B. ambigua* figuré par Reichenbach, dans ses Icon. pl. rar. 7, t. 618, n° 859, est une plante de Portugal, différente de celle de De Candolle, qui devra prendre un nom nouveau, *B. lusitanica*; ses tiges sont très-feuillées, à feuilles oblongues ou linéaires-oblongues, bordées de dents assez nombreuses. Elles est remarquable par ses grappes fructifères presque unilatérales, ainsi que par ses silicules dont l'échancrure du sommet est fort courte et forme un sinus très-arrondi.

(Species 17 sequentes ex *B. lyrata* L., et *apulæ* L. grege).

Les espèces annuelles de la section *Thlaspidium* du genre *Biscutella* sont au nombre de onze dans le Prodromus de De Candolle. Quelques auteurs ont essayé de faire des réductions, parmi ces onze espèces, et même de les ramener toutes aux types des *B. lyrata* et *apula* de Linné. Mais, si l'on veut ne tenir aucun compte des caractères tirés des feuilles ou des silicules, il devient impossible de considérer comme deux types ces deux espèces de Linné, et l'on est amené par la logique à ne plus voir dans tout le groupe des annuelles qu'un type unique, qui devient *B. annua* et correspond au *B. perennis* de M. Spach, lequel comprend toutes les espèces vivaces de la même section *Thlaspidium*. Cette méthode de réduction a l'avantage de simplifier beaucoup les choses ; mais je crois que ceux qui, dans la science, cherchent avant tout la vérité, seront d'avis comme moi que ces décisions de la fantaisie ou de l'inexpérience ne méritent pas qu'on s'y arrête et qu'on les discute.

Je n'ai cultivé qu'un petit nombre d'espèces de ce groupe qui m'ont paru très-constantes. Les caractères tirés de l'hispidité des silicules qui sont lisses, scabres ou poilues sur le disque, ciliées ou non à la marge, sont très-commodes et très-utiles pour les déterminations; ils ne doivent donc pas être négligés. Il est certain que quelques espèces offrent parfois des variations sous ce rapport; mais il y a toujours un état qui est le plus ordinaire, et lorsqu'un cas de variation se présente, toutes les autres différences persistant dans leur intégrité, l'espèce est encore parfaitement reconnaissable. Je vais essayer de faire ici, en passant, une revue succincte des diverses espèces qui composent ce groupe, et de donner quelques indications sur leurs caractères distinctifs et leur synonymie.

Je ferai d'abord remarquer que Linné indiquant son *B. lyrata* en Espagne et en Sicile il y a tout lieu de croire qu'il a confondu au moins deux espèces. Il cite en effet le synonyme de Bocconc, Sic. 45, t. 23, qui s'applique à la plante de Sicile ; mais les caractères qu'il indique dans le Mantiss. 2, p. 254 : *folia parva, pedicelli divaricatissimi, capillares, siliculæ parvæ, B. apulæ siliculis paulo minores,* ne conviennent nullement à l'espèce de Sicile, et s'appliquent sans doute à une plante d'Espagne, différente de celle-ci ; d'où je conclus que ce nom linnéen doit être mis de côté, puisqu'il est actuellement impossible d'en faire une application bien exacte.

Le *B. apula* de Linné comprend probablement les *B. apula* et *ciliata* décrits par De Candolle ; ce qui est d'autant plus vraisemblable que, d'après De Candolle, on trouve dans l'herbier de Linné ces deux espèces mélangées sous le nom de *B. didyma* ; mais depuis qu'elles ont été séparées et caractérisées par cet auteur, la confusion n'est plus possible.

Les espèces qui me paraissent devoir être distinguées sont les suivantes :

1. *B. marginata* Ten., Fl. nap. prod. p. 38. — *lyrata* Rchb. Icon pl. rar. t. 617, n° 827. Silicules hispides sur le disque et glabres à la marge ; feuilles grandes, lyrées ; tige presque nue.

2. *B. raphanifolia* Poir., voy. 2, p. 197. Plante grande, s'élevant à plus de deux pieds et demie, d'après Poiret. Il dit que les silicules sont glabres et grandes, et que la tige, outre les feuilles radicales, offre des feuilles caulinaires en forme de lyre, un peu rudes et à peine velues sur les bords. Il ne me paraît pas certain que cette plante d'Afrique soit

exactement celle de Sicile, qui est à tige presque nue et n'atteint qu'un pied ou deux au plus, selon Gussone. Poiret dit, à la vérité, que le synonyme de Boccone, cité par Linné, pour le *B. lyrata*, convient à sa plante ; mais la comparaison seule des deux plantes pourrait lever toute incertitude.

3. *B. laxiflora* Presl., Fl. sic. 1, p. 68. — *B. raphanifolia* Rchb., Icon. pl. rar. t. 609 , n⁰ 830. — *lyrata* var. c. Gussone, Synops. fl. sic. 2, p. 146. Silicules entièrement glabres, larges de 11 à 12 mill., hautes de 6 à 7 mill., tige nue ; feuilles radicales lyrées et brièvement hispides. J'en ai des exemplaires spontanés de Sicile, que j'ai reçus de M. Gussone, et d'autres cultivés.

4. *B. erucifolia* Rchb., Icon. pl. rar. t. 607, n⁰ 828. — *lyrata* var. a Gussone, loc. cit. Silicules hispides partout, sur le disque et à la marge ; feuilles lyrées ; tige nue.

5. *B. maritima* Ten., Fl. nap. prod. p. 38. — *lyrata* var. b. Gussone, loc. cit. Silicules ciliées à la marge, glabres et lisses sur le disque ; feuilles lyrées et poilues ; tige presque nue.

Le *B. maritima* Rchb., Icon. pl. rar. t. 608, n⁰ 829, n'est sans doute qu'une variation de la plante de Tenore, à disque poilu au centre.

6. *B. algeriensis* Jord., — *lyrata* var. d. Gussone? loc. cit. p. 846. Silicules ciliées à la marge, à disque poilu au centre et couvert tout entier, en outre, d'une pubescence très-fine, visible à une forte loupe, larges de 8 à 9 mill., hautes de 4 à 5 mill., à échancrure du sommet assez profonde et médiocrement ouverte ; style saillant, long de 2 1/2 à 3 mill.; feuilles pubescentes, les inférieures sublyrées, les suivantes obovales, courtement dentées, rétrécies en pétiole à la base ; les supérieures sessiles ou un peu embrassantes ; tige nue au sommet, feuillée dans sa partie inférieure, simple ou ramifiée

dès la base, à branches effilées, divisées au sommet en rameaux nombreux très-fins, dressés-étalés, à pédoncules capil-
laires. Plante haute de trois à quatre décimètres. Je l'ai reçue
de M. Revelière, qui l'a récoltée aux environs d'Alger. Je
cite avec doute le synonyme de Gussone, dont la plante
paraît à feuilles presque toutes lyrées et radicales.

J'ai reçu de Blida (Algérie), quelques exemplaires d'une
forme voisine de la précédente, mais probablement différente, dont les feuilles caulinaires sont plus régulièrement
lyrées et les silicules plus petites, à marge presque lisse, à
disque presque entièrement couvert de poils qui sont plus
courts.

7. *B. Chouletti* JORD., espèce publiée sous le nom de
B. apula L., au no 9 des Frag. flor. algeriensis exsicc. de
M. Choulette, et récoltée aux environs de Constantine. Silicules petites, entièrement couvertes, excepté à la marge
membraneuse qui est lisse, d'une pubescence très-courte et
très-fine, parsemées en outre, sur tout le disque, de poils
claviformes assez longs, larges de 6 à 7 mill., hautes de 4 mill.;
à échancrure médiocre et assez ouverte; style saillant, long
de 2 1/2 mill.; feuilles brièvement poilues, les inférieures
presque toutes obovales, simplement dentées, à dents
courtes et presque obtuses; tige peu feuillée, simple ou ordinairement très-divisée dès la base, à branches fines, rameuses
au sommet, à rameaux dressés-étalés. Plante grêle, haute de
douze à quinze centimètres.

8. *B. obovata* DESF., hort. paris. — RCHB., Icon. pl. rar.
t. 614, n 835. Silicules de grandeur moyenne, entièrement
glabres et lisses, à valves un peu anguleuses aux bords de
l'échancrure qui est très-courte et peu ouverte; feuilles obovales dentées; tige peu feuillée.

9. *B. microcarpa* DC., Monog. Bisc. in Annal. du Muséum,
vol. 18, p. 298. Silicules munies de cils denses à la marge,

et de poils très-courts sur le disque ; feuilles petites, oblongues, dentées ou sinuées, presque glabres ; tige peu feuillée,
très-rameuses. Il est indiqué à Mogador en Espagne.

10. *B. patulipes* JORD., de Medina Sidonia, en Espagne,
distribué par M. Bourgeau, au n° 28 de ses *exsiccata* de
plantes d'Espagne, sous le nom de *B. apula* L. (ex Cosson.)
Pédoncules très-divariqués ; silicules très-petites, brième-
ment ciliées aux bords, à disque couvert de poils courts subclaviformes et en outre d'une pubescence très-fine visible à
la loupe, larges de 5 à 6 mill., hautes de 3 mill., à **très-**
petite échancrure ; style long de 2 mill. et très-saillant; feuilles
très-hispides, oblongues, sublyrées, dentées, à dents aiguës ;
tige grêle, peu feuillée, très-rameuse. Plante haute de douze
à vingt centimètres.

Ce que dit Linné de son *B. lyrata* paraît s'appliquer
exactement à cette espèce, et il est probable que c'est celle
qu'il a eu sous les yeux, quand il a fait sa description. Je l'au-
rai rapporté au *B. microcarpa* de De Candolle, si cet auteur
ne disait de sa plante qu'elle a les feuilles presque glabres,
et que la tige offre seulement, vers la base, quelques poils
rares, si aussi il ne se taisait sur le caractère des pédoncules
divariqués, qui est très-saillant.

11. *B. Bourgœi* JORD. Je l'ai reçu de M. Bourgeau, mêlé
avec le précédent et sous la même étiquette. Il en diffère
par ses pédoncules peu étalés, par ses silicules beaucoup plus
grandes, larges de 9 à 10 mill., hautes de 4 à 5 mill., à
valves presque obliques et un peu plus larges que hautes,
munies sur les bords de cils très-denses, à disque lisse, parsemé seulement de poils très-allongés ; ses feuilles sont très-
hispides, oblongues, fortement dentées, à dents aiguës, les
inférieures lobées ou sublyrées ; sa tige n'est feuillée qu'à
sa partie inférieure et ramifiée dès la base ; son port est
bien plus robuste.

12. *B. eriocarpa* DC., Monog. Bisc. Annal. du Muséum, vol. 18, p. 298, pl. 15, fig. 2. Silicules toutes parsemées de poils asssez longs sur le disque, glabres à la marge, à valves plus hautes que larges ; feuilles caulinaires oblongues-cunéiformes, peu dentées. Il est indiqué à Mogador, en Espagne.

13. *B. apula* L. — DC! — Rchb., Icon. pl. rar. t. 613, n° 834. Fleurs très-petites ; silicules petites, larges de 6 à 7 mill., hautes de 3 à 4 mill., à échancrure très-courte et un peu obtuse, toute couvertes sur le disque et à la marge d'une pubescence très-courte et très-serrée ; style long de 2 mill., très-saillant ; feuilles oblongues-cunéiformes dans le bas de la plante, lancéolées dans le haut, dentées, les inférieures obtuses ; tige feuillée, rameuse, à rameaux dressés peu étalés. Il croît en Italie.

14. *B. leiocarpa* DC., Mon. Bisc. Annal. du Muséum, vol. 18, p. 299. Il est assez semblable au précédent mais en diffère par ses silicules très-lisses et très-glabres. Il est indiqué en Orient.

15. *B. ciliata* DC., Mon. Bisc. Annal. du Muséum, vol. 18, p. 297. — *B. coronopifolia* DC., Icon. Gall. rar. 1 p. 12, t. 39. Il offre le port du B. *apula*, mais est plus robuste ; les silicules sont plus grandes, glabres sur le disque et ciliées à la marge, larges de 8 mill., hautes de 4 à 5 mill., à échancrure plus profonde. Il croît en Italie et ailleurs.

Dans les échantillons que j'ai de l'île de Crète et de l'île de Rhodes, le centre du disque est parsemé de quelques poils.

J'ai cultivé longtemps cette espèce ainsi que le *B. apula* ; elles sont toutes deux fort répandues dans les jardins botaniques et fort constantes. On peut donc opposer ce fait, qui est incontestable, aux réducteurs d'espèces, à ceux du moins qui ont quelque souci des faits. Il prouve qu'il y a, dans ce groupe, des espèces invariables dans leurs caractères distinctifs, qui présentent cependant une extrême affinité.

16. *B. depressa* WILLD., Enum. 2, p. 673. Rchb. Icon. pl. rar. t. 611, n° 832. Silicules assez semblables à celles du *B. ciliata* DC., mais à style plus court, à peine ouvert. Plante très-basse, un peu diffuse, d'un port tout différent. Il est d'Egypte.

17. *B. Columnæ* TEN., Prod. fl. nap. p. 38. — RCHB. Icon. pl. rar. t. 612, n° 833. Silicules brièvement ciliées à la marge, à disque couvert d'une pubescence très-courte, visible à une forte loupe, quelques fois parsemées au centre de poils subclaviformes, larges de 9 à 10 mill., hautes de 5 à 6 mil. ; feuilles très-poilues, obovales-cunéiformes, fortement dentées, à dents aiguës ; tige dressée, simple ou peu rameuse, presque nue.

J'ai reçu, de M. Gussone, des exemplaires de cette plante provenant des environs de Naples, dont le disque est poilu au centre, comme on le voit ordinairement dans ceux de Corse ou de Sardaigne, lesquels, à mon avis, ne peuvent être séparés du *B. Columnæ*, quoique Bertoloni, dans son Flora italica, vol. 6, p. 522, en fasse une variété à part.

J'ai, de Malte, une forme qui est probablement distincte du *B. Columnæ*, dont la tige est bien plus rameuse et dont les silicules sont plus grandes, larges de 11 à 12 mill., hautes de 6 mill., à cils de la marge plus longs ; le style est plus épais et très-court, atteignant à peine le sommet des valves, à la maturité.

Le *B. Columnæ* figuré par Sibthorp, dans le Flora græca, vol. 7, p. 629, représente assez bien la plante de Malte ; seulement les silicules paraissent plus petites.

(Species 3 sequentes ex *B. auriculatæ* L. typo , calice basi bi-calcarato.)

Biscutella Lamarckii JORD.

B. auriculata var. a. Lamarck , Dict. enc. 3 , p. 617. —Schkuhr, Handb. 2, n° 1821, t. 182 , fig. g et h fructibus majoribus.

B. floribus corymbosis , in racemum fructiferum subdensum breviusculum abeuntibus , sepalis basi in calcar ovato-oblongum subrectum obtusumque desinentibus; siliculæ valvis margine suo membranaceo apice decurrente in stylum coeuntibus , glabris lævibusque ; foliis virentibus , hispidis , breviter et remote dentatis , inferioribus oblongis vel oblongo-lanceolatis basi attenuatis, superioribus lanceolato-linearibus acutis basi adpressa subcordata sessilibus ; caule inferne hispido , erecto , apice ramoso , ramis aperte corymbosis ; radice annua.

Hab. in arvis argillosis Lusitaniæ et Hispaniæ ; *Loule* (*Algarve*), *Puerto Santa-Maria* , ex cl. Bourgeau.

Calicis calcara 3 mill. longa; petalorum limbus obovatus, 7 mill. longus , 5—6 mill. latus ; stylus 9 mill. longus ; silicula subreniformi-orbicularis , paulisper inferne angustata , valvis fere obovatis. Planta 2—4 decim. alta.

Cette plante me paraît être exactement celle que Lamarck a soigneusement décrite dans son Dictionnaire encyclopédique et qu'il dit avoir vue cultivée, à Paris, au jardin du roi. Il signale en même temps une variété *b* se distinguant du type « par ses silicules parsemées d'aspérités écailleuses qui les font paraître comme chagrinées. » Cette variété est le *B. auriculata* décrit par De Candolle, dans les Annales du Muséum , vol. 18 , p. 294 , pl. 7 , fig. 2 , à l'exclusion de presque toutes les localités qu'il indique et qui s'appliquent à d'autres espèces , ayant eu sans doute sous les yeux des échantillons cultivés , puisqu'il dit de sa plante : *In hortis botanicis vulgatissima.*

De Candolle , dans le même mémoire , établit un *B. eri-*

gerifolia, auquel il rapporte en synonyme le *B. auriculata* var. *a* de Lamarck. Il le distingue de ce qu'il prend pour *B. auriculata* par des silicules plus petites, entièrement lisses, à bordure membraneuse bien moins évidemment prolongée sur le style et par ses sépales à éperon plus long. Je crois que De Candolle s'est trompé dans ce rapprochement et que son *B. erigerifolia* est une autre plante que celle de Lamarck, qui croît en Espagne, à Séville et ailleurs, dont les silicules sont pareillement glabres, mais à prolongement sur le style presque nul. En effet, dans le *B. Lamarckii* le prolongement est au contraire très-évident, comme le dit Lamarck, et pour le moins aussi prononcé que dans la forme à fruits rudes, qui est le *B. auriculata* décrit par De Candolle ; les silicules ne sont pas plus petites ; on pourrait dire plutôt le contraire ; l'éperon n'est pas plus long. Reichenbach a figuré dans ses Icon. pl. rar., t. 613, n° 824, le *B. erigerifolia* DC. auquel il a donné des feuilles plus courtes et plus dentées que dans mes échantillons.

Ce *B. auriculata* décrit par De Candolle, que je désigne sous le nom de *B. Candollii*, est une plante fort semblable au *B. Lamarckii* et fréquemment cultivée dans les jardins botaniques, comme le dit De Candolle. Je l'ai cultivé abondamment moi-même, il y a vingt ans, de graines reçues du jardin botanique de Dijon. Sa patrie ne m'est pas connue et serait peut-être le nord de l'Italie, dans la province de Novarèse et de Côme ; ce que l'on peut conjecturer d'après la description et les indications qui se trouvent dans le Flora italica de Bertoloni. Les silicules sont un peu plus petites que dans le *B. Lamarckii*, mais de forme assez semblable ; elles sont entièrement couvertes, même sur la bordure membraneuse qui les entoure, d'aspérités tuberculeuses arrondies, les unes très-petites et plus nombreuses, les autres plus grandes et comme vésiculeuses. A part cette différence, je ne puis saisir sur le sec de caractères bien importants, pour la distinguer du *B. Lamarckii*. Les fleurs paraissent seulement plus petites et toute la plante est plus hérissée de poils. Schkuhr qui a figuré le fruit de cette plante dans son Handbuch, à côté du fruit du *B Lamarckii*, prétend qu'elles sont toutes deux distinctes et très-constantes. M. Caspary affirme au contraire qu'il a obtenu, dans un semis fait à Berlin, des *B. auriculata* à fruits lisses et à fruits rudes, provenant de la même graine. Il reste donc à faire de nouvelles expériences et de nouvelles comparaisons sur le vif des deux plantes, pour acquérir une certitude complète à cet égard.

Reichenbach a figuré, dans ses Icon. pl. rar. t. 602, n° 823, sous le nom de *B. auriculata*, une plante des îles Baléares, dont les silicules sont couvertes d'aspérités et se prolongent sur le style, en s'écartant un peu de lui à leur extrémité, de manière à former au sommet du prolongement une petite échancrure ; elle est de plus remarquable par ses feuilles régulièrement oblongues, presque obtuses, un peu sinuées-dentées et non lancéolées-aiguës comme dans le *B. Candollii*, dont je viens de parler. Cette plante doit constituer une espèce distincte, que je désigne sous le nom de *B. balearica*.

Biscutella mauritanica JORD.

B. auriculata DESF. Flor. atl. 2, p. 73.

B. floribus corymbosis, in racemum fructiferum laxum elongatum abeuntibus ; sepalis basi in calcar subrectum crassum et obtusum desinentibus; siliculæ valvis margine suo membranaceo recto superne cum stylo exactissime coalitis, haud in eum decurrentibus, disco toto pube densa perminuta obductis et præterea papillis subclavatis longis haud parce adspersis ; foliis virentibus, hirsutis, breviter et parce dentatis, inferioribus oblongis basi attenuatis, superioribus oblongo-lanceolatis sessilibus ; caule hispido, erecto, simplici vel ramoso, ramis modice patulis tandem elongatis ; radice annua.

Hab. in arvis regionis mauritanicæ; *Batna*, etc. — Flor. aprili.

Calicis calcara 2—3 mill. longa; limbus petalorum obovatus, 6 mill. longus, 4—5 mill. latus; stylus 7 mill. longus; silicula reniformi-orbicularis, subæqualis, 14—15 mill. lata. 8—9 mill. longa. Planta 3—4 decim. alta.

Cette espèce est facile à distinguer du *B. auriculata* DC., que je viens de désigner provisoirement sous le nom de *B. Candollii*, par ses grappes fructifères bien plus allongées et plus lâches, par ses silicules de même complètement soudées avec le style, mais sans la moindre trace de prolongement au sommet, toutes couvertes sur le disque non d'aspérités sphériques vésiculeuses, mais de poils ou papilles fines et allongées, très-différentes ; ses feuilles paraissent aussi plus courtes et moins pointues.

Biscutella Burseri Jord.

Thlaspi biscutatum villosum , flore calcari donato C. Bauhin Prodr. theat. bot. p. 49.

B. floribus corymbosis, in racemum fructiferum laxum elongatum abeuntibus ; sepalis basi in calcar lineari-oblongum desinentibus; siliculæ valvis margine membranaceo superne cum stylo coalitis haud in eum decurrentibus , disco toto pube perminuta densa obductis et præterea papillis obovatis crassis obsitis; foliis virentibus hispidis , crebre et subargute dentatis sinuatisve , inferioribus imis oblongo-obovatis oblongisve basi in petiolum attenuatis , cæteris oblongis subacutis basi æquali subcordata sessilibus ; caule valde hispido, ramoso, ramis modice patulis demum elongatis, radice annua.

Hab. in arvis Galloprovinciæ australis et Liguriæ; *Bormes (Var)*, etc. — Flor. aprili maio.

Calicis calcara 4 mill. longa, 1 mill. lata ; limbus petalorum oblongo-obovatus, 6—7 mill. longus, 4 mill. latus : stylus 9—10 mill. longus; silicula 17 mill. lata, 10 mill. alta.

Il se distingue du précédent par l'éperon des sépales qui est plus allongé et plus fin, par le style plus long. par ses silicules plus grandes , couvertes sur le disque de papilles bien plus renflées et plus courtes, par ses feuilles plus larges et beaucoup plus dentées.

Les silicules, dans cette espèce, ont plus de rapport avec celles du *B. auriculata* DC. (*Candollii* Nob.), par leurs aspérités, qu'avec celles de la plante d'Algérie ; mais ces aspérités sont de forme obovale et non subsphérique. Indépendamment de ce caractère, la longueur des éperons du calice et surtout la forme des feuilles, qui sont d'un aspect totalement différent, ne permettent pas de les confondre, à aucune époque de leur existence.

Le *B. Burseri* se rapproche du *B. cichoriifolia* Lois., par l'éperon des sépales et par la forme des feuilles ; mais il en diffère par ses silicules notablement plus grandes et sans échancrure au sommet.

Bauhin a indiqué son *Thlaspi biscutatum villosum* à Bormes en Provence, d'où il a été, dit-il , rapporté par Burser. C'est aussi à Bormes que j'ai récolté l'espèce que je viens de décrire, qui est ainsi indubitablement celle de Bauhin et de Burser. Elle se trouve aussi dans la Ligurie ; je l'ai cultivée de graines rapportées de cette contrée par M. Reuter et reçues de lui sous le nom de *B. auriculata* L.

Linné n'a cité pour son *B. auriculata* que deux localités, celle de Bormes, d'après Bauhin, et celle de Filettino, dans les montagnes des environs de Rome, d'après Columna ; mais comme il dit de sa plante : *siliculis in stylum coeuntibus*, je conclus de là qu'il aura fait comme De Candolle et Lamarck, qui ont décrit tous deux une plante observée dans les jardins botaniques, en citant des synonymes ou des localités qui s'appliquent à des espèces voisines mais différentes.

M. Godron, dans la Flore de France, vol. 1, p. 34, décrit un *B. auriculata* qu'il compose de deux variétés, dont l'une est *a. genuina* et l'autre *b. emarginata*, qui ni l'une ni l'autre ne paraissent exister en France. Il indique en effet sa plante d'une manière générale en Dauphiné, d'après Villars, et à Toulon ! Or, la plante du Dauphiné est le *B. cichoriifolia* Lois ; la plante de Toulon est celle de Bormes près Toulon, qui est citée en même temps par lui au *B. cichoriifolia* Lois. et que je viens de nommer *B. Burseri*. Sa variété *emarginata* lui a été suggérée sans doute par l'examen de la figure de Reichenbach, qui représente une plante des îles Baléares, que je désigne sous le nom de *B. balearica*.

C'est avec raison que M. Godron réunit, dans la Flore de France, le *B. hispida* DC. au *B. cichoriifolia* Lois. De Candolle paraît en effet s'être trompé, en établissant son *B. hispida*, qui n'est point une variété du *B. cichoriifolia*, mais exactement la même plante dans un autre état, comme cela résulte, à mon avis, des descriptions mêmes et des figures qu'il a données, ainsi que de la comparaison des échantillons des deux plantes.

Le *B. cichoriifolia* Lois. est reconnaissable à l'échancrure que présente la silicule, près de la base du style ; l'éperon des sépales est très-allongé, assez fin, un peu obtus et souvent courbé au sommet. Il se trouve dans les Pyrénées-Orientales, dans la Haute-Provence et le Dauphiné, en Italie, en Istrie et en Dalmatie. Le *B. dilatata* Vis., Stirp. dalmat., ne m'a paru en différer en rien, d'après les échantillons de Dalmatie et d'Istrie que j'ai pu examiner. Reichenbach, dans ses Icon. pl. rar. t. 614, n° 825, a figuré sous le nom de *B. hispida* DC. le *B. dilatata* Vis., mais avec des éperons droits et un peu aigus au calice, tandis que Visiani lui attribue au contraire des éperons coniques, allongés, courbés au sommet et obtus ; il a figuré, en outre, à la table 615 du même ouvrage, le *B. cichoriifolia* DC., avec des éperons très-courbés au sommet, tandis que la figure de De Candolle, dans les Annales du Muséum, vol. 18, p. 8, les représente droits. Ce caractère de la courbure de l'éperon est variable. L'éperon est allongé, linéaire, un peu conique, courbé ou non au sommet, dans le *B. cichoriifolia* des diverses localités.

(Species 3 sequentes ex. *L. Campestris* L., grege).

Lepidium campicolum Jord.

L. floribus initio corymbosis, mox per maturationem in racemum elongatum laxiusculum abeuntibus ; sepalis ovatis ; petalis perminutis, obovato-spathulatis, ungue longo et angusto præditis ; siliculis pedunculo patente subdeflexo vix longioribus, subrotundo-ovatis, basi paulo compressis, apice breviter emarginatis, margine alatis, alis valvarum latitudine apice valde latioribus, emarginaturæ perminutæ lobis stylo fere accumbentibus et ab eo superatis ; foliis intense virentibus, breviter pubescentibus, radicalibus petiolatis oblongo-lyratis, laciniis lateralibus 3-4 jugis parvis subrotundis inciso-dentatis, impari maxima ovata dentata, caulinis densis subadpressis lanceolatis subacuminatis basi sagittatis præter apicem crebre dentatis ; caule puberulo, erecto, superne ramoso, corymboso ; radice bienni.

Hab. in arvis incultis et ad vias agri lugdunensis ; *Villeurbanne* (*Rhône*). — Flor. ineunte maio.

Floris diam. 3 mill., petala valde distantia, perminuta ; silicula 5—5 1/2 mill. longa, 4 mill. lata.

Cette espèce correspond exactement, ainsi que les suivantes, au type du *L. Campestre* de Linné, lequel comprend plusieurs espèces très-affines, qui demandent beaucoup d'attention pour être distinguées, mais qui n'en sont pas moins véritablement distinctes, malgré leur apparente similitude.

Lepidium errabundum Jord.

L. floribus initio corymbosis, mox per maturationem in racemum elongatum-laxiusculum abeuntibus; sepalis ovatis; petalis minutis, obovatis, in unguem breviusculum attenuatis; siliculis pedunculo patente fere longioribus, subrotundo-ovatis, basi tantulum compressis, apice breviter emarginatis, margine alatis, alis valvarum latitudine apice latioribus, emarginaturæ minutæ lobis rotundatis stylo tantulum exserto superatis; foliis læte et dilute virentibus, breviter puberulis, radicalibus petiolatis oblongis vel ovato-oblongis integris vel basi sinuatis passim sublyratis, laciniis lateralibus paucis obtusis dentatis, impari maxima inferne subdentata, caulinis densis lanceolatis vix acutis basi sagittatis inferne præsertim denticulatis; caule erecto, superne ramoso, corymboso; radice bienni.

Hab. in arvis incultis et ad vias agri lugdunensis; *Les Chères (Rhône).* — Flor. exeunte aprili.

Floris diam. 4 mill.; silicula 5 1/2 mill. longa, 4 1/2 — 5 mill. lata.

Il diffère du *L. campicolum*, dont il est très-voisin, par ses fleurs plus grandes, à pétales rétrécis en onglet plus court, par l'échancrure de la silicule qui est un peu plus ouverte, par l'aspect des feuilles qui sont d'un vert plus clair, les radicales beaucoup moins dentées, souvent entières ou à peine lyrées, à lobes peu nombreux, les caulinaires un peu plus larges et moins appliquées contre la tige, à dents moins nombreuses. Sa floraison est plus précoce de quelques jours.

J'ai observé, à Hauteville (Ain), près de Lyon, une autre espèce qui se distingue des deux précédentes par ses silicules à style nn peu dépassé par les lobes de l'échancrure qui est obtuse et plus ouverte; elle se rapproche du *L. campicolum* par l'aspect des feuilles radicales qui sont pareillement lyrées et dentées; mais elle s'en éloigne par les feuilles caulinaires qui sont plus larges, moins serrées contre la tige,

bien moins rétrécies supérieurement et un peu obtuses. Je
l'ai cultivée de graines avec les deux autres ; mais je n'ai pas
encore observé ses fleurs. Je la nomme *L. accedens.*

Lepidium vagum Jord.

L. floribus initio corymbosis, mox per maturationem in racemum
elongatum laxiusculum abeuntibus; sepalis elliptico-obovatis, apice fuscis; petalis minutis, obovato-spathulatis, ungue longo et angusto præditis;
siliculis pedunculo patente vix longioribus, subrotundo-ellipticis, basi
paulo compressis, apice breviter emarginatis, margine alatis, alis valvarum latitudine apice subduplo latioribus, emarginaturæ perminutæ
subacutæ lobis anguloso-rotundatis à stylo tantulum discretis vix ab eo
superatis ; foliis virentibus, breviter puberulis, radicalibus petiolatis,
oblongis, sinuatis lyratisve, laciniis lateralibus 2-4 jugis parvis dentatis,
impari grandi inferne dentata, caulinis densis lanceolatis apice angustatis subacutis basi sagittatis præter apicem dentatis margine subre-
flexis ; caule erecto, superne ramoso, corymboso ; radice bienni.

Hab. in arvis incultis agri pictaviensis; *Pindray (Vienne).* — Flor.
aprili (in horto).

Floris diam. 3—3 1/2 mill., petala minuta, 2 1/2 mill. longa, calice
longiora ; stylus 1 mill. longus ; silicula 6 mill. longa, 4 1/2 mill.
lata.

Il diffère des deux espèces précédentes par sa floraison
constamment plus précoce et par sa taille ordinairement plus
petite ; ses calices sont rembrunis et sa tige est souvent violacée ; ses feuilles sont d'un vert plus foncé que dans le *L. er-*
rabundum; les radicales sont plus dentées.

(Species 3 sequentes ex *L. graminifolii* L., typo).

Lepidium polycladum Jord.

L. corymbis floriferis minutis, densis, cito per maturationem in
racemum laxatum elongatum mutatis; pedunculis minute et parce
puberulis, fructiferis-erecto patulis silicula haud duplo longioribus:

sepalis ovatis, obtusis; petalis distantibus, anguste obovato-cuneatis,
basi attenuatis ; siliculis subrotundo-ovatis, basi vix compressa rotundatis, apice acutis, stigmate subsessili terminatis; foliis intense virentibus, pube parca et perminuta obsitis, radicalibus caulinis que imis
oblongo-obovatis oblongisve sublyrato-pinnatifidis vel tantum dentatis,
caulinis successivis lineari-lanceolatis acutis longe inferne attenuatis
acute inciso-dentatis, superioribus ramealibus que sublinearibus
patentibus deflexisve ; caule erecto, stricto, superne paniculato vel
undique brachiato ramosis simo, ramis alternis successivis patentibus
sæpe iterum paniculatis ; caudice bienni, vel passim trienni.

Hab. in ruderatis , ad vias agri lugdunensis et in multis aliis Galliæ locis ; *Caluire*, etc. (*Rhône*). — Flor. a julio ad octobrem.

Corymbi floriferi exigui, diam. 7—8 mill. metientes ; floris diam.
2 1/2—3 mill.; silicula 2 1/2—2 3/4 mill. longa.

Cette espèce correspond sans doute au *L. graminifolium*
de plusieurs auteurs. Ayant déja pu distinguer avec certitude trois espèces françaises comprises dans le type linnéen,
et en ayant d'autres encore à l'étude, j'ai du exposer chacune d'elle sous un nom nouveau. Celle-ci est surtout reconnaissable à ses corymbes de fleurs tout-à-fait petits et très-
denses, à ses pétales très-petits et subcunéiformes, à ses
fruits courts et arrondis à la base. Ses feuilles sont d'un
vert très-foncé ; ses tiges sont raides ; ses rameaux sont étalés
et très-nombreux.

Lepidium mixtum Jord.

L. corymbis floriferis laxiusculis, cito per maturationem in racemum laxatum elongatum mutatis ; pedunculis minute et parce puberulis, fructiferis erecto-patulis silicula subduplo longioribus ; sepalis
obovatis ; petalis distantibus, anguste obovatis, longe inferne attenuatis ; siliculis subrotundo-ovatis, basi compressa rotundatis, apice acutis, stylo brevi conspicuo terminatis ; foliis læte virentibus, pube parca
et perminuta obsitis, radicalibus caulinis que imis oblongis sublyrato-pinnatifidis vel tantum dentatis petiolatis, caulinis successivis
lineari-lanceolatis acutis longe inferne attenuatis acute inciso-denta-

tis, superioribus ramealibus que sublinearibus patentibus deflexisve ;
caule erecto, substricto, superne tantum paniculato vel undique brachiato, ramosissimo, ramis alternis successivis erecto-patulis, plerumque simplicibus; caudice bienni.

Hab. in ruderatis et ad vias Pyrenæorum orientalium ; *Amélie-les-
Bains (Pyrénées-Orientales)* — Flor. a julio ad octobrem.

Corymbi floriferi diam. 10—12 mill. metientes; floris diam. 4 mill.;
silicula 3 1/4 mill. longa, 2 1/2 mill. lata.

Il se distingue, au premier aspect, du *L. polycladum,* par
ses corymbes de fleurs plus grands et plus lâches. Ses pétales
sont arrondis et non rétus au sommet, plus longuement
rétrécis à la base ; ses silicules sont plus grandes, d'un vert
plus clair, surmontées d'un style assez visible, portées sur
des pédoncules un peu plus longs et formant des grappes
plus courtes ; ses feuilles sont d'un vert gai; ses rameaux
sont moins étalés et moins divisés.

Lepidium virgatum Jord.

L. corymbis floriferis laxiusculis, cito per maturationem in racemum laxatum valde elongatum mutatis ; pedunculis rariter hispidulis vel subglabris, fructiferis erecto-patulis silicula vix longioribus ;
sepalis ovatis, obtusis; petalis discretis late subcuneato-obovatis, basi
breviter attenuatis; siliculis oblongo-ovatis, basi compressis, apice
attenuatis acutis, stylo brevi terminatis ; follis virentibus, pube parca
et perminuta obsitis, radicalibus caulinis que imis oblongis subintegris vel apice tantum inciso-dentatis petiolatis, caulinis successivis
lineari-lanceolatis linearibusve elongatis longe utrinque attenuatis
acutis rariter apice subdentatis integrisve, superioribus ramealibus
que tenuiter linearibus acutissimis patulis deflexisve ; caule erecto,
procero, virgato, superne tantum diffuse paniculato vel passim undique brachiato, ramosissimo, ramis alternis patentibus virgatis elongatis, sæpe iterum paniculatis ; caudice perennante , saltem trienni.

Hab. in ruderatis et ad vias Occitaniæ inferioris; *Montpellier*, etc.
-- Flor. a julio ad octobrem.

Corymbi floriferi diam. 9—10 mill. metientes ; floris diam. 4 mill. ; silicula 3 1/2—4 mill. longa, 1 1/2—2 mill. lata.

Cette espèce est complètement distincte des deux précédentes par son fruit plus étroit, par ses feuilles d'un vert pâle, bien plus fines et plus allongées, acuminées au sommet et non simplement aiguës, les radicales peu dentées, les caulinaires inférieures presque entières. Sa panicule est presque diffuse, à branches bien moins raides, effilées, très-allongées et très-divisées; ses grappes fructifères sont bien plus longues et plus étroites que dans le *L. mixtum*, les pédoncules étant moins étalés et plus courts.

Le *L. graminifolium* décrit et figuré par Sibthorp et Smith, dans le Flora græca Sibthorpiana, vol. 7, t. 618, est remarquable par ses grappes fructifères assez larges et denses, à pédoncules deux fois et au-delà plus longs que la silicule qui est courte, arrondie à la base, surmontée d'un style peu visible. Ses pétales sont contigus, à limbe orbiculaire obcordé, contracté brusquement en un onglet très-étroit. Il constitue certainement, surtout d'après le caractère des pétales, une espèce distincte, que je nomme *L. Sibthorpianum.*

(Species 3 sequentes ex *H. procumbentis* L. (sub *Lepidio*) typo).

Hutchinsia maritima Jord.

H. floribus minutis, initio corymbosis; sepalis elliptico-ovalis, incurvo-erectis; petalis subcuneatis, patentibus, calice valde longioribus ; racemis fructiferis elongatis, laxissimis; pedunculis puberulis, inferioribus silicula subtriplo longioribus; siliculis elliptico-ovatis, de medio ad basin attenuatis, superne tantulum angustatis apice truncatulo subemarginatis, stigmate subsessili terminatis; foliis læte virentibus, teneris parce et minute puberulis, radicalibus caulinis que inferioribus profunde pinnatifidis, 2-4 plerumque 3 loborum

jugis, lobis remotis integerrimis lanceolatis ellipticisve, terminali
majore, caulinis superioribus paucilobatis subintegrisve ; caulibus
sæpe e radice pluribus, sub diffusis , ascendentibus vel erectiusculis ,
puberulis, alterne ramosis, ramis patulis ; radice annua.

Hab. in sabulosis maritimis subhumidis Siciliæ et Galliæ australis
circa *Cette*. — Flor. aprili (in horto).

Floris diam. 2 1/2—3 mill. ; sepala sæpe fuscata, albo-marginata,
ovario subæqualia ; petala alba, apice truncato subemarginata, 1 mill·
longa, 1/3 mill. lata; antheræ flavæ, subrotundæ, calicem et ovarium
superantes; silicula circiter 3 mill. longa, 2 mill. lata.

J'ai cultivé, pendant plusieurs années , cette espèce , de
graines que j'ai reçues de Sicile. L'*H. procumbens* des centuries de M. Billot, n° 1120, récolté à Cette (Hérault), me
paraît s'y rapporter. Elle est reconnaissable à ses feuilles
découpées le plus souvent en sept lobes et couvertes, ainsi
que la tige et les pédoncules, d'une pubescence très-
courte.

L'*H. procumbens* var. *integrifolia* DC., Syst. 2, p. 391,
indiqué à Marseille, où je l'ai récolté il y a bien des années,
et qui est, d'après De Candolle, le *Thlaspi pumilum vernum
massiliense maritimum* TOURNEFORT ! herb., se rapproche de
l'*H. maritima* par la pubescence fine dont elle est couverte ;
mais il s'en distingue , indépendamment des feuilles qui
sont entières ou à lobes très-peu nombreux, par ses pédoncules plus courts, par ses pétales plus grands et plus élargis
supérieurement, par ses silicules un peu plus allongées, non
rétrécies vers le haut, arrondies et non tronquées au sommet.
Je crois qu'il devra faire une espèce, que je désigne sous le
nom de *H. Tournefortii.*

Huchinsia diffusa JORD.

H. floribus minutis initio corymbosis : sepalis ovatis, semi-apertis ;
petalis subcuneato-linearibus, calicem vix excedentibus ; racemis
fructiferis elongatis laxissimis ; pedunculis glabris, inferioribus sili-

culo sub duplo longioribus ; siliculis subelliptico-ovatis, basi paulo
attenuatis, superne fere æqualibus, apice truncato subemarginatis,
stigmate subsessili terminatis ; foliis læte virentibus, carnulosis, glabris, radicalibus caulinisque inferioribus profunde pinnatifidis, 1-3
plerumque 2 loborum jugis, lobis remotis integerrimis lanceolatis
ellipticisve, terminali majore sæpe ovato, caulinis superioribus pauci-lobatis subintegrisve ; caulibus e radice pluribus , diffusis , elongatis, ascendentibus, glabris, alterne ramosis, ramis patulis; radice
annua.

Hab. in ruderatis subhumidis, ad oras salinarum Galliæ australis ;
Hyères (Var). — Flor. aprili (in horto).

Floris diam. 1 1/2—2 mill. ; sepala ex viridi-rubentia , margine
membranacea ; petala alba , apice rotundato vix truncata, calicem
subæquantia, 2/3 mill. longa, 1/3 lata ; antheræ calici et ovario
subæquales ; silicula circiter 2 1/2—3 mill. longa, 2 mill. lata.

Il se distingue de l'*H. maritima* par ses pétales bien plus
petits et plus étroits, dépassant à peine le calice, bien moins
étalés pendant l'anthèse, par ses étamines plus courtes, par
la silicule un peu moins rétrécie à la base, presque égale au
sommet, à bords latéraux presque droits. Ses feuilles sont à
lobes moins nombreux et plus distants, légèrement charnues,
glabres ainsi que toute la plante ; ses tiges sont plus allongées et plus diffuses.

L'*Hutchinsia procumbens* de la flore d'Allemagne, qui a été
décrit et figuré par Wallroth, Sched. crit. p. 349, t. 3, sous
le nom de *Thlaspi procumbens* , et par Sturm, Deutschlands
flora, heft 66, sous le nom de *Capsella elliptica* MEYER, est
glabre comme le précédent et probablement n'en diffère
pas ; cependant les pétales, dans la figure de Sturm , sont
beaucoup plus grands et plus arrondis que dans la plante
d'Hyères que j'ai cultivée. Les silicules paraissent plus rétrécies à la base et nullement tronquées ni échancrées au
sommet, dans la figure de Wallroth ; celle de Sturm les représente , au contraire , un peu tronquées.

Le *Capsella elliptica* var. *integrifolia* STURM, heft. 66, à feuilles peu lobées et à silicules plus pointues, est sans doute le même que le *Noccea tarvirsina* BERENG. exsicc., *N. Berengeriana* Visiani exsicc., qui est cité dans le Flora italica de Bertoloni et que j'ai reçu de Trévise, de M. Reichenbach fils, sous le nom de *C. Berengeriana* RCHB. Cette plante est glabre et me paraît différente de celle de Marseille, qui est pareillement à feuilles presque entières.

J'ai reçu de Corse, de M. E. Revelière, une forme très-remarquable, découverte par lui à Bonifacio, sous les rochers maritimes, dont les tiges sont dressées et les feuilles presque toutes ovales-elliptiques, très-entières. Les silicules sont courtes, obovales, arrondies au sommet, portées sur des pédoncules assez courts et disposées en grappes très-peu allongées. Toute la plante est glabre. Elle me paraît constituer une espèce distincte, que je désigne sous le nom de *H. Revelieri*.

Hutchinsia speluncarum JORD.

H. floribus perminutis, initio corymbosis; sepalis rotundo-ovatis, incurvo-erectis; petalis cuneatis, calicem vix æquantibus; racemis fructiferis elongatis, laxissimis; pedunculis puberulis, erectis, inferioribus silicula subduplo longioribus; siliculis subrotundo-ovatis, basi paululum compressis, apice obtusissimis, sub truncatis, stigmate sessili terminatis; foliis intense virentibus, parce et perminute puberulis, radicalibus caulinisque inferioribus subintegris parce lobatis vel passim pinnatifidis 1-2 loborum jugis, lobis approximatis integerrimis lanceolatis, terminali majore, caulinis superioribus integris; caulibus e radice uni-pluribus, erectis vel ascendentibus, parce puberulis, alterne ramosis, ramis erecto-patulis; radice annua.

Hab. in locis cavernosis, sub rupibus alpinis Delphinatus; *Saint-Véran (Hautes-Alpes).* — Flor. aprili (in horto).

Floris diam. 1 1/2 mill.; sepala eximie concava, dorso ruguloso subaspera, ex viridi rubella, margine albido angusto cincta; petala

alba, apice truncata, passim subcrenata, vix 2/3 mill. longa, 1/3 mill.
lata ; antheræ ovarium æquantes ; silicula circiter 2 mill. longa, vix
2 mill. lata.

J'ai récolté cette espèce, à une hauteur de plus de deux
mille mètres, sous des rampes de rochers escarpés, où elle
abonde ; Je l'ai cultivée ensuite de graines, pendant six
années. Elle se reconnaît à ses feuilles d'un vert foncé, toujours peu lobées, à lobes moins écartés que dans les deux
précédentes et moins élargis. Ses fleurs sont plus petites ; ses
silicules sont plus arrondies et plus courtes ; ses tiges sont
plus relevées et ne s'allongent pas autant à la maturité ;
elle reste constamment plus naine dans toutes ses parties.

J'ai, de Mende, une espèce voisine de l'*H. speluncarum*,
qui serait, d'après M. H. Loret, l'*H. Prostii* GAY inéd. et
qui, par son port, rappelle l'*H. pauciflora* KOCH. (sub *Capsella*).
Elle se distingue, au premier aspect, de l'espèce des Alpes
du Dauphiné par son port plus étalé et par ses grappes fructifères bien plus courtes, à pédoncules divariqués et non
dressés à la maturité. Toute la plante paraît glabre. Ses
fleurs sont très-petites ; ses silicules sont obovales-arrondies,
subelliptiques, tronquées au sommet, un peu rétrécies à
la base comme dans l'*H. speluncarum*, mais un peu plus
grandes et moins écourtées. Cette espèce est, selon moi,
distincte de l'*H. pauciflora* du Tyrol, qui est bien plus
diffus, à pédoncules très-allongés, à corolle du double plus
grande, dépassant manifestement le calice, à stygmate visiblement plus gros, à silicule plus arrondie, peu ou pas
tronquée au sommet.

(Species 5 sequentes ex *C. Bursæ pastoris* L. (sub *Thlaspi*) typo.)

Capsella agrestis Jord.

C. racemis initio subcorymbosis, postea per maturationem valde
elongatis; sepalis subvirentibus, ovato-oblongis; petalis oblongo-
obovatis, calice longioribus; siliculis pedunculo patenti-erecto brevio·
ribus, cuneato-obcordatis, longioribus quam latis, sensim ab apice
ad basim angustatis, emarginaturæ obtusissimæ lobis rotundatis
abbreviatis stylum excedentibus; foliis virentibus, breviter ciliato-
hispidis pube que substellata obsitis, radicalibus petiolatis pinnatifidis sublyratisve, 3-7 laciniarum jugis, laciniis lateralibus ovatis lanceolatisve subacutis integris subdentatisve, terminali majore, caulinis
erectis basi sagittata amplexicaulibus lanceolatis inciso-laciniatis vel
subdentatis, summis angustatis integris; caule pubescente, erecto,
sæpe ramis patulis aucto; radice annua.

Hab. in locis ruderatis et in arvis incultis agri lugdunensis; *Villeurbanne (Rhône).* — Flor. aprili exeunte.

Floris diam. 2 1/2—3 mill.; sepala hispida, 1 1/2 mill. longa,
3/4 mill. lata; petala apice obtusissima, basi attenuata, 2 mill.
longa, 1 mill. lata; stylus 1/3 mill. longus; silicula 7 mill. longa,
5 mill. lata.

Cette espèce se reconnaît à ses silicules vertes, assez
étroites et régulièrement cunéiformes, terminées par une
échancrure assez ouverte et peu profonde, non dépassée par
le style. Ses calices sont ordinairement verts et un peu bor-
dés de blanc; ses feuilles sont d'un vert clair ou parfois un
peu grisâtres.

Capsella virgata Jord.

C. racemis initio subcorymbosis, per maturationem demum valde
elongatis; sepalis viridi-rubescentibus, oblongis; petalis obovatis,
calice paulo longioribus; siliculis pedunculo patente brevioribus ,

subtriangulari-obcordatis, æque longis ac latis, emarginaturæ lobis
rotundatis abbreviatis sinum apertum fundo rotundatum efficientibus stylo que paulisper exserto superatis; foliis virentibus, breviter
hispidis ciliatisque et præterea pube substellata obsitis, radicalibus petiolatis pinnatifidis sublyratisve, laciniis 3-7 jugis ovatis
lanceolatisve acutis breviter dentatis, terminali majore, caulinis
erectis lanceolatis inciso-dentatis subintegrisve basi sagittato-auri-
culata amplexicaulibus; caule erecto, virgato, sæpe ramis erecto-
patulis aucto; radice annua.

Hab. in locis ruderatis et in arvis agri lugdunensis; *Villeurbanne (Rhône)*. — Flor. aprili exeunte.

Floris diam. 3 1/2 — 4 mill.; sepala laxe pilosa, 2 mill. longa; petala
obovata, apice rotundata, basi attenuata, 3 mill. longa, 1 1/2 mill.
lata; stylus 1/2 mill. longus; silicula 5 mill. longa, æque lata.

Cette espèce se reconnaît à ses feuilles d'un vert clair, son
port effilé, ses fleurs de grandeur moyenne, ses silicules à
échancrure très-courte et très-obtuse, constamment dépassée
par le style. Sa floraison est un peu tardive.

Capsella ruderalis Jord.

C. racemis initio subcorymbosis, per maturationem demum valde
elongatis; sepalis subvirentibus, oblongo-ovatis; petalis obovatis,
calice subduplo longioribus; siliculis pedunculo patente vix duplo
brevioribus, cuneato-obcordatis, longioribus quam latis, emarginaturæ brevissimæ lobis rotundatis sinum apertum obtusissimum
efficientibus stylo exserto superatis; foliis virentibus, breviter hispidis ciliatisque et præterea pube brevi substellata sæpissime obsitis, radicalibus petiolatis pinnatifidis sublyratisve, laciniis 3-7 jugis
ovatis lanceolatisve acutis breviter dentatis, terminali majore, caulinis minoribus erectis lanceolatis inciso-dentatis basi sagittato-
auriculata amplexicaulibus, summis sublinearibus integris; caule
erecto, sæpe ramis erecto-patulis aucto; radice annua.

Hab. in locis ruderatis et in arvis agri lugdunensis; *Villeur-
baune (Rhône)*. Flor. aprili.

Floris diam. 4 mill.; sepala 2 mill. longa, 1 mill. lata, laxe pilosa ; petala 3 mill. longa, 1 1/2 mill. lata ; stylus 1/2 mill. longns ; silicula 6 1/2—7 mill. longa, 5 mill. lata.

Cette espèce est à feuilles d'un vert foncé ; ses fleurs sont assez petites, à calice vert ou un peu rembruni ; ses silicules sont courtes et larges, à échancrure à peine égalée par le style.

Capsella sabulosa Jord.

C. racemis initio sub corymbosis, per maturationem demum valde elongatis ; sepalis sæpe rubello-virentibus, oblongo-ovatis, petalis oblongo-obovatis, calicem vix excedentibus ; siliculis pedunculo demum patente subæqualibus, subcuneato-obcordatis, eximie inferne attenuatis, longioribus quam latis, emarginaturæ profundæ lobis ovatis obtusis sinum apertum fundo rotundatum obtusum efficientibus stylum que superantibus ; foliis virentibus, parvis, breviter hispidis ciliatisque, et præterea pube substellata parca obsitis, radicalibus breviter petiolatis pinnatifidis, laciniis 3-5 jugis ovatis lanceolatisve acutis breviter subdentatis, terminali sæpe majore, caulinis erectis lanceolatis sub dentatis integrisve, summis sublinearibus sæpe falcato-recurvis ; caule gracili, erecto, sæpe ramis erecto-patulis aucto; radice annua vel bienni.

Hab. in arvis incultis et in sabulosis graniticis agri lugdunensis ; *Les Chères (Rhône)*. — Flor. aprili.

Floris diam. 2 mill. ; sepala 1 1/2 mill. longa; petala 2 mill. longa, 3/4 mill. lata; stylus 1/3 mill. longus ; silicula 5 1/2—6 mill. longa, 5 mill. lata.

Il se reconnaît à sa taille bien plus petite que celle de ses congénères, dans des conditions égales, et à ses feuilles également plus petites. Ses silicules offrent une échancrure profonde, à lobes ovales ; elles sont assez évasées du haut, mais bien moins cependant que dans le *C. rubella* Reut., dont la silicule est à lobes de l'échancrure bien plus courts et non aussi longs que larges.

Capsella præcox Jord.

C. racemis initio subcorymbosis, postea per maturationem elongatis ; sepalis ovato-oblongis ; petalis obovatis , calice longioribus ; siliculis pedunculo demum subpatente brevioribus, cuneato-obcordatis, subtriangularibus, paulo longioribus quam latis, emarginaturæ profundæ et apertæ lobis ovatis obtusis stylum brevissimum valde superantibus ; foliis intense virentibus, hispidis, pube que substellata obsitis, radicalibus petiolatis lanceolatis subintegris pinnatifidisve, laciniis 3-5 jugis approximatis ovatis acutis argute dentatis, caulinis erectis lanceolatis acuminatis basi profunde sagittata amplexicaulibus breviter et argute dentatis, summis sublinearibus integris ; caule hispido, erecto, simplici vel a basi diviso, superne ramulis aucto ; radice annua.

Hab. in locis ruderatis et in arvis agri lugdunensis ; *Villeurbanne (Rhône)*. — Flor. primo vere et etiam autumno ultimo.

Floris diam. 2—3 mill.; sepala viridia vel passim rubentia, 2 mill. longa, 1 mill. lata; petala longe basi attenuata, 2 mill. longa, 1 mill. lata; stylus vix 1/3 mill. longus; silicula 7 mill. longa, 6 mill. lata, sæpe fuscescens.

Cette espèce est remarquable par ses grappes fructifères assez denses et s'allongeant beaucoup moins que dans la plupart de ses congénères ; ses silicules prennent souvent ainsi que la tige une teinte rembrunie ; elles sont triangulaires, à échancrure assez profonde, à style très-court ; ses feuilles sont souvent peu découpées, quelquefois presque entières, à dents aiguës ; sa tige est très-feuillée. Sa floraison est très-précoce et, au printemps, elle est déjà toute fructifiée lorsque les précédentes commencent à ouvrir leurs premières fleurs.

Ces cinq espèces que j'ai pu observer et cultiver pendant plusieurs années ne sont pas les seules qu'on trouve à Lyon, sans parler du *C. rubella* Reuter, qui y est commun. J'en possède aussi d'autres, provenant de diverses contrées, qui devront être distinguées ultérieurement. Le *C. gracilis*, signalé par M. Grenier, n'est pas une espèce, à mon avis, mais un état particulier des diverses espèces , que l'on rencontre plus fréquemment certaines années que d'autres et dans lequel toutes les silicules avortent.

(Species sequens ex *B. Erucaginis* L. typo.)

B. arvensis Jord. Adnot. in cat. du jard. de Dijon , 1848 , p. 48.

B. corymbis terminalibus, laxifloris; sepalis oblongis, erectis; petalis oblongo-obcordatis , calice duplo longioribus ; racemis fructiferis valde laxatis , longissimis ; pedunculis erecto-patulis, silicula longioribus; siliculis subelliptico-ovatis, longioribus quam latis, obscure tetragonis , subteretibus , verrucoso-scabris , stylo pyramidato eis subæquali terminatis; foliis radicalibus petiolatis, oblongis , subruncinato-pinnatifidis , lobo terminali majore oblongo , lateralibus descendendo minoribus subtriangulis , omnibus acutis denticulatis , caulinis sessilibus lineari-lanceolatis subdentatis quandoque basi lobatis integrisve acutis ; caule erecto, breviter hispido, subsimplici vel ramosissimo , ramis virgatis elongatis erecto-patulis ; radice annua.

Hab. in arvis agri lugdunensis; *Quincieux* , etc. (*Rhône*). — Flor. aprili-maio

Petala emarginata , unguibus exsertis; antheræ oblongæ 1 1/2 mill. longæ , 2/3 mill. latæ; stylus apice incurvatus, stamina longiora æquans ; verrucæ cylindricæ, subfuscæ, æque longæ ac latæ , ore aperto instructæ, in siliculis pedunculis ramisque exstantes.

Il se reconnaît surtout à ses silicules ovales un peu rétrécies aux deux extrémités , dépourvues de crêtes sur les angles et terminées par un style allongé.

Le *B. Erucago* des auteurs, qui est à fruit pourvu sur les angles de crêtes saillantes, incisées-dentées, me paraît composé au moins de deux espèces distinctes : l'une à crêtes du fruit fort courtes , que je nomme *B. brachyptera* et l'autre

à crêtes dépassant en longueur le diamètre de la silicule ,
qui est le *B. macroptera* Rcнв. Le *B. brachyptera* est à silicules arrondies, presque carrées, terminées par un bec assez
allongé. Le *B. macroptera* est à silicules tout-à-fait carrées ,
terminées par un bec assez fin et court ; ses fleurs sont plus
grandes ; ses grappes fructifères ne s'allongent pas autant ;
ses pédoncules sont très-étalés , souvent divariqués. **On**
trouve ces deux espèces dans le midi de la France et en
Italie.

(Species 4 sequentes ex *C. maritimæ* AUCTOR. typo.)

Cakile edentula JORD.

C. floribus terminalibus ; sepalis oblongis , obtusis, adpressis ,
pedunculo subæqualibus ; petalorum limbo pallide roseo , obovato,
apice leviter emarginato, unguibus subexsertis ; racemis fructiferis
laxis, elongatis ; siliculæ elliptico-ensiformis articulo superiore ancipiti, compresso, cuspidato, inferiore brevi superne truncato, corniculis lateralibus plerumque destituto, subedentulo, sæpe abortivo ; foliis
dilute virentibus, glabris. carnosis , pinnatifidis , lobis utrinque 3-4
lineari-oblongis, obtusis|, subplanis, integris vel subdentatis, modice
patulis vel ascendentibus , rachide planiuscula insidentibus ; caule
flexuoso, erecto vel decumbente, simplici, superne ramoso, sæpe a
basi diviso ; radice annua.

Hab. in littoribus maritimis Galliæ occidentalis ; *Marennes* (*Cha-
rente-Inférieure*) , etc. — Flor. maio (in horto).

Floris diam. 15 mill. ; sepala flavo-virentia, 4 1/2 mill. longa ,
1 1/3 mill. lata ; limbus petalorum 5 1/2—6 mill. longus, æque latus ;
antheræ ovatæ ; stylus haud exsertus ; siliculæ articulus superior
12—14 mill. longus , 5 mill. latus.

Cette espèce se reconnaît immédiatement à ses feuilles
d'un vert très-clair, un peu jaunâtre, à lobes aplanis, à
côte médiane presque plane. Son caractère le plus saillant
est dans l'absence d'appendices cornus, au sommet de l'ar-

ticle inférieur des silicules qui sont comprimées, à côte
dorsale très-peu saillante.

Cakile littoralis Jord.

C. floribus terminalibus; sepalis oblongis, obtusis, adpressis ,
pedunculo brevioribus ; petalorum limbo lilacino, subrotundo-obo-
vato , unguibus haud exsertis ; racemis fructiferis valde laxatis
elongatis ; siliculæ ensiformis articulo superiore ancipiti , sensim
apice attenuato , utrinque carina dorsali prominula insignito, inferiore sursum dilatato, apice corniculis duobus lateralibus oblongis patentibus deflexisve prædito, subinde abortivo; foliis intense virentibus,
petiolatis, pinnatifidis, lobis utrinque 4-5 lineari-oblongis , obtusis ,
concavis, crenulatis, patentibus, rachide canaliculata insidentibus ;
caule subflexuoso, erecto vel ascendente, sæpe ab imo diviso, superne
ramoso ; radice annua.

Hab. in littoribus maritimis Galliæ australis ; *Toulon (Var)*. —
Flor. maio (in horto).

Floris diam. 11 mill. ; sepala 5 mill. longa, in alabastro subcristal-
lino-rugosa, subhispida ; petalorum limbus 5 mill. longus, fere æque
latus ; stylus antheras staminum longiorum haud æquans; siliculæ
articulus superior pugioniformis, 13—15 mill. longus, 4 mill. latus.

Il est remarquable par ses feuilles à lobes crénelés, cana-
liculés ainsi que le rachis qui est fort étroit, et par les
appendices cornus de la silicule qui sont coniques , étalés
ou un peu déjetés.

Il diffère du *C. maritima* de la Baltique (*C. baltica* Nob.)
par ses feuilles à lobes plus courts et plus dentés , par ses
silicules plus régulièrement ensiformes , à valves plus fortement carénées , à appendices cornus plus allongés.

Cakile hispanica Jord.

C. floribus terminalibus; pedunculo longioribus ; sepalis oblongis,
obtusis; petalorum limbo pallide roseo-lilacino , obovato, apice subtruncato , unguibus haud exsertis; racemis fructiferis laxis , elonga-

tis ; siliculæ ovato-ensiformis articulo superiore ancipiti , cuspidato , bicarinato , inferiore sursum maxime dilatato , apice corniculis duobus lateralibus brevibus subdeflexis insignito, rarius abortivo ; foliis pallide virentibus, glabris, carnosis, pinnatifidis, lobis utrinque tribus patentibus linearibus subintegris leviter canaliculatis , caule erecto, flexuoso, a basi diviso vel simplici, plerumque ramosissimo ; radice annua.

Hab. in maritimis Hispaniæ australioris ; *Puerto-Santa-Maria* (ex cl. Bourgeau). — Flor. maio (in horto).

Floris diam. 11—12 mill.; sepala 4 1/2—5 mill. longa; petala limbo 5 1/2 mill. longo , 4 1/2 mill. lato, ungue subæquali ; antheræ ovato-oblongæ ; stylus haud exsertus , antheras staminum breviorum subæquans ; glandulæ tori truncatæ, brevissimæ ; siliculæ articulus superior 12—13 mill. longus , 6 mill. latus.

Cette espèce diffère de la précédente surtout par ses feuilles d'un vert plus clair , à lobes presque entiers et non crénelés ; par ses silicules dont l'article supérieur est plus renflé au milieu, et dont l'article inférieur est bien plus évasé au sommet, à appendices cornus plus courts.

Cakile crenata Jord.

C. floribus terminalibus ; sepalis adpressis, oblongis, obtusis, pedunculo longioribus ; petalorum limbo obovato, apice subemarginato, unguibus haud exsertis ; racemis fructiferis laxis, elongatis ; siliculis pedunculo demum patente subdeflexo insidentibus, lanceolato-ensiformibus, articulo superiore ancipiti, cuspidato tenuiter bicarinato, inferiore sursum modice dilatato, apice corniculis duobus lateralibus brevibus patentibus insignito, rarius abortivo ; foliis dilute virentibus, glabris, carnosis, subconcavis, eximie petiolatis, omnibus oblongis vel subelliptico-lanceolatis, inæqualiter crenato-dentatis, rarius inferne subincisis, dentibus utrinque 5-7 obtusis ; caule humili, sæpe a basi diviso, ramis flexuosis, ascendentibus ; radice annua.

Hab. in maritimis Corsicæ australioris ; *Bonifacio.* — Flor. maio (in horto)

Floris diam. 10-12 mill. ; sepala 4 1/2-5 mill. longa ; petala limbo 5 mill. longo, 4 1/4 mill. lato, apice subtruncato vel leviter emarginato, ungue subæquali; antheræ oblongæ, 1 1/4 mill. longæ, 1/2 mill. latæ, sordide luteæ; glandulæ tori virides, subreniformes; siliculæ articulus superior 12 mill. longus, 4 mill. latus.

J'ai cultivé pendant douze années cette espèce qui se distingue facilement des précédentes par ses feuilles simplement dentées et jamais pinnatifides.

Linné a signalé, d'après Bauhin qui l'avait indiquée en Italie, une variété *B. latifolia* de son *Bunias cakile*, qui me paraît différente du *C. crenata*. Cette variété a été établie comme espèce par Willdenow, Spec. pl. 5, pars 1, p. 417, sous le nom de *C. ægyptiaca*. Cet auteur lui rapporte en synonyme l'*Isatis ægyptia* FORSKAL, qui n'est point la même plante que le *Bunias ægyptiaca* de Linné. Poiret, dans le Supplément à l'encyclop. méthod., a changé ce nom en celui de *Cakile latifolia*, et c'est sous ce dernier nom que cette variété *b.* du *Bunias cakile* de Linné est décrite comme espèce, dans le Flora italica de Bertoloni. Gussone, dans son Synopsis floræ siculæ, ne l'admet que comme variété *b. sinuatifolia* du *Cakile maritima*. D'après les exemplaires de cette plante que j'ai reçus de M. Gussone et d'après la description qu'en donne Bertoloni, dans son Flora italica, je ne doute pas qu'elle ne fasse une espèce distincte du *C. crenata*, et je propose pour elle le nom de *C. Bauhini*. Ses feuilles sont bien plus grandes et plus larges que celles du *C. crenata* ; elles sont souvent sinuées-lobées ou subpinnatifides à la base. D'après Bertoloni, ses silicules sont deux ou trois fois plus grandes que dans le *C. maritima* ordinaire, et les cornes des articles sont bien plus épaisses et plus longues. Or, c'est le contraire qu'on observe dans le *C. crenata*[1], dont la silicule est assez petite et dont les cornes sont courtes et peu épaisses.

La description que donne Vahl, Symb. 2, p. 78, convient assez bien à la plante de Corse, et il se peut que celle d'Alexandrie, signalée par Forskal, ne soit pas différente. Mais, quoiqu'il en soit de l'identité des deux plantes, je crois que le nom de *C. œgyptiaca* ne peut être conservé.

La figure du Flora danica, t. 1583, citée par Bertoloni, pour son *C. latifolia*, ne me paraît pas lui convenir; elle représente une plante à feuilles courtement pétiolées, qui est probablement différente de l'espèce de Corse et de celle d'Italie.

ADDITIONS ET CORRECTIONS.

Page 82 , ligne 27 , au lieu de 1829 , lisez : 1849.

Page 106 , à la suite de l'observation sur le *Barbarea sicula* de la Flore de France de MM. Grenier et Godron , ajoutez la note suivante : Le *Barbarea sicula* var. *b. prostrata* GREN. et GODR., d'après l'examen des exemplaires que j'ai reçus des environs de Gèdre (Hautes-Pyrénées) , de M. Bordère , et de ceux que j'ai cultivés de graines de la même localité , me paraît une espèce distincte soit du *B. intermedia* BOR., soit du *B. prostrata* GAY, que je nomme *B. pyrenaica*. Il se distingue du *B. intermedia* par ses fleurs d'un jaune plus pâle , par le style qui est plus allongé , plus égal , terminé par un stigmate plus petit ; par ses siliques plus étalées, moins serrées contre l'axe, disposées en grappes plus lâches. Ses graines sont bien plus petites ; ses feuilles sont glabres ou quelquefois un peu ciliées à la base et sur le rachis , comme dans presque toutes les espèces ; ses tiges sont plus grèles , ascendantes ou un peu diffuses , et non dressées très-fermes. Sa floraison est plus tardive de quinze jours, dans un même lieu. Il diffère du *B. prostrata* GAY par ses grappes fructifères moins denses , à siliques plus grandes , portées sur des pédoncules plus longs , ordinaire-ment dressées-étalées et non toutes constamment déjetées d'un seul côté, très-glabres et non ciliées-hispides, terminées par un style plus allongé. Ses tiges sont étalées-ascendantes ,

tandis que dans le *B. prostrata* elles sont entièrement cou-
chées sur terre , relevées seulement à leur extrémité.

Page 235 , ligne 14 , après le mot silicula , au lieu de
1 1/2 *mill.*, mettez : **5 1/2** *mill.*

Page 243 , ligne 19 , après 5 *mill. longa* , ajoutez : **2 mill.**
lata

TABLE ALPHABÉTIQUE

FIN DE LA TABLE.